An Introduction to Inertial Confinement Fusion

惯性约束聚变导论

[德]S. Pfalzner 著
崔旭东 译
陈晓东 唐永建 审校

原子能出版社

图字(2011)01-2011-1645

图书在版编目(CIP)数据

惯性约束聚变导论/(德)普法勒(Pfalzner,S.)著;崔旭东译. —北京:原子能出版社,2011.3

书名原文:An Introduction to Inertial Confinement Fusion

ISBN 978-7-5022-5169-7

Ⅰ.①惯… Ⅱ.①普… ②崔… Ⅲ.①惯性约束聚变装置—研究 Ⅳ.①TL632

中国版本图书馆 CIP 数据核字(2011)第 030913 号

惯性约束聚变导论

出版发行	原子能出版社(北京市海淀区阜成路 43 号　100048)
责任编辑	付　真
技术编辑	冯莲凤
责任印制	潘玉玲
印　　刷	保定市中画美凯印刷有限公司
经　　销	全国新华书店
开　　本	787 mm×1092 mm　1/16
印　　张	13　　**字　数**　217 千字
版　　次	2011 年 3 月第 1 版　2011 年 3 月第 1 次印刷
书　　号	ISBN 978-7-5022-5169-7　　**定　价**　**68.00 元**

网址:http://www.aep.com.cn　　**E-mail:atomep123@126.com**

发行电话:010-68452845

An introduction to inertial confinement fusion / by Susanne Pfalzner / ISNB: 0-7503-0701-3

❖❖❖ 中译本序

惯性约束聚变(ICF)是与磁约束聚变不同的获取可控热核聚变能的另一条途径,美国、法国和中国等国家正在开展积极的研究,近年来已取得了很大进展。美国已建成了国家点火装置,正在计划在实验室内进行热核聚变点火和等离子体燃烧演示;法国正在建造百万焦耳激光装置准备未来五年内进行点火实验;我国也正在进行以点火演示为目标的研究努力。ICF 研究除了能源目的以外,还可用于国防和基础科学研究。

《惯性约束聚变导论》(*An Introduction to Inertial Confinement Fusion*)是一部从基本概念出发,系统地叙述 ICF 大科学工程的科学和技术内容的著作。书中深入浅出地从激光驱动器、基本等离子体物理和激光吸收、内爆压缩和流体力学不稳定性、热核点火和燃烧、能量增益,到靶的设计、聚变堆、重离子驱动、快点火等一系列内容进行了详细介绍,是一本了解和学习 ICF 知识的优秀入门书。作者 Susanne Pfalzner 教授长期从事 ICF 激光等离子体相互作用和天体物理中的应用研究,她在德国科隆大学为大学本科生和研究生讲授与本书名称相同的课程,培养了一大批知晓并掌握 ICF 知识体系的年轻科研人员。本书译者崔旭东研究员在德国从事研究和教学工作期间与苏姗娜·普法勒(Susanne Pfalzner)教授相识多年,回国后从事 ICF 研究,感到引入普法勒教授的这本著作,并翻译成中文出版,对我国读者和从事 ICF 研究的年轻人将会很有裨益。

作为长期从事该领域研究的科研工作者,我真诚希望该书的出版能够达到普及 ICF 知识的目的,同时能吸引更多优秀的、有志于该领域研究的年轻科研工作者加入到这一充满挑战的事业中来,为我国 ICF 事业的发展贡献智慧和力量。

在中译本即将付印之前,我很高兴能有机会为中译本作此序言。

中科院院士、原国家 863 计划惯性约束聚变项目首席科学家　　贺贤土

2010 年 12 月 5 日于北京

前 言

写这本书的想法来源于与一些同事的交谈，谈到在他们参加的第一次惯性约束聚变（ICF）会议上寻找所有这些随着神秘名字出现的不同的主题如SBS（受激布里渊散射）、随机相位片、模式耦合是多么的迷惑，但他们又不能得到一个整体的ICF画面。后来发现对我们每一个人来说，自己构造这种画面是一个相当漫长和费力的过程。尽管目前确实存在许多非常不错的关于ICF研究的书籍，但他们的读者主要是专业人士，而本书的目的就是在一个更容易理解的基础之上，通过给出一个与惯性约束聚变相关过程的全面评述来帮助这个领域将来的新手。

任何试图将一个快速发展的领域囊括起来的工作所面临的问题是时机。然而，文献资料变得过时的时间尺度取决于所传递信息的种类。尽管在过去十年，ICF研究有许多令人激动和重要的新进展，但是其核心在本质上仍然没有变化。换句话说，这些数字比在他们背后所反映的思想变化要更加迅速，就是这些思想形成了本书目前的文字基础。

写作ICF课本一个较大的困难是以逻辑次序呈现它。本书将首先给出一个主题的概述，接着按照其年代顺序从驱动器技术描述到燃烧物理，解释物理概念以及在前进过程中遇到的障碍，最后以对未来的展望作为本书的结尾（如可能的反应堆设计以及可选择的途径）。

本书的对象是物理专业研究生。假设读者具有本科阶段的物理基础。我确实没有假设读者在等离子物理方面有类似的训练，但是在第三章中提供了相关等离子体现象的一个简短的概述，更完整的内容见在德国科隆大学冬季学期所开设的课程“像太阳中的能量？惯性约束聚变导论”（这是每周两个小时的讲课共 17 讲）。由于大多数学生之前并没有学习有关等离子体物理的知识，并不是在本书中的所有材料都照顾了读者的知识背景，这意味着讲授第三章中的材料将要花费两讲的时间。

在这些年，我得到了许多个人慷慨的帮助和建议，很高兴在这里感谢他们。我也感谢 Pual Gibbon，在阅读全书书稿时不厌其烦，在科学内容以及表达方式上给予的珍贵注解。我非常感谢科隆大学学生的评论和校正。也感谢 A. R. Bell，将最初的大纲与物理研究所沟通。我想感谢 S. Atzeni，S. Eliezer，J. Jacobs，R. L. McCrory，以及 S. Nakai 提供给我的图表。

由于近年来我自己的研究已经转向天文物理应用，可能对某些方面的理解有一些不当之处，当然，我对此负责。我相信这些不妥之处在最坏情况下也只是细节而不是原理。

最后，很高兴感谢物理研究所出版社（Institute of Physics Publishing）的 John Navas，从播种到果实成熟过程中给予的友好的、有益的建议。

苏姗娜·普法勒
Susanne Pfalzner

目录

第 1 章

惯性约束聚变基础

长久以来人类的一个梦想就是能够像太阳产生能量那样生产能源。自从 20 世纪早期，我们就已经知道太阳能量的来源（同别的恒星一样）是一个叫做核聚变的过程，然而直到 20 世纪 50 年代才开始该领域的民用研究。现在许多国家都大力支持聚变研究以获求一种新的能源来代替电。由于能源问题变得越来越突出故使得这样的研究变得日益重要（见附录 A）。

聚变很可能是解决能源问题的方案之一，特别是由于聚变与燃烧碳和油或者与核裂变电站相比具有更生态和安全的优点。此外，聚变具有非常吸引人的特点就是聚变燃料可以从海水中萃取，对世界上多数国家来说是可以直接利用的。尽管在聚变科学和技术研究方面已取得了重大进展，到目前为止还没有实际应用的聚变反应堆运行。作为了解惯性约束聚变的第一步，我们将阐述太阳是如何产生能量以形成地球上所有生命基础的问题。

1.1 在太阳中发生了什么？

为回答这个问题，我们必须回到核物理的基础知识上来。核聚变反应以及可能的能量释放的关键是核中的结合能。爱因斯坦给出的质量和能量的关系为：

$$\Delta E = \Delta mc^2 \tag{1.1}$$

于是我们从核的质量开始，根据我们目前的理解，核的质量由一个半经典的质量公式来描述：

$$M = Nm_n + Zm_p - a_v A + a_s A^{2/3} + a_c \frac{Z(Z-1)}{A^{1/3}} + a_a \frac{(N-Z)^2}{A} + \frac{a_p \delta}{A^{3/4}} \quad (1.2)$$

式中，m_n和m_p为中子和质子的质量；a_v，a_s，a_c，a_a，a_p为常数，通过拟合实验的结合能值得到；δ为一个奇偶项（见附录 B.4），A为原子量。核的结合能B为组分质量（质子和中子的质量）与整个核子的质量之差，即

$$B = Zm_p + Nm_n - M \quad (1.3)$$

给出的质量以能量为单位（$c^2=1$）。这个能量是需要分离所有的核子一定距离的能量，超过这个距离他们将不再相互作用。利用式(1.2)和式(1.3)，我们得到单核的结合能为

$$B/A = a_v - a_s A^{-1/3} - a_c \frac{Z(Z-1)}{A^{4/3}} - a_a \frac{(N-Z)^2}{A^2} - \frac{a_p \delta}{A^{7/4}} \quad (1.4)$$

图 1.1 所示为单核的结合能与A的函数关系。这个相对平滑的函数表明在 Fe 核附近有一个较宽的最大值区域，在这个最大值区域范围的核是最稳定的。对于那些比 Fe 轻或者重很多的核来说，单核的结合能是相当小的。这个差别是聚变和裂变过程的基础。核聚变的基础是如果两个非常轻的核聚变，他们会形成一个具有较高结合能的核（或较低的质量），根据爱因斯坦的著名公式（式(1.1)），从而释放出能量。当一个重核分裂成两个较小的碎片时即裂变，能量也能够被释放出来。

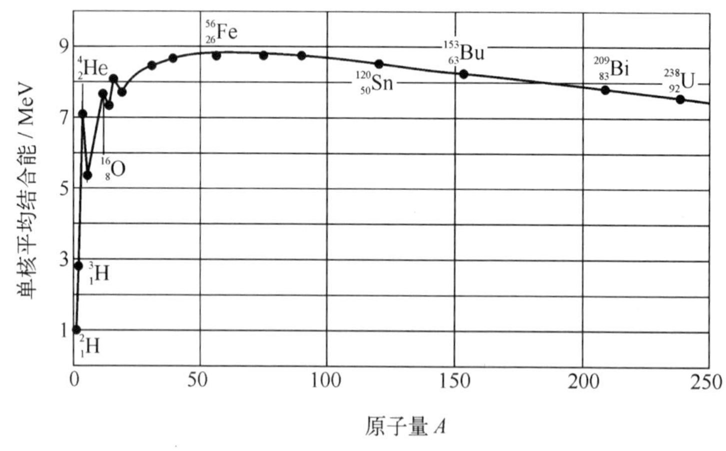

图 1.1　稳定核的单核平均结合能与原子量的函数关系

理论上，在不同的低质量元素之间存在许多可能的释放能量的聚变过程。然

而，点燃这样一种聚变反应的问题是轻核带正电并强烈排斥彼此，因而在通常情况下，核之间的距离很大，核反应过程不太可能发生。因此，在太阳中如此强大的能量是如何通过核反应产生的呢？由于在太阳中心具有很高的温度（$\sim 10^6$ K）和压强，大量的粒子，以及可以利用的相对长的时间跨度，反应截面仍然足够大来维持太阳特有的巨大的能量释放。

在太阳中，能量主要通过质子-质子的循环反应来获得，这些反应总结如下

$$
\begin{aligned}
p + p &\longrightarrow \mathrm{D} + e^{+} + 2\nu_e \qquad && 0.42\ \mathrm{MeV} \\
\mathrm{D} + p &\longrightarrow {}^{3}\mathrm{He} + \gamma && 5.5\ \mathrm{MeV} \\
{}^{3}\mathrm{He} + {}^{3}\mathrm{He}^{++} &\longrightarrow {}^{4}\mathrm{He} + 2p && 12.86\ \mathrm{MeV}
\end{aligned}
\tag{1.5}
$$

所有反应加在一起，该链式反应导致 4 个质子转化为 1 个^{4}He，概括为

$$
4p \longrightarrow {}^{4}\mathrm{He} + 2e^{+} + 2\nu_e + 24.7\ \mathrm{MeV} \tag{1.6}
$$

处于次要地位的，利用不同的反应循环导致^{4}He 形成的其他的聚变过程也在同时发生（更详细的描述见 Hodgson 等 1997，Bahcall and Waxman 2003）。

在太阳中经历了一段长时间复杂的旅程之后，通过 γ 射线携带的能量最终将被转换成可见光，辐射到周围宇宙中。正是这种辐射使得地球上生命存在成为可能。

许多大质量或者更老的恒星能够利用不同的聚变反应产生能量。当大部分恒星的氢储量燃烧殆尽时，很明显上述的氢燃烧过程会终止。如果恒星具有足够的质量，下一种燃烧过程将开始，由引力坍缩引发星体收缩将触发这种燃烧过程，使温度升高到 10^8 K，并可能促使 He 燃烧。^{4}He 聚变生成^{8}Be 以及最终生成^{12}C。当 He 被耗尽时，只要星体的质量足够大，引力坍缩可能又会使温度升高（到约 2×10^9 K），碳和氧可能开始燃烧，产生氖、镁、硅、磷和硫。在$(2\sim5)\times10^9$ K 的温度范围，由硅燃烧生成的重核高至 A 约为 56。$A=56$ 的铁是聚变过程传递能量的自然极限，因为其具有最高的单核结合能（见图 1.1）。如果这些高质量的恒星不再有可以利用的核能量来源，他们将坍缩并变得不稳定。一颗恒星的最后发展阶段在很大程度上取决于其质量，并可能成为，例如，一颗超新星爆发，一颗中子星甚至是一个黑洞。恒星发展的细节，读者可以参考相关的天文物理课本。

1.2 我们可以像在太阳中一样在地球上产生能量吗？

太阳的能量产生过程我们或多或少了解了。那么我们为什么不能采用同样

的方式来产生能量呢？问题在于，在地球上不具备太阳产生能量的空间和时间。在这样一个大尺度上产生能量需要相当多数量的反应同时发生才行。库仑排斥力阻碍核的聚变，但我们可以通过给予核一个很高的初始动能来克服这种排斥力，即将材料加热到很高的温度，这种聚变方法叫做热核聚变。能量既可以以一种可控的方式来释放(在核反应堆中)，也可以以一种不可控的方式来释放(如采用热核炸弹)。从后者(如氢弹)我们知道，热核反应是可能的，问题是如何用一种可控和有针对性的方式来实现热核聚变。

由于聚变需要高温和高密度，燃料必须处于等离子体态——一种热的、高度离子化的、导电的气体。如果温度足够高，核的热速度将变得很高。只有当他们有机会彼此靠得很近时才能够克服库仑排斥力，短程吸引的核力(有效距离约为 10^{-15} m)才有可能开始活动。这样，核能够聚变并释放出巨大能量，如图1.2所示。然而，在这些情况下除非以某种方式对反应进行约束，否则物质会倾向于快速飞散。在太阳中，通过引力来完成这种约束。由于利用引力来约束聚变不是地球的选项，核心的问题是要设计其他约束手段以便能够在足够长的时间内同时维持很高的温度和密度。然而，温度和密度越高，就更难约束等离子体。因此寻找约束所需的条件，即相应的等离子体的温度和密度尽可能低变得十分重要。这与在这些条件下哪种聚变反应最容易达到的问题直接关联起来。即使粒子的能量略低于克服库仑势垒所需的能量，聚变过程仍然可以通过隧道效应进行。然而，粒子的能量越接近克服库仑势垒所需的能量，越有可能发生隧道效应。为使足够的粒子聚变，核的热能不应该比他们的排斥库仑势垒 B 小很多，

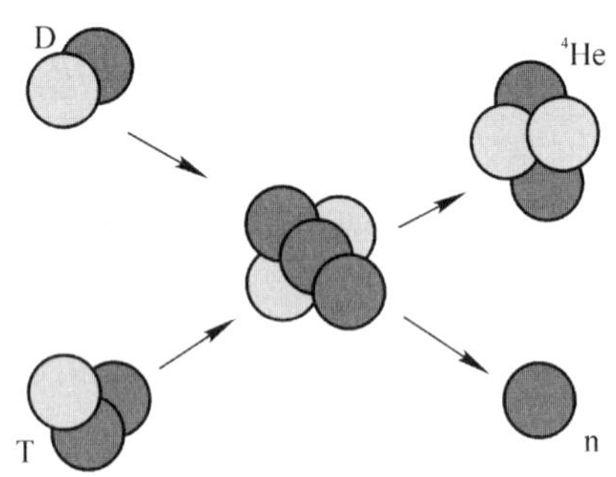

图 1.2　DT-反应示意图

$$B \approx 1.44 \frac{q_1 q_2}{r_1 + r_2} \text{ MeV}$$

这里，$q_{1,2}$ 和 $r_{1,2}$ 分别表示以基本电荷量为单位的电荷和以 fm(femoto meter)为单位的粒子半径。核过程更详细的描述见 Hodgson 等(1997)。

上面我们看到，如果两个非常轻的核发生聚变(比如氢核)，大部分能量将被释放出来。两个氢核的库仑势垒约为 700 keV。加热气体到相同的温度意味着 $2B/3k_B \approx 3.6 \times 10^9$ K，(k_B：Boltzmann 常数)目前并不现实。幸运的是较重的氢同

位素的核具有较小的库仑势垒可以克服，尽管能量产额比较低。由于具有相对大的反应截面以及非常高的质量亏损(Post，1990)，D(Deuterium 氘)和 T(Tritium 氚)的聚变反应被证明是最容易实现聚变的方法。当这两种核(氢的同位素)聚变时，聚变过程中会形成由 2 个质子和 3 个中子组成的中间核。这个中间核立即分裂为一个 14.1 MeV 能量的中子和一个 3.5 MeV 能量的 α 粒子，

$$ {}_{1}^{2}D + {}_{1}^{3}T \longrightarrow {}_{2}^{4}He + {}_{0}^{1}n + 17.6\ MeV \tag{1.7} $$

这个聚变反应的优点就是燃料源实质上是无限的。

D 可以从海水生产，而 T 可以通过在反应堆中使中子与锂直接反应产生。在地球上锂相对充裕，锂资源可能足够用 10^4 年。然而，在反应堆中采用这种反应有两个缺点：T 是一种放射性气体而锂是一种有毒物质，这意味着对反应堆设计来说安全性仍然是一个主要的考量。我们将在后面第九章中阐述这个问题。不过，与裂变反应堆相比，这些问题相对次要，因为 T 的半衰期为 12.5 年，而铀-236 的半衰期为 2.4×10^7 年，铀-235 为 7.13×10^8 年，铀-238 为 4.5×10^9 年，钚-238 为 24 000 年，钚-240为 6 600 年。

为获得一个绝对“干净”的反应堆，我们将不得不采用列于表 1.1 中的另外一种可能的聚变反应，从而避免在燃料循环中使用 T 和锂。然而，在考虑基于其他核反应的反应堆之前，我们将不得不首先演示一个采用 D T 循环反应的聚变反应堆的工作原理。更多的例子参见 Duderstadt and Moses(1982)、Martinez Val，等(1993)。注意到在这些聚变反应中释放的总的能量将决定能量输出。不过，对于靶丸的自点火，只有包含在带电粒子中的能量是可以利用的。

表 1.1 可选择的聚变反应

反应	
D+T	$\longrightarrow {}^4He(3.52\ MeV) + n(14.06\ MeV)$
D+D	$\longrightarrow {}^4T(1.01\ MeV) + p(3.03\ MeV)$
	$\longrightarrow {}^3He(0.82\ MeV) + n(2.45\ MeV)$
$D+{}^3He$	$\longrightarrow {}^4He(3.67\ MeV) + p(14.67\ MeV)$
T+T	$\longrightarrow {}^4He + n + n(11.32\ MeV)$
${}^3He+T$	$\longrightarrow {}^4He + p + n(12.1\ MeV)$
	$\longrightarrow {}^4He(4.8\ MeV) + D(9.5\ MeV)$
	$\longrightarrow {}^5He(2.4\ MeV) + p(11.9\ MeV)$
$p+{}^6Li$	$\longrightarrow {}^4He(1.7\ MeV) + {}^3He(2.3\ MeV)$
$p+{}^7Li$	$\longrightarrow 2{}^4He(22.4\ MeV)$
$D+{}^6Li$	$\longrightarrow 2{}^4He(22.4\ MeV)$
$p+{}^{11}B$	$\longrightarrow 3{}^4He(8.682\ MeV)$
$n+{}^6Li$	$\longrightarrow {}^4He(2.1\ MeV) + T(2.7\ MeV)$

现在我们已经明白哪种聚变反应可以采用，我们能够阐述下一个问题：在地球上，我们必须在一个比恒星小很多的空间和更短的时间内达到约束。正如前面提到，使用聚变反应来产生能量的系统需要在每秒内发生这样大量的聚变反

应。这就意味着我们必须通过约束使得核靠得很近而且时间足够长，以便阻止等离子体飞散，从而发生足够数量的聚变反应。

假设等离子体由密度为 $n/2$ 的 D 核和 $n/2$ 的 T 核组成，在这样一个热稠密等离子体态中，聚变反应率 W 由下式给出

$$W = \frac{n^2}{4}\langle \upsilon \sigma \rangle \tag{1.8}$$

式中，υ—两种核之间的相对速率；

σ—聚变截面。

在等离子体中的粒子具有 Maxwell-Boltzmann 分布速率，平均动能为 $E_k = 3k_B T/2$。聚变截面 σ 强烈依赖于聚变核的相对速率，通过在所有可能的相对速率上平均 $\upsilon\sigma$ 来得到。图 1.3 显示的是不同聚变反应的速率与温度的函数关系。注意到温度表示为能量的单位，通过单位为 K 的值与 Boltzmann 常数相乘得到。图 1.3 表明在所有温度下 DT 反应的能量产额贡献最大，因此 DT 反应是最容易的反应途径。

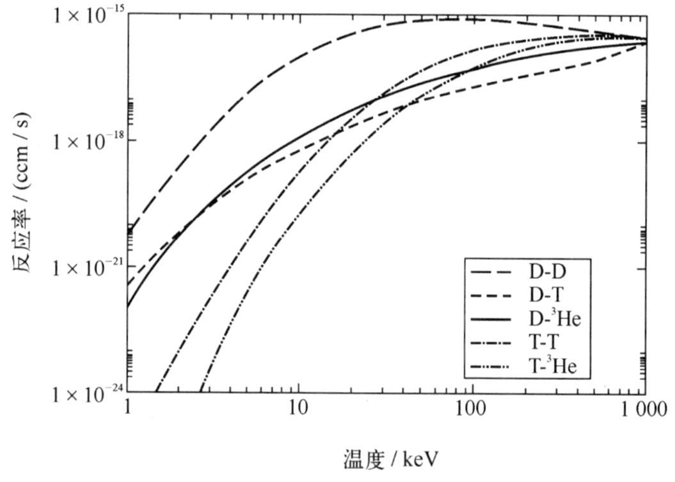

图 1.3　假定 Maxwellian 速率分布情况下，不同聚变反应的反应率与温度的函数关系

在这样一种约束的等离子体中究竟能产生多少能量？单位时间 τ 产生的能量取决于反应的动能 Q 乘以聚变反应率 W，

$$E = W\tau Q = \frac{n^2}{4}\langle \upsilon \sigma \rangle \tau Q \tag{1.9}$$

式中，Q 的单位为 MeV。ICF 研究的最终目标是一种发电反应堆。因此从聚变过

程获得的能量必须比加热等离子体到如此高温度所需的能量要高很多。或者换句话说，只有当这个能量比聚变反应前所有粒子的总动能大时，点燃的 DT 等离子体才会获得能量增益。因为核和电子的动能为 $E_{kin}=3nk_BT$，由此得到，只有当

$$3nk_BT < \frac{n^2}{4}\langle \upsilon\sigma \rangle \tau Q$$

满足时，聚变反应实际上才能释放出比产生高温和高密度等离子体所需能量要多的能量，重新表达为

$$n\tau > \frac{12k_BT}{\langle \upsilon\sigma \rangle Q} \tag{1.10}$$

这个关系叫做劳森判据（Lawson criterion（Lawson，1957）），是约束聚变里最基本的关系之一。

除约束问题外，聚变粒子必须具备足够的动能以便能够发生足够数量的聚变反应。对 DT 燃料这意味着温度近似为 5 keV。在动能 $Q=17.6$ MeV，反应堆工作温度约（5～10）keV 的 DT 反应情况下，劳森判据变为，

$$n\tau \simeq (10^{14} \sim 10^{15})\,\mathrm{s\ cm^{-3}} \tag{1.11}$$

式中，n——1 cm^3 内的粒子数；

τ——约束时间。

1.3 两种方法-磁约束和惯性约束

如前所述，为使足够的聚变反应发生：必须在很高的温度下将等离子体保持在一起足够长的时间。本质上已有两种方法用于探索可行的聚变反应堆：磁约束（MCF）和惯性约束（ICF），其目标就是用两种不同的方式来满足劳森判据。MCF 试图将低密度等离子体约束相对长的几秒钟时间；而 ICF 要在非常短的时间内获得极高的等离子体密度。表 1.2 给出了两种方法约束时间和密度的对比。

表 1.2 MCF 以及 ICF 中的约束参数

	MCF	ICF
粒子密度 $n_e/\mathrm{cm^{-3}}$	10^{14}	10^{26}
约束时间 τ/s	10	10^{-11}
劳森判据 $n_e\tau/\mathrm{s\ cm^{-3}}$	10^{15}	10^{15}

本书致力于 ICF 的主题，在这里只对磁聚变做非常简单的描述。有兴趣的读者可参考 MCF 专著，如 Braams and Stott(2002)；Hazeltine and Meiss (2003)。

(1) 磁聚变

由于需要极高温度的等离子体，不能简单地将等离子约束在一个材料容器中，因为任何与容器壁的接触都将导致等离子体被快速冷却。正如其名所暗示的那样，MCF 基于这个事实即理论上可以通过施加一个合适的磁场来约束等离子体。因为在高温等离子体中所有粒子都是带电的，所以这是可能的。磁场迫使等离子体中的带电粒子沿磁场线周围的螺旋轨迹移动(见图 1.4)。垂直于磁场线的粒子运动受到限制，而沿磁场线方向的粒子运动并不受阻碍。这样在很大程度上能够避免与容器壁的接触。由于带电粒子满足曲线轨迹，最初的想法就是发现一种合适的磁场配置使得粒子待在闭合的轨道上而不逃逸。

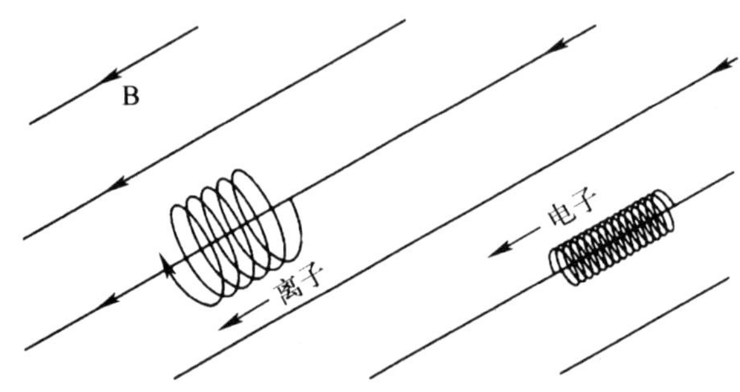

图 1.4　电子以及离子沿着磁场线的螺线运动

用环形磁场来实现产生一个封闭轨道的目标最容易实现。然而，在这样一个配置中，磁场强度随着半径的增加而减小，导致一个径向速度分量以及粒子向外的一个漂移。为了能较长时间约束等离子体，磁场线必须呈螺旋形，在任意径向方向没有分量存在。对这样的磁约束装置已经有无数的提议。最有希望的是一种基于环形钢容器概念的配置。场线生成场表面，与树状环相似。等离子体在路径上传输时，带电粒子在这样的场表面上不会受到径向场分量影响(见图 1.5)。

磁器件包含真空部分以便将 DT 混合气体注入。磁场由沿着环形装置的、注入电流的线圈产生。等离子体电流生成一个极向磁场，这两种场合并提供一个如图 1.5 所示的磁场。这个装置叫做托卡马克(Tokamak)，是目前最通用的磁聚变装置。主要的基于托卡马克设计的大型磁约束装置列于表 1.3。

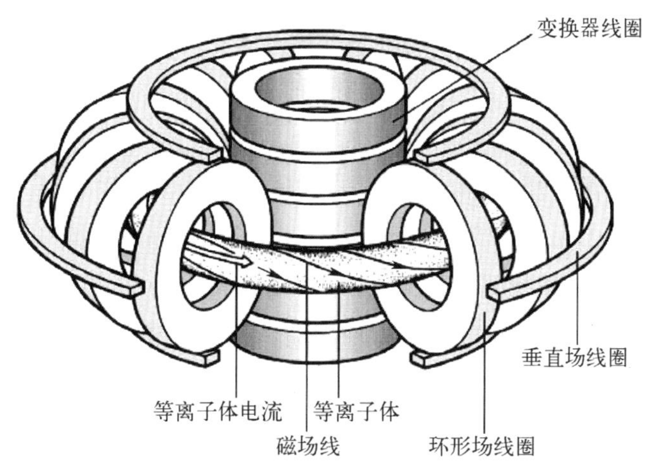

图 1.5　在一个托卡马克装置中的磁配置示意图

表 1.3　主要的 MCF 研究装置

机器	国家	主要半径/m	等离子体电流	环形场	输入功率	开始日期
ITER	Internat.	6.2	15	5.3	73+	2016
JET	EU	2.96	7.0	3.5	42	1983
JT-60U	Japan	3.2	4.5	4.4	40	1991
TFTR	USA	2.5	2.7	5.6	40	1982
TORE S.	France	2.4	2.0	4.2	22	1988
T-15	Russia	1.4	2.0	4.0	—	1989
DIII-D	USA	1.67	3.0	2.1	22	1986
ASDEX-U	Germany	1.67	1.4	3.5	16	1991
TEXTOR	Germany	1.75	0.8	2.6	8	1994
FT-U	Italy	0.92	1.2	7.5	—	1988
TCV	CH	0.67	1.2	1.43	4.5	1992

需要满足聚变条件的温度为 10^8 K，由此会生成一个等离子体压(5～10 bar)，必须通过磁场来平衡。由于产生所需强磁场的技术极具挑战性而且价格昂贵，等离子体压与磁场压的比值 $\beta_{\mathrm{MCF}}=P_{\mathrm{plasma}}/P_{\mathrm{magn}}$ 不应太小。目前研究的目标就是寻找 β_{MCF} 为百分之几的装置。

等离子体必须被从外部加热直到达到点火。目前采用三种不同的加热机制：欧姆加热、高频波加热或者通过注入中性粒子束来加热。欧姆加热方案按下述方式工作:在等离子体中的粒子通过碰撞建立一个等离子体电阻率。当电流通过等离子体时,借助这个电阻率就可以产生想要的加热。然而,等离子体的电阻率随着温度的升高而减小,因此只能用在等离子体的初始加热阶段,之后必须采用别的加热机制。高频波加热利用一个事实即在磁场中等离子体中的离子和电子存在不同的特征模式。与电磁波辐射匹配的频率能够导致共振。粒子从波场获取能量,导致氢核的高碰撞概率。用来加热的特定的特征模式充分利用围绕电力线的电子和离子的圆周运动,可以通过高频波来进行加热。在相应的磁场中,离子典型的频率(回旋频率)是 10～100 MHz,而电子是 60～150 GHz。

第三种加热等离子体的方法是将能量为几个 10 keV 的中性粒子注入。当中性粒子进入等离子体,他们通过碰撞被离化。磁场捕获最快的粒子,然后在一个相对短的时间内通过与等离子体相互作用粒子释放能量。当等离子体被加热到足够高的温度,等离子体将点燃,并产生 α 粒子和中子。当 α 粒子在等离子体中制动时,中子很容易穿透容器壁,因为中子不受磁场的影响。这样,α 粒子提供额外的等离子体加热同时聚变过程仍保持运行,但是中子会进入环绕环形装置的吸收材料的再生区。如果约束很理想,这个过程将会持续进行直到燃烧耗尽。

然而,有两个过程对不确定的约束起反作用。第一个就是等离子体中的碰撞:尽管发生聚变过程碰撞是必要的,但是在长程运行的过程中碰撞会毁坏约束。当两个粒子碰撞时,粒子会暂时与他们的磁场线分离并移动到邻近的磁场线。在多次碰撞之后粒子可以从一个中心位置移动到外面最后与环形器壁碰撞。第二个能够破坏约束的过程是等离子体不稳定性。如果一个初始的小的扰动会引入进一步的扰动,不稳定就会出现,从而会增加扰动。比如,如果环形等离子体在某一点上有一个较小的半径,在此处磁场会变得很强,导致压力的增加并将等离子体压缩到一个更小的半径。这只是不稳定性的一个例子,但是在 MCF 器件中,多种不稳定性都能够发生,始终会减小约束的质量。更多关于 MCF 中不稳定性的信息,我们建议读者参考相关专业书籍,而且我们将在下面的章节看到,在 ICF 研究中,不稳定性也是一个主要的因素。

总之,需要解决的问题就是要尽可能使这些削弱约束的效应尽可能小,以便将等离子体维持足够长时间来获得净的增益。早些时候的磁约束实验为达到这个目标已经取得了可喜的进展。尽管在 1955 年约束时间只在 10^{-5} s 量级上,而现在能够将等离子体约束在一起达到几秒的时间。The Joint European Torus (JET)实验演示在科学意义上磁聚变是可能的。现在,已计划将国际热核实验反应堆(ITER)(见图 1.6)作为下一步磁聚变研究的装置，其直接目标就是满足 MCF 反应堆的劳森(Lawson)判据，将等离子体约束时间提高到约 10 s，等离子体密度约为 10^{14} 个/cm^3 粒子。

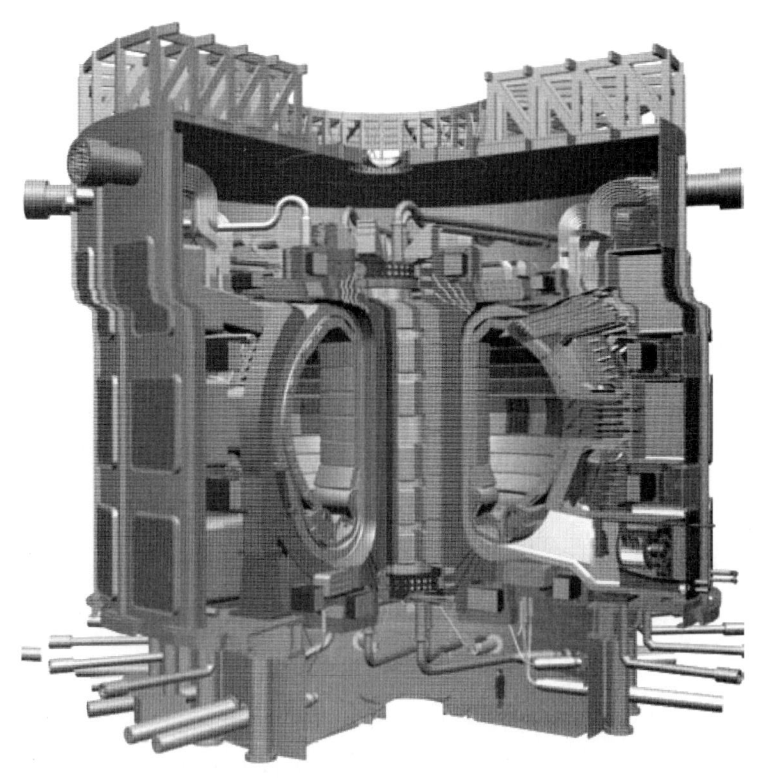

图 1.6 ITER 托卡马克设计研究剖面图

表 1.3 中列出目前 10 个最大的磁约束装置以及它们的参数。由于 ITER 还没有建成，只给出了设计值，图 1.4 所示为 ITER 的设计。由于建造这样的研究装置其成本随尺寸而大幅增加，只可能通过以多个国家合作的方式建造。目前 ITER 已计划建成为国际联合装置。ITER 不只是产生电力的电站，其主要目的在于研究未来 MCF 反应堆的工程可行性。已经在计划阶段的下一步将是一个实际的反应堆，演示聚变反应堆(DEMO)。

(2) 惯性约束聚变的基本思想

相比于 MCF 试图将等离子体约束在低密度(约 10^{14}～10^{15} cm^{-3})几秒钟，ICF 以不同的路径来满足劳森判据。这里约束时间非常短($<10^{-10}$ s)，但粒子密度大

于 10^{25} cm^{-3}（见表 1.2）。在这个方案中，通过施加极强的外力，将少量可聚变材料压缩到非常高的密度和温度。这通过一个充满 DT 气体（≤1.0 mg/cm^3）的球壳组成的靶丸来完成。球壳自身外层由高 Z 材料组成，而内部区域为 DT，组成燃料体（见图 1.7）。为达到聚变所需的高温和高密度条件，靶丸需要暴露在尽可能对称施加的巨大爆发的能量场中。这整个过程所需的驱动的能量输入是相当高的：将 1 mm 直径的燃料靶丸加热到 10 keV 温度需要 10^5 J，可以由强激光或者离子束来提供。看起来这也许不太苛刻，但是必须在几个皮秒的时间内将能量传递到靶壳的外部。由于巨大能量施加在靶壳外层上，靶壳被立即加热、离化、蒸发——这个过程称为烧蚀。

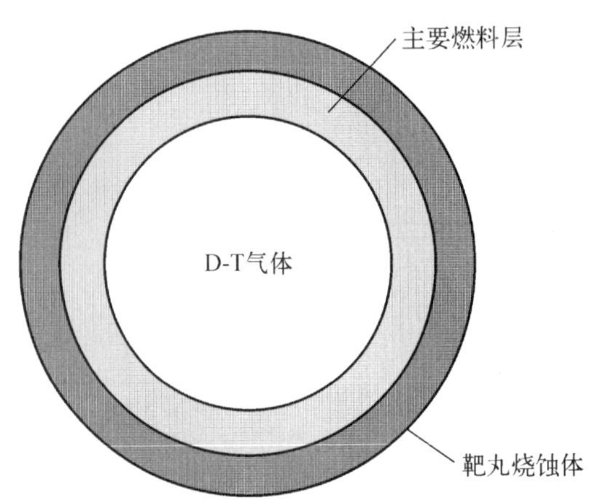

图 1.7　靶丸示意图

当靶壳外层剥落时，内层——本质上是燃料，由于动量守恒，急剧朝着球的中心加速运动。某种意义上讲，靶丸就像一个球形烧蚀驱动的火箭（这个类推将在 5.3 节详细讨论）。当燃料朝着靶丸中心内爆时，靶丸被压缩到高密度和高热核温度。此压缩冲击波在中心驱使燃料达到几百 g/cm^3 的密度和聚变点火温度，因此点火能够发生。当达到点火时，聚变能产生一个向外的压力，很快克服内爆波压力，靶丸又在一个非常短的时间内被爆回。这样就可以达到所需的密度和温度，但约束时间又是怎样的呢？

等离子体的约束时间主要由靶丸的半径决定。由于靶丸的向内运动由冲击波驱动，冲击波近似以声速 c_s 移动，约束时间可以由靶丸半径 R（目前的靶设计典型值为 100 μm）与声速的比值来粗略估计，$t_c \approx R/c_s = 10^{-9}$ s。更详细的数值计算表明实现 10～20 ns 的时间是更实际的。

在 ICF 中，通常将劳森判据重新表达为燃料密度 ρ 和球半径 R 之间的关系。对于一个以声速自由膨胀的球体，解体时间可以粗略估计为（Martinez-Val 等，1993）

$$\tau \simeq R/4c_s \tag{1.12}$$

数密度 n 与燃料密度 ρ 通过 $n=\rho/m$ 关联。从劳森判据（方程 1.10），得到

$$n\tau \simeq \frac{nR}{4c_s} = \frac{\rho R}{4c_s m}$$

为了有效地燃烧，要求 $n\tau$ 适当高于劳森判据。设 $n\tau \approx 2\times10^{15}\ \mathrm{s/cm^3}$，则

$$\rho R \simeq 3\ \mathrm{g/cm^2} \tag{1.13}$$

如果将燃料损耗也考虑进去(详见 7.3)，在 20～40 keV 燃烧温度下，燃烧的部分 Φ_b 近似由下式给出

$$\Phi_b \simeq \frac{\rho R}{6+\rho R} \quad [\rho R] = \mathrm{g/cm^2} \tag{1.14}$$

对于一个 ICF 靶丸来说，燃烧效率，即聚变产额 E_f，直接与被燃烧部分相关，$E_f=\epsilon_f\Phi_b M$，其中，ϵ_f 为聚变反应的比能(单位体积消耗的能量)，M 为内爆燃料质量。

在 20 世纪 60 年代和 70 年代早期，人们认为惯性约束聚变会相对较快实现。因为点燃燃料的能量需求看起来并不是那么苛刻(Nuckolls et al.，1972)，然而不幸的是，实际上最后证明并不是包含在驱动器中的所有能量都可用来点火。许多能量在从激光器到最后聚变材料燃烧的过程中通过不同转换过程被损耗掉了，这说明为确保聚变所需的能量，在驱动器中需要准备的能量要比当初预计的高很多，而且功效损失必须最小化(降到最小)。

一个重要的考虑是燃料被压缩到高密度和高温的方式。在早期的聚变研究中，在压缩的最后阶段整个燃料都应当被压缩至聚变条件，这个概念叫做体点火，后来证明这需要一个不切实际的约 60 MJ 的高驱动器能量(Cichitelli et al.，1988)。

这里有两个关键点：(1) 加热燃料比压缩燃料要消耗更多的能量；(2) 压缩热材料比压缩冷材料更耗能。基于这些因素，图 1.8 中的所谓热斑概念看起来更可能达到聚变的目标。在这种方法中，当驱动器沉积其能量时燃料向内移动的速度也增加。这个加速的结果导致内层燃料(约 5～10 keV)被压缩成一个比外层燃料温度高(约 1 keV)的绝热体。两部分都将被压缩到高密度，但是内层热部分密度(约 100 g/cm³)略低于比外层密度(≥800 g/cm³)。内层燃料密度较低的原因在于初始加速阶段燃料朝着中心的方向膨胀。

在热斑概念中，聚变材料燃烧始于中心区域(约 1 μm 尺寸，寿命为 100～200 ps)。从那里热核燃烧波前快速地向外传播至主要产生高增益的燃料区域。在这里，增益定义为产生的聚变能与总的输入驱动器束的能量之比。

在热斑方案中，由于只有少部分材料需要加热，该方案比体点火(约 1～2 MJ)

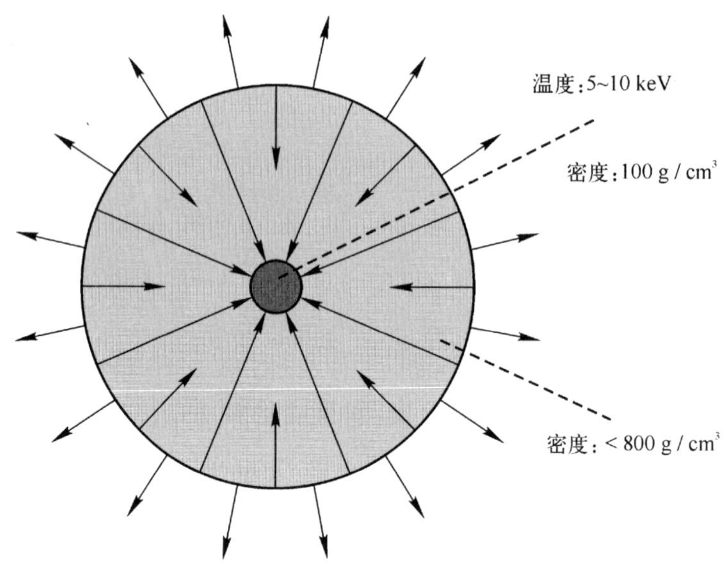

图 1.8　热斑概念示意图

更高效,有着将外部稠密燃料层提供更好约束的优势。研究表明,如果靶以中心热斑包含有 2%的总的燃料质量的方式进行构造,那么加热热斑质量和压缩剩余燃料所需能量相当。重要的一点(将在 4.6 节详细讨论),要尽可能避免过早的材料加热,因为这将完全危害到对材料的压缩。

除体点火和热斑点火之外(见图 1.9),还有别的点火方案,我们将在第 11 章

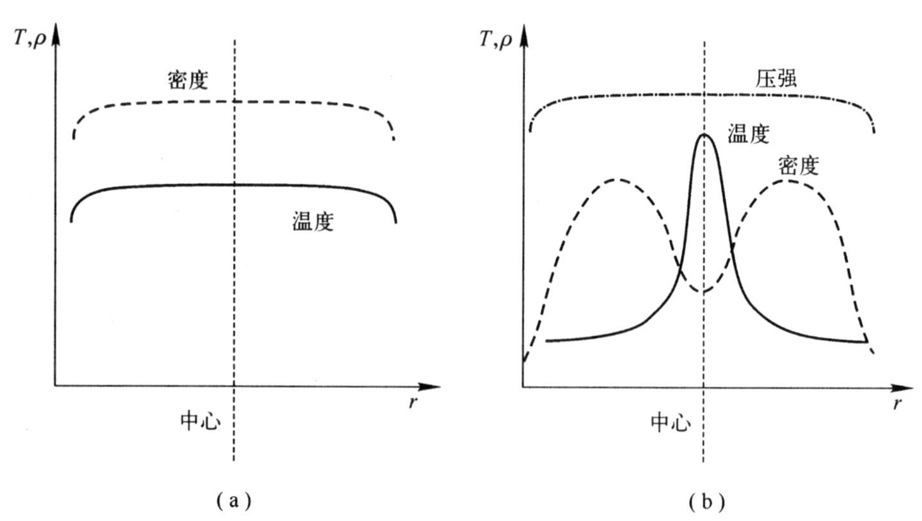

图 1.9　点火之前在靶丸中心区域的温度和密度剖面对比

(a)—体点火概念;(b)—热斑概念

中详细讨论。由于目前建造的ICF设备主要采用热斑点火方案，我们将在后面的章节中给予关注。更多关于体点火的信息可以在文献中找到，如 Brueckner and Jorna (1974)；Kidder (1974)；Bodner (1974)；Meyer-ter-Vehn (1982)；Lindl et al. (1992) and Andre et al. (1994)。

1.4 惯性约束聚变的几个阶段

上述描述只是给出ICF靶点火和燃烧物理的一个粗略轮廓。实际上在热斑点火的ICF过程存在几个不同的阶段。这些不同的阶段将在第4章和第5章中详细讨论。

(1) 相互作用阶段

相互作用阶段是最初的阶段，在此阶段中能量被传递到含有DT燃料的靶丸。主要有两种能量输入方式：通过激光束或者粒子束。作为能量输入源，通常激光与粒子束间并无差别，术语“驱动器”在ICF中作为能量源描述。

然而，当激光或者粒子束作为驱动器时，初始作用过程还是有明显的不同。基本上，激光束只与其遇到的物质表面发生作用，而离子束可以穿进材料一定深度。因此，详细的相互作用阶段过程描述取决于采用哪种类型的驱动器。当然在任何一种驱动情况下，其目的都是将尽可能多的能量转变为压缩能。不同的驱动类型将在第2章和第10章中讨论。

根据点火条件，激光驱动器的研究目前更为超前，现在我们假设驱动器是一束激光束。在这种情况下，一旦激光束与靶丸的外表面接触就会立即生成等离子体，并从这个表面向外膨胀。如图1.10所示，这个等离子体的密度在靠近靶丸表面达到最高，而且离表面越远，密度越低。一旦生成等离子体，激光束必须穿透等离子体到达靶丸。现在，问题是当等离子体达到某一“临界密度”之上时，等离子体将会阻碍激光束进一步穿透。由于临界密度层位于固体靶表面一定距离，激光能量不再直接沉积到靶丸表面。临界密度层的位置在很大程度上取决于激光束的波长、强度以及脉冲长度。为使

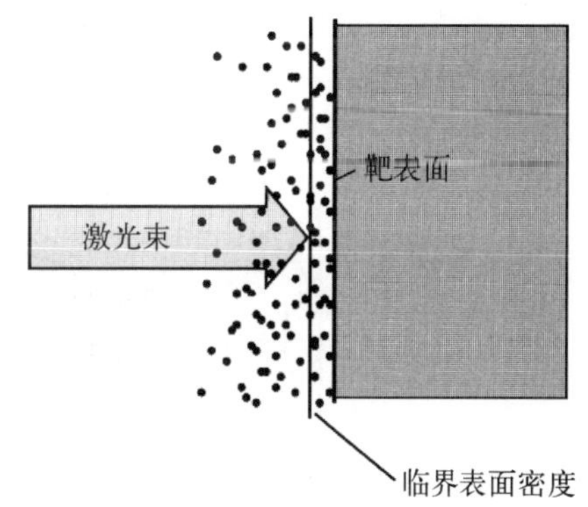

图1.10 当激光与靶相互作用时形成的临界密度示意图

激光能量能够有效地耦合到靶上，参数的选择是相当重要。这些参数不仅决定临界表面层与靶表面之间的间隙，而且还决定烧蚀量，以及随后的压缩阶段效率。这些关系将在第 3 章详细讨论。

（2）压缩阶段

在很大程度上，相互作用阶段已经决定了压缩阶段将会成功与否（如靶丸整个表面在何种程度上被均匀照射）。照射不均匀性会在两个尺度上发生——微观和宏观。宏观不均匀性可能由于数量不充足的照射光束或者单个光束之间的能量不均衡引起。微观不稳定性的一个原因是在单个光束自身内存在着的空间波动。在这两种尺度上均存在引起不均匀照射的因素。关于这两种尺度将在第 6 章中详细讨论。重要的一点是两种类型的不均匀性都能导致压缩阶段的不稳定性。

处理宏观不稳定性有两种方式。很显然，第一种方式就是采用足够多数量的光束来降低宏观不稳定性。这种方式在直接驱动 ICF 方案中可以实现。当然，采用较多数量的激光束会使系统成本增加而且技术上也极具挑战。许多小尺度的直接驱动实验只采用较少的高功率束线以便试图推断多束光的系统表现如何。

作为直接驱动方法的一个备选方案，主要在美国，也在法国、英国和日本，X 射线或者间接驱动方法也已经发展起来了。在这个方案中激光能量首先被黑腔吸收，此黑腔本质上是包裹着 ICF 靶丸的封闭体。图 1.11 为间接驱动方案示意图。激光不直接打在靶丸上而是照射在封闭体内部。这个封闭体由高 Z 材料组

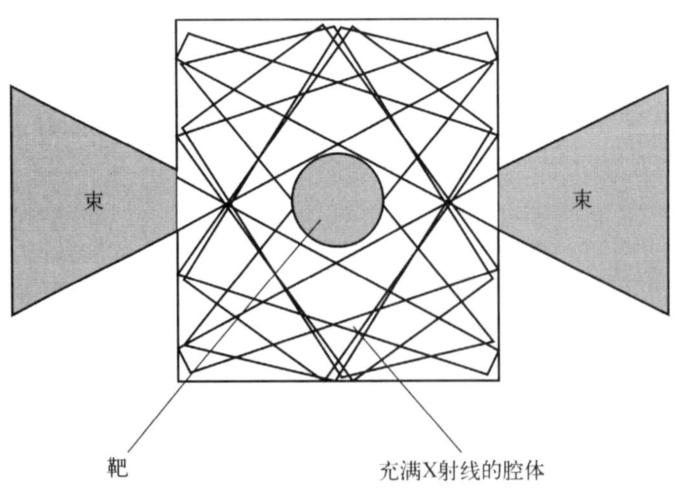

图 1.11　间接驱动示意图

成，当被激光束加热时会放射出 X 射线。正是这些 X 射线驱动 ICF 靶丸的内爆。目前的靶设计中将激光能量转换为 X 射线的效率可以达到 70%～80%。尽管这个方案需要较高的能量输入，但该方案对流体力学不稳定性不太敏感，并对激光均匀性的要求较低。

现在仍然不清楚在电站中采用哪种驱动方式产生聚变能更好，目前有关这两种方案的实验都在进行。

在过去，直接驱动实验中最强大的激光系统是日本 Osaka 大学的 GEKKO XII 以及美国 Rochester 大学 LLE(Laboratory for Laser Energetics)实验室的 Omega Upgrade。GEKKO XII 由 12 束激光组成，波长为 0.5 或 0.35 μm，1 ns 内传递 10 kJ 的能量。GEKKO XII 已经被重新设计来用做快点火，计划建造 60 束激光。今天，只有 Omega Upgrade 具备 60 束光，在不同脉冲形态下可达到 40 kJ 的能量。然而，计划建设中的国家点火装置(NIF)，为间接驱动方案优化设计，但同时也承担一些直接驱动实验。[译者注：NIF 已在 2009 年 3 月建成]

美国和法国热衷于间接驱动方案，在 ICF 项目中其军事应用占主要地位。新的激光系统(NIF 和 LMJ)正在建设当中。然而，对于能源电站，点燃靶丸的过程必须以秒而不是按天的速率重复(如即将到来的实验中)，也许最终直接点火方案会更受欢迎。

但不管是哪种方案，不能完全避免不稳定性。尤其是我们必须忍受所谓的 Rayleigh-Taylor(RT)不稳定性。在当从一种较高密度材料向一种低密度材料推进时这些不稳定性能够发生——如经典的水在油面上的例子。如果这个亚稳态被干扰，两个区域间就能够开始混合，如图 1.12 所示。在 ICF 中，没有所谓重的和轻的流体，因此为什么 RT 不稳定性会发生呢？当靶被压缩时，热等离子体将被推向较冷的等离子体。这和重流体压向轻流体等同，在这种情况下 RT 不稳定性也能够发展。冷和热等离子体混合的发生，实质上会导致不想要的对热等离子体

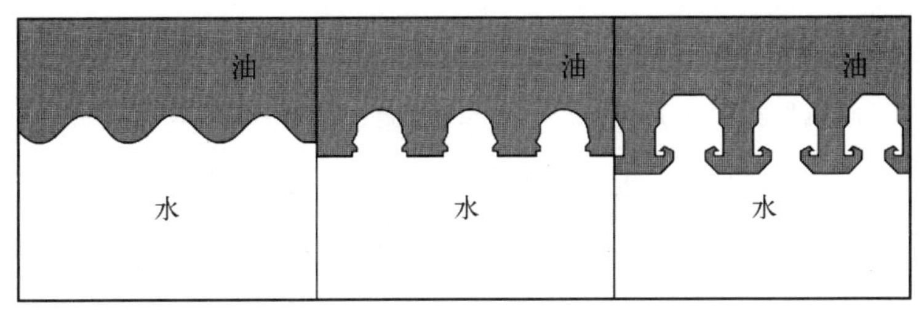

图 1.12　R-T 不稳定性的时间发展示意图

的冷却。很明显这对压缩不利，因此必须以这样一种方式来设计靶使得 RT 不稳定性尽可能减小。研究表明壳半径$R(t)$与壳厚度$\Delta R(t)$的比值是最重要的参数(见图 1.13)。计算表明这个所谓的飞行纵横比$R(t)/\Delta R(t)$［注：飞行纵横比也译作形状因子，本书采用飞行纵横比译法］不只是在最开始，而是在内爆过程中的任意时刻必须在 25～40 的量级。因此避免 RT 不稳定性将直接影响包含 DT 的 ICF 靶丸设计。

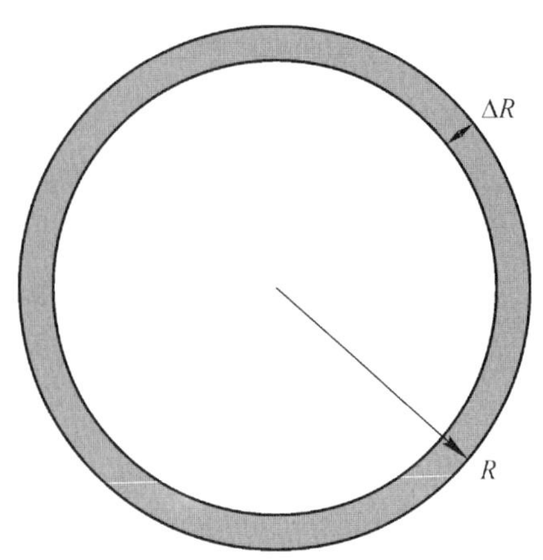

图 1.13　用于定义飞行纵横比的参数 R 和 ΔR

描述在烧蚀过程中 RT 不稳定性的生长速率的重要参数是不稳定性的波数、等离子体的加速度以及等离子体内的密度梯度。结果证实通过热传导这些不均匀性的短波长谐振在很大程度上可以被抑制。最具毁坏性的非均匀性是中间的波长，这些参数如何影响靶设计的详细描述，见第 8 章。

我们假设现在有一种理想的靶设计方案能避免 RT 不稳定性，那对压缩阶段来说还有其他要求吗？应当完成加速这样可以尽可能避免所谓的热电子产生。这些热电子可以对燃料预加热并且生成自己的冲击波前。因此，预加热燃料会使燃料压缩变得更加困难，因此不希望发生。

如果激光作为驱动源，避免预热是特别必要的。为避免预热，脉冲形状可以加以选择，将不想要的额外的冲击波降低到某种程度。然而，如果想在一个合理的时间段内增大压力，冲击波不能完全被阻止。因此，通常使用一个低功率的预脉冲，接着连续增加脉冲强度几乎可以等熵地加速燃料(详见第 2 章)。

(3) 减速阶段

当燃料的内层部分到达靶丸中心时，减速过程开始。燃料内层部分的动能被转换成内能。结果就是在中心温度和密度增加，而燃料的主要部分仍然保持相对不变。在热斑概念中，至少需要 2×10^7 cm/s 的飞行燃料速率在热斑区域生成点燃等离子体所需的温度和密度。为在热斑区域得到这样的燃料密度和温度，需要一系列连续增加强度的脉冲来达到所需的等熵压缩。在减速阶段，这个连续冲击波的最后一个冲击必须与第一个冲击同时作用在中心的压缩燃料上，因此，冲击波的定时对这个阶段的成功与否是至关重要的(详见第 2 章)。

(4) **点火和燃烧阶段**

当热斑区域的温度和密度条件适当时,点火就发生了。生成的 α 粒子主要将他们的能量沉积在这个中心区域并很快加热燃料。于是,辐射、聚变中子、电子的热传导将能量从热斑区域传递到外层燃料区域。外层区域温度增加致使聚变反应发生,能量进一步向外传播。

整个过程耗时约 10 ps。在这个时间里,一个非常高的压强形成,最终将剩余的燃料分离并使 α 粒子热能化。ICF 循环结束于此。在反应堆中注入下一个靶,整个过程又重新开始。由于在最后一步产生了 α 粒子,所以安全问题是一个重要方面,这个问题将在 9.5 节讨论。

(5) **增益**

在聚变过程中,如果聚变产物沉积的能量超过必要的输入能量,能量才有增益。不幸的是,这个输入能量不仅是用来加热燃料所需能量,还必须考虑几个无效能过程。首先,由于辐射等原因,驱动器本身有不同程度的损耗,这个驱动无效能会导致最初输入系统中的能量造成一个 3～20 倍的损耗因子。此外,在压缩动力学过程中如 RT 不稳定性中也存在损耗,以及上面提到的有限的燃烧效率。内爆无效能导致需要比输入能量高 10～20 倍的要求。

这些在 ICF 过程中的能量损耗是获得成功聚变面临的实际问题,因此驱动器高效率与高能量增益是至关重要的两点。前者是一个技术发展的问题,而后者需要复杂精密的靶设计以及紧密束指标要求。我们离用 ICF 获得聚变的这个目标还有多远?

(6) **状况**

至今为止还没有实现聚变条件,但两个主要的里程碑式的进展已经分别达到:已经测量到 2×10^{14} 中子爆发(Soures et al.,1996)以及得到高于液体密度 600 倍的压缩燃料密度(约 120 g/cm^3,ρR 约为 0.1 g/cm^2)(Yamanaka, 1989a)。高中子产额实验中,温度为 15 keV,所获得的密度只有 2 g/cm^3。在高密度实验中,最高温度可达到 300 eV 左右,离可产生聚变反应的量还差很远。过段时间来看,也许会认为这些关于密度和中子产额的纪录有些奇怪,原因在于可达到的密度和中子产额主要受限于由激光器所提供的能量。因此,只有当下一代激光器换代时才有可能突破现有的纪录。NIF 和 LMJ 的建设完工一定会打破这个纪录。期望使用这些激光器可以达到得失等当:输出的能量将远比实际输入靶上的能量要高得多。

1.5 本书概要

写一本关于惯性聚变书的困难在于需要把几乎所有的东西都相互连接起来,因此组织材料难度显而易见。同样,学习 ICF 如何工作也是这样,ICF 所有的阶段都相互缠绕,需要大量的参考资料。在本书中,我采用按年代排序的方法,也是按照 ICF 发展的时间顺序来组织本书。因此,对于一本关于 ICF 的书,从提供脉冲的激光器开始描述并不常见。在专注 ICF 所需的高功率激光之前,我们将简要介绍激光的基本原理。

从激光打在靶丸上的那一时刻开始,我们以等离子体态来处理物质,因此第 3 章给出了解 ICF 物理过程所需的基本等离子体物理知识。在第 4 章中,阐述激光与靶的相互作用,主要解决激光能量如何沉积到靶上的问题。沉积的能量被用来驱动压缩,导致燃烧,将在第 5 章中进行阐述。在第 6 章中我们处理前面描述的使整个过程效率降低的不稳定性问题,而在第 7 章中我们讨论 ICF 中的能量需求及所期望的增益。在第 8 章中我们研究靶设计中隐含的物理问题。第 9 章我们讨论将来能量反应堆的一些其他问题。在第 10 章和第 11 章,我们讲述两种不同的备用实现聚变的途径,即重离子驱动聚变和所谓的快点火概念。最后在第 12 章中我们给出了 ICF 中常用的术语速查。

第 2 章

惯性约束聚变激光驱动器

整个 ICF 过程开始于驱动器中束的产生。激光绝不是作为 ICF 驱动器的唯一选项。实际上我们相信重离子束驱动将会比激光驱动更加适合用于 ICF 发电站(见第 9 章和第 10 章)。重离子束驱动的优点是驱动器以高重复频率将能量传递到靶,以及具有比激光驱动更高的效率。驱动器效率 η_{driver} 定义为"插头"电源功率 E_{el} 与驱动器的能量 E_{driver} 的比值:

$$\eta_{driver} = \frac{E_{el}}{E_{driver}} \tag{2.1}$$

重离子驱动器有着比激光驱动器高 2～4 倍的效率。然而目前的重离子束设备仍然不能将足够的能量传递到靶。在这方面激光系统走得更快,有可能出现的第一个惯性聚变反应堆仍然将使用激光驱动器。因此在本章中我们将把讨论限制在激光驱动上。然而,在第 9～11 章,我们将对不同的驱动器如重离子和所谓的快点火方案也将进行详细讨论。

在本章中,我们首先简要回顾激光物理的基本概念,然后再阐述将激光器作为 ICF 驱动器的相关细节。由于很难对这个复杂学科进行完整描述,有兴趣的读者可以参考 Davis(1996)的书籍来获取更为详细的信息。

2.1 激光物理基础

激光和其他辐射源的不同在于:(1) 单色性;(2) 空间相干性;(3) 时间相干性以及高亮度。激光器是如此强大的光源的基本原因在于能量输入通常要相当长的时间(如钕激光约 1 ms),而能量的释放通常在很短的时间(约 1 ns),这就在功率上增加了 10^6。发生方式为:能量通过泵浦进入激光媒质,媒质内的原子被激发到更高的能级。当他们衰减时辐射出光子,有可能撞击另外一个被激发的原子。这个原子于是辐射出和第一个光子完全同相位的光子,这个过程叫做受激辐射(见图 2.1)。这个总的过程可以自我重复,导致一个光的放大,所有光子沿着相同的方向同相传播最终可以形成一束光。这样的光束可以被聚焦到非常高的辉度。

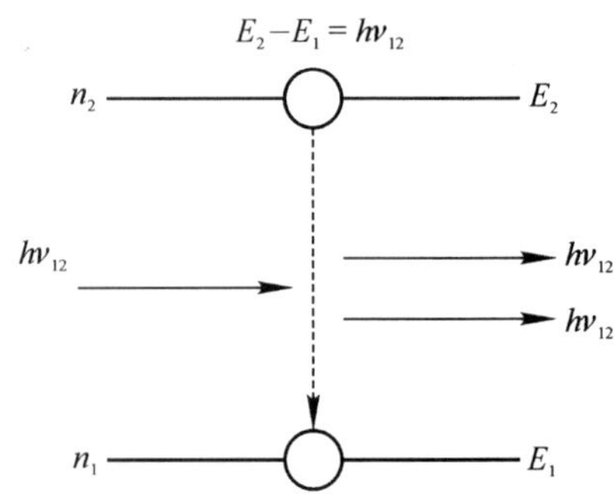

图 2.1　能级 E_1 与 E_2 之间的自发辐射示意图

现在我们以更详细的方式考虑这种产生激光的机制:假设一个激光系统在能级 E_1 和 E_2 之间只有一个谐振频率,一个处于激发态的原子可以通过自发辐射或者受激辐射的方式(Einstein, 1917)衰减到一个较低的能级。假设一个处于热平衡状态的原子系统,其电磁辐射温度为 T,单个原子可以吸收或辐射的光子能量为:

$$\hbar\omega = E_2 - E_1 \tag{2.2}$$

这里,E_1 和 E_2 表示的是能级 1 和能级 2,能级 1 比能级 2 低,如图 2.1 所示。根据普朗克定律,所有光子一起辐射的一个黑体谱为:

$$U_p(\omega) = \left(\frac{\hbar\omega^3}{\pi^2 c^3}\right)\frac{1}{\exp(\hbar\omega/k_B T) - 1} \tag{2.3}$$

式中,ω 为频率;$U_p(\omega)\mathrm{d}\omega$ 是单位体积频率间隔$[\omega, \omega + \mathrm{d}\omega]$内的辐射能量。单位体积内能级 1 和 2 的原子数 n_1,n_2 和 Boltzman 分布有关:

$$\frac{n_2}{n_1} = \frac{g_2}{g_1}\exp\left[\frac{-\hbar(E_2 - E_1)}{k_B T}\right]$$

式中,g_1 和 g_2 分别是原子能级 1 和 2 的简并,速率方程

$$\frac{\mathrm{d}n_1}{\mathrm{d}t} = + An_2 + B_{21}U_p(\omega)n_2 - B_{12}U_p(\omega)\, n_1$$

$$\frac{\mathrm{d}n_2}{\mathrm{d}t} = - An_2 - B_{21}U_p(\omega)n_2 + B_{12}U_p(\omega)\, n_1$$

描述的是在能级 1 和 2 上的布居数变化,A,B_{12},B_{21} 为 Einstein 系数,由下述关系定义

$$B = B_{21} = B_{12}\left(\frac{g_1}{g_2}\right)$$

$$\frac{A}{B}=\frac{\hbar\omega^3}{\pi^2c^3}=U_p(\omega)\exp\left(\frac{\hbar\omega}{k_BT}\right)-1 \tag{2.4}$$

在热平衡状态下，布居数是常数，因此 dn_1/dt 和 dn_2/dt 为零。当$\hbar\omega\ll k_BT$ 时受激辐射的原子数量远小于自发辐射的原子数量；因此，其服从于方程(2.4)，

$$U_p(\omega)=\frac{A}{B}+1$$

当$\hbar\omega\gg k_BT$ 时，方程(2.4)约简为：

$$U_p(\omega)\exp\left(\frac{\hbar\omega}{k_BT}\right)=\frac{A}{B}$$

相比于激光，普通的灯泡具有相对较小的温度因此自发辐射占优，其光谱是非相干的。

我们可以定义受激能级的单位时间跃迁概率为自发辐射寿命 τ_{sp}：

$$\tau_{sp}=\frac{1}{A}$$

等价的诱导辐射寿命 τ_{in}：

$$\tau_{in}=\frac{1}{BU_p}$$

同样，激发态单位时间跃迁概率 $1/\tau$

$$1/\tau=1/\tau_{sp}+1/\tau_{in} \tag{2.5}$$

总的说来，不只是从激发态 2 到 1，在围绕谐振频率的一个大的频率范围内辐射诱导的跃迁也存在。因此，激光不是一个单一的类 δ 频率束，而是根据一个谱函数 $g(\omega)$发射辐射，其归一化为

$$\int g(\omega)\mathrm{d}w=1 \text{ for } \omega_0\tau_{sp}\gg 1$$

式中，ω_0是谐振频率。

将这个因素考虑进去，受激辐射的原子数 $B_{21}U_p(\omega)n_2$ 变为：

$$n_2\int B_{21}U_p(\omega)g(\omega)\mathrm{d}\omega=\frac{\pi^2c^3n_2}{\hbar\tau_{sp}}\int\frac{U_p(\omega)g(\omega)\mathrm{d}\omega}{\omega^3}$$

特征线型为：

$$g_n(\omega)=\frac{2\tau_{sp}}{\pi}\left[\frac{1}{1+4\tau_{sp}^2(\omega-\omega_0)^2}\right] \tag{2.6}$$

线型的谱展宽根据 $g_n(\omega)$的全宽半极大(FWHM)可描述为：$\Delta\omega_n=1/\tau_{sp}$。

上述描述的过程不是线展宽的唯一的原因，激光媒质中原子、离子或者电子

的碰撞都可能有贡献。如果平均碰撞时间为 τ_c，由于碰撞的线型展宽为：

$$g_c(\omega) = \frac{\tau_c}{\pi}\left[\frac{1}{1+\tau_c^2(\omega-\omega_0)^2}\right] \tag{2.7}$$

FWHM 为 $\Delta\omega_c = 2/\tau_c$。这两种特征的、碰撞的展宽效应都有着洛伦兹线形以及均匀的展宽机制，这意味着每个原子的谱线都是以同一种方式展宽的。相比之下，非均匀展宽是由激光媒质的非均匀性或局部的非均匀性(多普勒展宽)引起的。在这些情况下，展宽呈现随机性，导致一个高斯形状的线形(见图 2.2)。

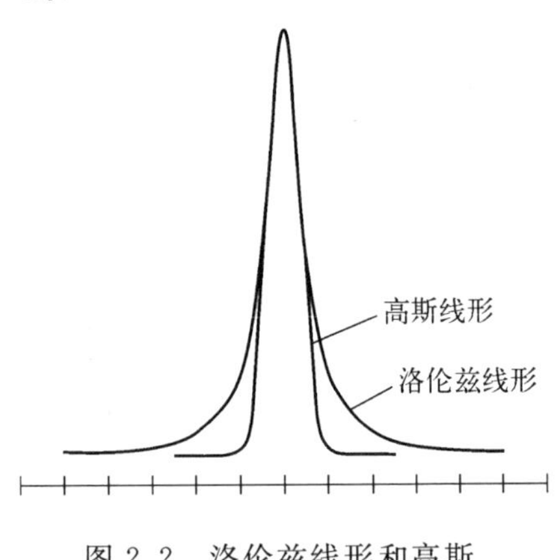

图 2.2　洛伦兹线形和高斯线形的比较

如果 $\omega = \omega_0/(1+\upsilon/c)$，则多普勒效应会将线型改变为高斯形状，在 ω_0 处的共振吸收比非谐振频率 ω 处的吸收可能要大。这就导致以下的线形形式

$$g_D(\omega) = \frac{1}{\omega_0}\left(\frac{mc^2}{2\pi k_B T}\right)^{1/2}\exp\left[\frac{mc^2}{2k_B T}\left[\frac{(\omega-\omega_0)^2}{\omega_0^2}\right]\right] \tag{2.8}$$

其 FWHM 为 $\Delta\omega_D = 4\omega_0 k_B T\ \ln 2/(Mc^2)$。在真正的激光器当中，所有的线形展宽机制可能同时存在，其线形将是所有不同线形的卷积。为使激光器有效工作，必须使激发能级 2 的布居数高于能级 1。这种情况，$n_2 > n_1$ 叫做布居数反转。在热平衡状态，Boltzmann 方程确实不允许布居数反转的发生，因此，必须打破热平衡状态。

下面我们将要看到，如何在一个三原子能级系统中实现布居数反转。如图 2.3 所示，在这样一个系统中，通过将能量泵浦进入系统，有可能在能级 3 和 2 之间实现布居数反转。输入激光媒质中的能量足够，比如，通过用闪光灯辐照激光媒质来达到。我们将在这节详细描述这个过程。这个能量输入的结果是原子被激发到更高的能级 3。然而，由于从闪光灯发射的光不是单色的，只有一小部

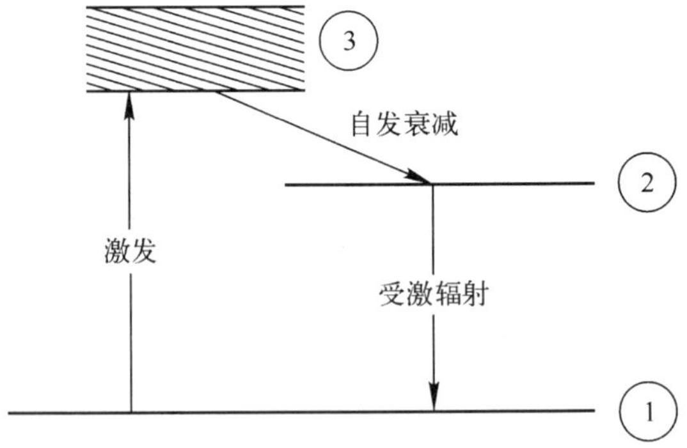

图 2.3　简单的三能级激光方案

分入射光子将适合用于激发原子。因此期望这个较高能级在一个宽的频率范围有一个大的线宽，以便可以实现从闪光灯到原子激发的能量转换具有高的效率。被激发的原子迅速从能级 3 衰减到能级 2。相比于能级 3，能级 2 应该有较窄的线宽和相对长的寿命。能级 1 和 2 之间的布居数反转——激光跃迁可以以这种方式实现。

除上述阐述的三能级方案外，也存在着不同的能级方案。最简单的能够描述 ICF 应用中的激光类型的系统是四能级激光系统，见图 2.4。四能级方案的优点在于采用高于基态的能级跃迁可以在材料中很容易实现布居数反转。原因是一旦上级激光能级 3 的布居数比低能级 2 的布居数要大(布居数比基态 1 要低很多)受激辐射就可以开始。

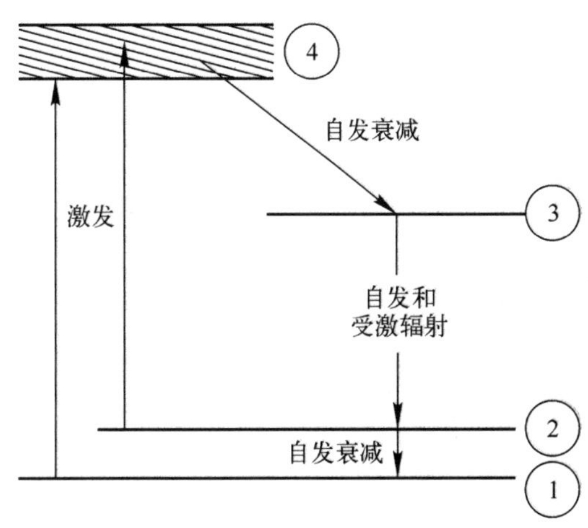

图 2.4　简单的四能级激光方案

四能级激光系统的速率方程为：

$$\frac{\mathrm{d}n_4}{\mathrm{d}t} = W_{14}n_1 - (W_{41} + A_{41} + S_{43})n_4$$

$$\frac{\mathrm{d}n_3}{\mathrm{d}t} = W_{23}n_2 - (W_{32} + A_{32})n_3 + S_{43}n_4$$

$$\frac{\mathrm{d}n_2}{\mathrm{d}t} - W_{12}n_1 - (A_{21} + S_{21})n_2$$

$$n_0 = n_1 + n_2 + n_3 + n_4 \tag{2.9}$$

式中，$W = U_p(\nu)B$ 是受激辐射率；S 是非辐射发射率。

如前所述，状态 2 和 4 的粒子数是相当稀疏的，第一项近似可以忽略。方程(2.9)可以简化为：

$$\frac{\mathrm{d}n_3}{\mathrm{d}t} = W_{14}n_1 - A_{32}n_3$$

速率方程的稳态解为

$$\frac{n_3}{n_1} = \frac{W_{14}}{A_{32}}$$

替换 W_{14} 和用自发辐射 $A_{32} = T_3$ 替换寿命，我们有

$$n_3 = \frac{n_1 W_{14}}{A_{32}} = \frac{8\pi\nu^2 \eta^3 T_3}{c^3 g T_p}$$

式中，g 是线宽函数的最大值；T_p是光子寿命。

所需的泵浦功率 $P = W_{14} n_1 h\nu_p V$ 于是满足

$$P = \frac{8\pi\nu^2 \eta^3 V h\nu_p}{c^3 g T_p}$$

当光束穿过媒质时，其强度沿着传播距离变化。媒质中沿 x 方向传播的单色光可以近似为：

$$\frac{\mathrm{d}I(\omega)}{\mathrm{d}x} = (G - \kappa) I(\omega) \tag{2.10}$$

式中，I 是能量通量；G 为布居数反转系统的增益；κ 是耗散项主要描述碰撞损耗。增益由下式表示：

$$G = \frac{\pi^2 c^2 n_\tau}{\omega^2 \tau_{\mathrm{sp}}} (n_2 - n_1) g(\omega)$$

因此增益在很大程度上取决于布居数反转。假定布居数差别 $n_1 - n_2$ 和能量通量 I 无关，G 和 κ 与 x 无关，方程(2.10)的解为：

$$I(\omega, x) = I_0 \exp[(G - \kappa) x]$$

如果系统处于热平衡状态且 $n_1 > n_2$，辐射能量传播时呈指数衰减。相比之下，如果 $n_2 > n_1$，$G > \kappa$，能量通量呈指数增长，这个过程叫做光放大。

有两类主要的高功率激光器：气体激光器和固体激光器，他们的主要区别是所采用的激光媒质。在固体激光器中(Nakai，1994)，媒质是一种绝缘晶体或者玻璃，杂质离子是增益媒质。对高功率激光器来说，目前主要采用下述激光媒质：钕玻璃(1.06 μm)，KrF(0.249 μm)，CO_2(10.6 μm)，I_2(Iodine，1.3 μm)，Ti：sapphire(0.8 μm)。钕玻璃激光器(见图 2.5 激光泵浦原理)是在 ICF 实验中用得最多的激光器类型，其媒质可以在几条谱线震荡，但波长为 1.06 μm 的谱线应用最广。

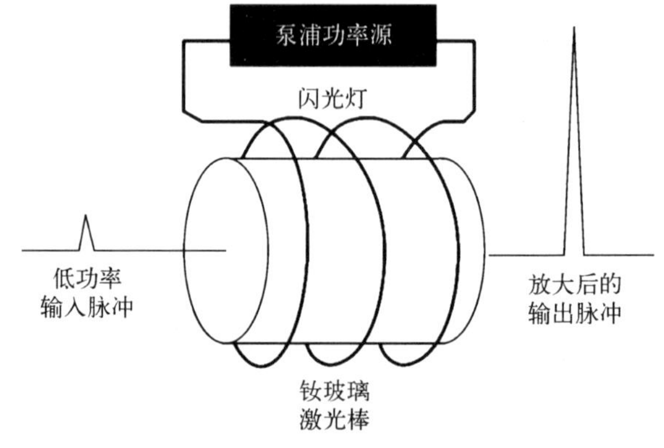

图 2.5　激光泵浦原理

下面让我们将一个玻璃激光系统的单个器件作为例子考虑：

(1) 振荡器

在振荡器中，激光媒质放置在两个镜子之间，形成一个激光腔。振荡器的作用是在这个腔中产生驻波，但只有放大和传播选择的模式。镜子是必须的，因为一个给定的波必须在包含有激光媒质的腔体内来回通过多次使振荡增长。由于与激光跃迁有关的能级有着确定的线宽，可能存在一系列不同的振荡模式。因为腔体长度的典型值为操作波长的 $10^5 \sim 10^6$ 倍，只有一些有限的频率被放大。然而，许多其他的激光模式通常也被同时放大。如果镜面的反射率为 R_1 和 R_2，它们之间的距离为 L，必须满足这个关系

$$R_1 R_2 \exp[2L(G-\kappa)] > 1$$

以使振荡发生。稳定的电场模式只在这个频率间隔内出现：即 $\Delta\nu = n(c/2L)$，$n=1,2,3,\cdots$。

腔体的品质因子 Q 描述的是腔体放大一个给定的激光模式的能力，定义为：

$$Q = \frac{2\pi\nu_0 E_{\mathrm{mode}}}{P_{\mathrm{d}}}$$

式中，E_{mode} 是被放大模式中存在的能量；P_{d} 是这个模式在腔中的耗散率。具有最高 Q 的那些模式首先被激发。一个振荡器至少包含两个附加的元件：一个孔径和一个时变损耗元件或者说是 Q-switch。孔径确保能够获得空间分布为高斯状的最低阶的横模。

振荡器的 Q-switch 基本上用作一个电-光快门，在特定电压下改变其折射率（如 Kerr 或 Pockels cell）。如果这个快门关闭，振荡生长是被禁止的。在关闭的时间内，腔体积累能量，因为泵浦仍然在继续，布居数反转仍然增长，只有非常少量的受激发射损耗发生。当快门打开一段比激光脉冲积累时间要短的时间，开关改变其 Q 因子，腔中存积的能量与耗散的能量比值从一个高的值改变为一个低的值。振荡增大得非常快，因此可以将累积的能量在一个很短的时间里释放。当处于激发态的布居数耗尽，激光就消亡了。通过这种方法，Q-switch 允许将激光输出约束为一个短持续时间脉冲。

如果振荡器确实没有包含一个 Q-switch，而是一个时变的损耗元件，这个损耗元件以 $2L/c$ 的速率被调制，该速率等同于光在腔体的来回时间。以这种方式，通过振荡器的脉冲的增长周期必须遵从损耗元件的周期。由于将非常接近的频率模式锁在一起，该技术称为锁模。

无论使用哪一种振荡器类型，其输出能量都将特意保持在很小的量级（10^{-3}

到 10^{-1} J)以便能够更好地控制激光脉冲。下一步在光束离开振荡器之后，在光束进入放大器系统之前将使用一个望远镜系统来放大激光束的半径。

(2) 放大器

来自于振荡器脉冲的束辐射率通过一系列放大器增长。辐射率扩大的因子为 $10^4 \sim 10^8$，脉冲能量因此在 $10 \sim 10^5$ J 的范围。如此大的增长是怎么达到的？在放大器中媒质必须被泵浦，在脉冲实际上进入媒质之前就已经达到布居数反转。泵浦从外部实现。在钕激光器情况下，实现布居数反转的泵浦由氙灯来完成。然而，这些闪光灯的能量转换效率非常低，只有 1%～2%。因此在这个领域，急需研发新的技术。采用二极管泵浦的新技术有望最终实现提供高达 40%的转换效率。最后，为避免由靶反射的强脉冲损坏振荡器，在激光器设计中还必须包含隔离元件。

2.2 ICF 用激光器

下面我们将要讨论这个问题：即对 ICF 应用，理想的激光器看起来是什么样子。最重要的考虑就是激光强度和其波长。相比许多其他激光应用，ICF 实验需要一种能够在一个相对短的时间(约 10 ns)传递非常高的功率的激光器。

真空中激光的最大电场 $E_{\max}$ 和磁场 $B_{\max}$ 通过下式与辐照度相关(高斯制单位)：

$$I_L = \frac{cE_{\max}}{8\pi} = \frac{cB_{\max}^2}{8\pi}$$

或者采用工程单位为：

$$E_{\max}\left[\frac{\text{V}}{\text{cm}}\right] \simeq 2.75 \times 10^9 \left(\frac{I_L}{10^{16}\ \text{W/cm}^2}\right)^{1/2}$$

$$B_{\max}[\text{Gauss}] \simeq 9.2 \times 10^6 \left(\frac{I_L}{10^{16}\ \text{W/cm}^2}\right)^{1/2}$$

然而，激光强度不应该太大：在高强度下，激光的吸收正比于激光强度的倒数(Drake,1988, Yamanaka, 1989c)，因此只有一小部分激光被吸收。另外一个限制因素是对最后一个镜面的损坏。这必须避免，因为在只有几发脉冲之后就更换最后一个镜面是不实际的。理想的折中方案是激光强度为 $10^{14} \sim 10^{15}$ W/cm^2。通常我们使用脉冲激光，因为将光子存储在光学系统中会相当困难。

当选择 ICF 激光器时第二个考虑就是波长。在早期的 ICF 研究中，首选的波长是 10.1 μm，然后是 1 μm。现在看来，0.3～0.5 μm 之间的波长范围更适合。大量研究表明，在短波长，受欢迎的碰撞过程被增强，不想要的效应如共振吸收和拉曼散射被减小了。

正确的束强度和波长很重要但不是 ICF 激光驱动器的唯一要求。光束也必须有特定的形状。光束整形出现在下面三个独立的领域：

(1) 时间整形：在热斑概念中时间整形非常重要，为了以有效能量的方式得到热斑（第 5 章讨论），激光脉冲必须在一个特定的时间经历内将能量传递到靶上。

(2) 谱整形和束平滑：在束里去除（至少要减少）亮和暗斑尤其是焦点处的亮暗斑尤为重要。可以通过在波长尺度上快速的改变聚焦束图案来完成谱整形和束平滑。

(3) 空间整形：放大器在束的中心比在边缘更有效。因此初始均匀分布的束在穿过主要的放大器之后其在边缘的强度较弱。为抵消这种效应，开始时制作方型束，在预放大器中使边缘处的强度更强，从而可以补偿放大器中心的高增益。

假设上述要求都满足，仍然存在的问题是靶通常由多束光同时照射，本质上这会导致辐射不均匀性；然而，辐射均匀性是达到点火条件的主要先决条件之一，这就对单束光质量和不同光束协调方面施加了严格的条件。对于目前所考虑的、用于反应堆的靶，需要 1% 的束均匀性、能量均衡以及束同步。

作为总结，激光驱动器开始于一个较低功率的激光脉冲，然后被平滑，整形，和放大。这个初始的弱激光脉冲只有几个 nJ，束的直径只有几个 μm。这个脉冲获得一个空间整形，然后在谱范围内被展宽。每一个脉冲在预放大器模块里都被放大和整形。在这两步中，脉冲被放大到约 10 J。在这个过程中，束被进行时间和空间整形，同时也包含着束平滑。之后这些束被放大到需要达到聚变条件的强度，保持他们的空间、谱和时间的外形一致。

2.3 用于 ICF 的钕玻璃激光器

目前，玻璃激光器是用于 ICF 的最先进的激光器，能够在短时间内释放很高的功率。实际上钕玻璃激光器目前主要用于与 ICF 相关的实验中。固体激光材料由嵌入 $Y_3Al_5O_{12}$ 晶体中的钕离子或玻璃组成。它是一个四能级激光系统，和我们在 2.1 节中描述的系统相似。有几种可能的跃迁可以被用在激光媒质中（见

图 2.6)。然而,在 1.06 μm 的红外跃迁被广泛用作倍频(0.53 μm)或三倍频(0.35 μm)ICF 实验(Singh,1987)。目前正在建设的激光系统将采用 0.35 μm 的三倍频,因为在这些较短的波长段,不想要的激光-等离子体相互作用的类型不太显著。然而,近年来在 NIF 中采用二倍频的想法比采用三倍频的想法略占上风,因为在二倍频下得到了比三倍频高两倍的激光能量。该想法是以较高能量换取较低的耦合效率或低对称性。

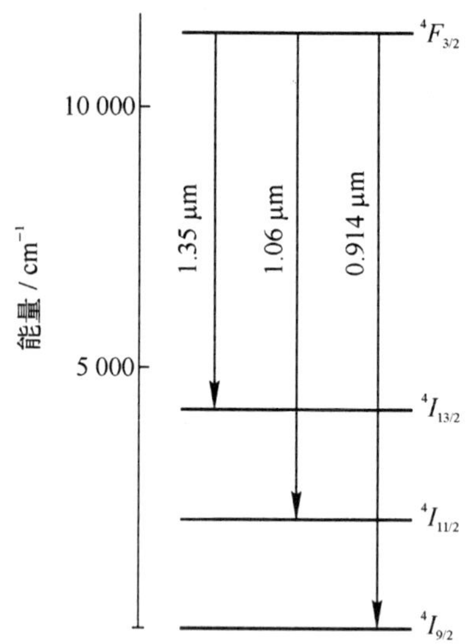

图 2.6 在一个 Nd 激光器中的激光发射跃迁

玻璃激光器研究的主要目标是提高束的质量以便在靶上获得一个较高的激光辐射均匀度。如果对靶的辐照不是完美的均匀,会在靶的表面留下烙印,将干扰球形对称,从而为流体力学不稳定性埋下种子(见第 6 章)。

束的数量、功率以及束之间的能量平衡将确定最低空间频率下的辐照不均匀性,而单个束的质量确定高空间频率下的辐照不均匀性。Yamanaka (1989)的研究表明,辐照的均匀性可以通过下述技术得到显著提高:

(1) Random phase plates (RPP):随机相位片

(2) Spectral speckle dispersion (SSD):谱斑色散

(3) Polarization smoothing :偏振平滑

(4) Multibeam overlap (Regan et al. , 2005):多光束重叠

RPPs 将焦平面强度分布修正到一个较好尺度的斑点,该斑点有着明确的统计特性(Obenschein,1986, Lehmberg, 1987, Y. Lin,1996)。斑点的特征尺寸取决于聚焦光学的衍射极限,一个重要的参数是聚焦长度和束直径的比值 f_{sp}。斑点宽度 d_{sp}和长度 l_{sp}的特征值(Rose and Dubois, 1994, Watt et al. ,1996, Garnier, 1999)由下式近似给出:

$$d_{sp} \sim f\lambda_0$$

$$l_{sp} \sim 7f^2\lambda_0$$

SSD 技术(Rothenberg, 1997, Regan, 2000)通过分布式相位片快速转换在靶上生成的激光斑点图样,将极大地减少辐照不均匀性。一个高频的电-光相位调制器产生一个时变的、由一个衍射光栅进行角色散的波长调制。

偏振滤波(Tsubakimoto et al.，1993)把每束光分成两个部分然后再把它们合成以让他们的不规则部分干涉相消。与此同时 PS 对空间光束结构进行滤波，因此比时间滤波技术更为有效。随机相位片与上述提到的技术组合后可以将单束光束的辐照均匀度大幅提高(见图 2.7 和图 2.8)。

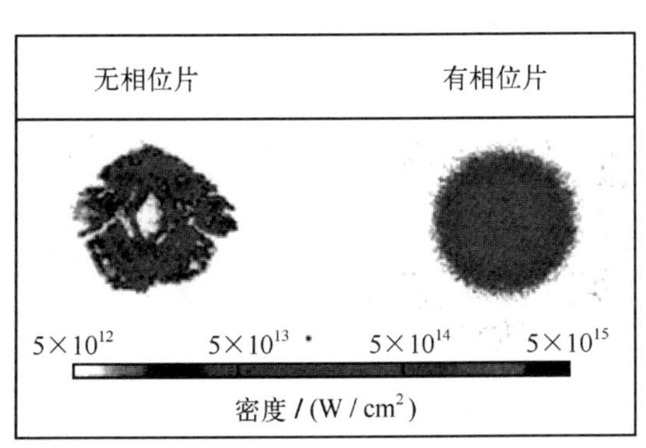

图 2.7 相位片对-Nova 束焦斑的影响

(取自 Lindl(1995),美国物理研究所)

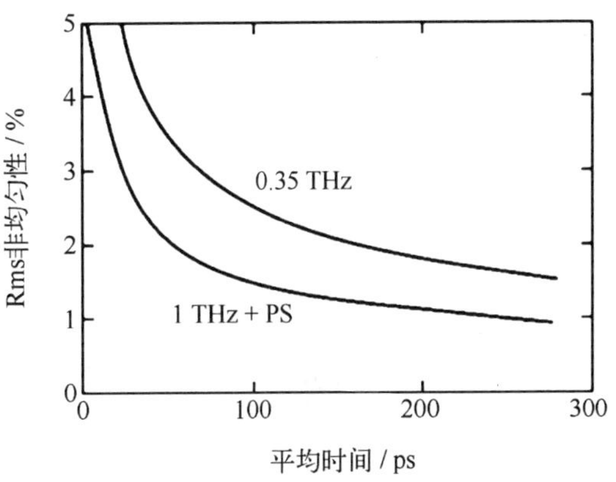

图 2.8 在 OMEGA60 束几何布局中，假设在一个球形靶上的多束重叠情况下，RMS 非均匀性与计算时间的函数关系。所示曲线为谱斑色散与极化平滑两种不同的配置(McCrory 等,2001)

(1) 已列入计划和投入建设的用于 ICF 的激光器系统

表 2.1 总结了过去、现存和已计划的用于 ICF 研究的激光装置。很明显,这个列表并不完全,因为同时也还有许多小型的用于 ICF 实验的激光系统。目前用于 ICF 研究最强大的、在运行的激光系统是在 New York，Rochester 的 OMEGA 系统。该系统主要用于直接驱动应用实验。此外,OMEGA 系统 60 束光束中的 40 束可以重新排列到一个适合于间接驱动实验的几何布局上。但是 OMEGA 系统在这两种构造下都不能达到点火条件。

高功率的钕玻璃激光器正在美国的 LLNL 和法国的 LMJ 建造,最终的目的是达到点火和燃烧(Lindl and McCrory，1993)。因此,我们可以期望采用钕玻璃类型的激光器可以实现第一次 ICF 点火。NIF 和 LMJ 在设计上非常相似但在细节上不同。最初的设计主要基于 NOVA 系统上的间接驱动实验结果(注:NOVA

装置已被拆除)。NIF 的概念性设计可以参见图 2.9,LMJ 的设计见图 2.10。NIF 装置计划采用 192 束钕玻璃激光系统,工作在三倍频波长 $\lambda=0.35\ \mu m$。所期望达到的靶上的能量是 1.8 MJ 在 20 ns 内传递 500 TW 的能量。NIF 装置激光的设计参数是为一个间接驱动方案设计的,靶丸设计和图 1.11 所示的结构相似。这样一个靶丸需要能量为 1.35 MJ 的激光脉冲,驱动温度为 300 eV。

表 2.1 用于 ICF 研究的钕玻璃激光器系统

系统	位置	能量	束	指标	状态
Omega UG	USA	30 kJ	60	直接点火	运行
			40	间接点火	
Gekko XII	Japan	20 kJ	12	直接点火	改进至 PW
NOVA	USA	40 kJ	10	间接点火	关闭
Phebus	France	6 kJ	2	间接点火	关闭
SG-I	China	8 kJ	8	间接点火	运行中
SG-II	China	30 kJ	32	间接点火	建设中
Beamlet	USA	40 kJ	4	间接点火	运行
NIF	USA	1.8 MJ	192	间接点火	约 2011
LIL	France	60 kJ	8	间接点火	运行
LMJ	France	1.8 MJ	240	间接点火	约 2012
Gekko-PWM	Japan	100 TW		快点火	运行
Gekko-PW	Japan	1 PW		快点火	已计划
Vulkan	UK	2.6 kJ		物理验证	工作中

在这样一个束线的主要部件内,低功率激光脉冲被滤波、整形、放大,最终直接被导引到小的靶区域,如图 2.11 所示。在 LLNL,这样一个束线(也叫 beamlet)已经建成用来测试系统的单个部件,和已经存在的 8 束 LMJ 原型相似。每个激光脉冲穿行 450 m,在 54 面镜子中来回反射,通过 2 m 的玻璃,最后到达靶上。整个的旅程激光脉冲将耗时约 1.5 μs。

如果我们追踪这个光束,该光束开始于掺镱光纤中的一个很小的振荡器中所产生的光学脉冲。这个脉冲只有几个 nJ 的能量,光束的尺度为几 μm。之后,光束在到达为放大和进一步束整形的预放大模块(PAM)之前通过时域整形将谱范围扩宽。

在 PAMs 中,脉冲第一步将被放大约 100 万倍。光束穿过一个采用闪光灯泵浦的放大器四次之后这个 mJ 的脉冲将再次被放大。在这个过程中,脉冲将被放

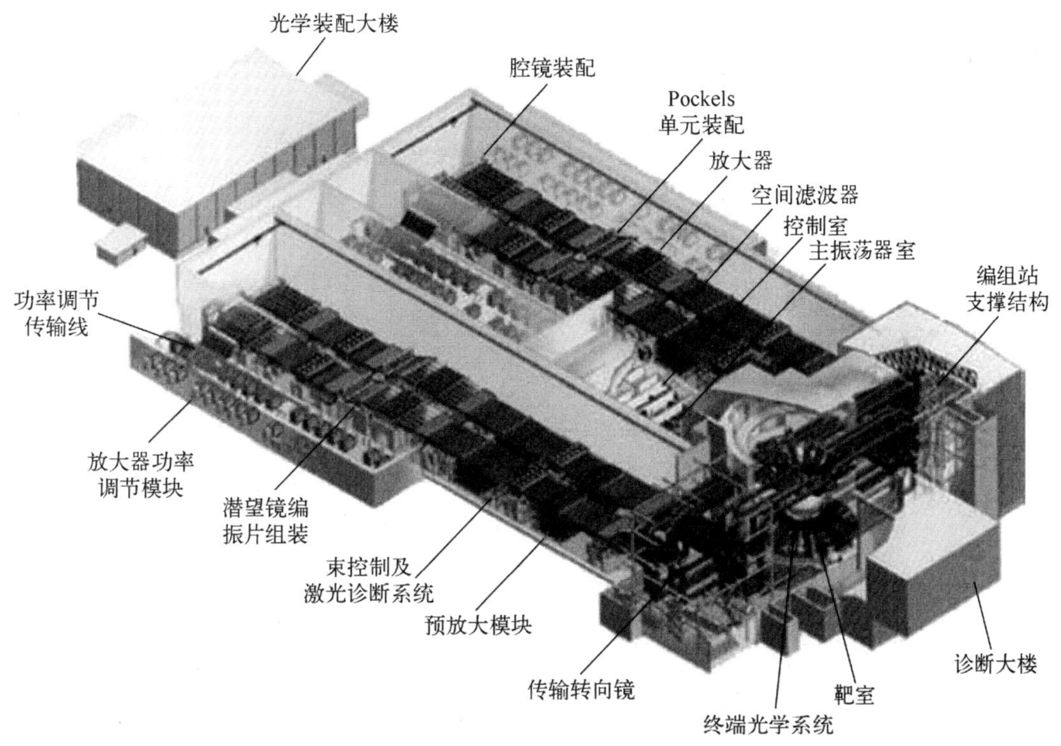

图 2.9　国家点火装置(NIF)示意图

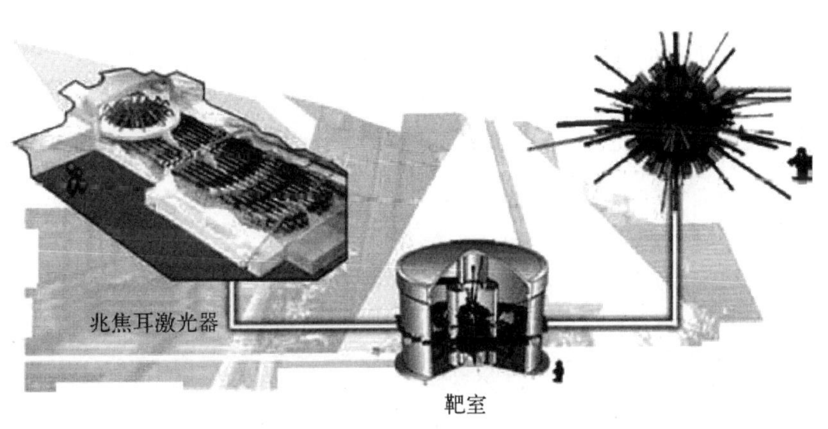

图 2.10　法国激光兆焦耳装置示意图

大,最大约 22 J。为节约成本,NIF 现在计划采用 48 个预放大模块而不是最初设计的 192 个放大模块。这意味着 4 条束线将不得不共享一个预放大模块。在预放大模块中,将完成空间的、谱的以及时间的束整形。现在如图 2.11 所示的放大激光束的主要部件已经开始工作。从光学脉冲产生系统的 1-J 输入脉冲现在分阶段

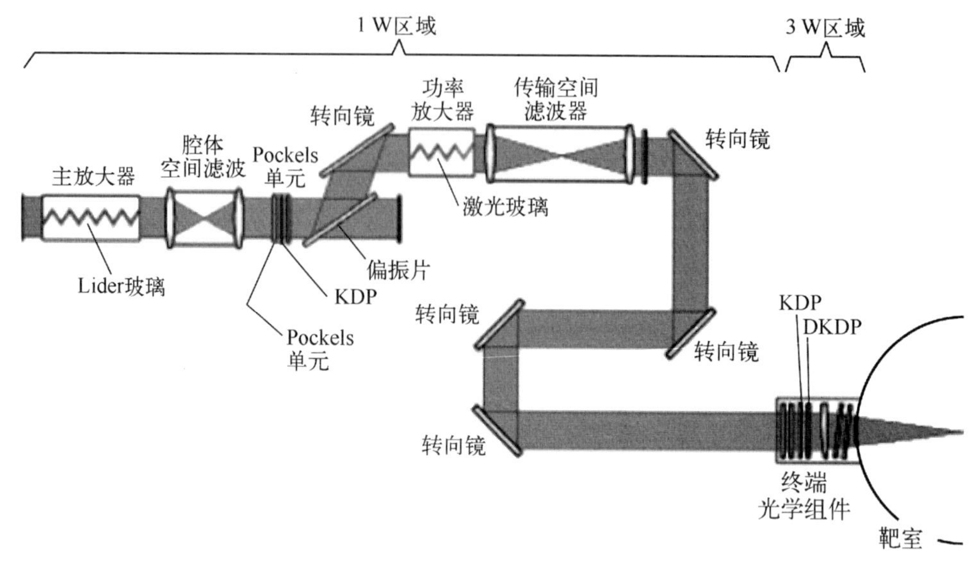

图 2.11 NIF 中的束线

被放大:第一步是在腔体放大器中,然后是在后续的放大器中被放大。在这个过程中,输入束的空间的、谱的、时间的特征都被保留。这些放大器远比传统的激光器中使用的放大器大。玻璃平板尺寸为 46 cm×81 cm,3.4 cm 厚,由掺钕的磷酸盐玻璃组成,每片重达 42 kg。每束线包含 16 个这样的玻璃平板。8 个这样的平板堆积在一起以便同时容纳 8 束光,同时被 30 kJ 的闪光灯围着。NIF 将容纳 7 680只这样的闪光灯,每只 180 cm 长,通过氮气进行冷却。

这种冷却是必要的,以减少束变形并能够在约每 8 h 进行一次单发。为了给闪光灯提供能量,能量必须存储在大量的电容器中。在 NIF 中,能量存储在四个电容间中,每个电容间的尺寸为 15 m×76 m。这四个电容间可存储约 330 MJ 的能量。系统必须提供三个脉冲给 7 680 个闪光灯的每个闪光灯。第一个脉冲是触发的测试脉冲,第二个是一个预电离脉冲用来准备为灯充电,最后,主脉冲为闪光灯提供能量。脉冲功率通过大量的电流-电容开关来切换,而且必须能够可靠地处理 400 kA 的电流。

在 NIF 中,光开关将使用一个 Pockels 单元。电光晶体由 KDP 组成。相比于传统的 Pockels 单元,需要晶体的外形尺寸和束直径相当(约 40 cm),这里所谓的等离子体 Pockels 单元采用一个薄的 KDP 晶片,夹在两个气体放电的等离子体间。与一个偏振器组合,Pockels 单元能够让光穿透偏振器或者使光从偏振器反射。这允许光束在继续往靶区域传播之前,穿过主要的放大器四次。然而,在这四次穿越过程中，由于放大器玻璃以及其他光学引起的变形将使波前畸变。如现代望远镜一样，在这里采用自适应光学，主要的部件由 1 个 40 cm 的变形镜组成。1 个制动器阵列能使镜面表面弯曲以补偿形变。除这些变形镜外，采用一个自动化系统在约 30 min 内对准和控制光束。

光束编组站将 8 束已捆绑传播的光束转换为两个 2×2 阵列，然后该阵列转换成围着靶室径向的三维配型。在进入到靶室之前，脉冲穿过最后的光学组件(FOA)，在这里脉冲被从红外(1.06 μm)转换为紫外光(0.351 μm)并被聚焦到靶上。这个过程通过采用两个非线性 KDP 晶体波片来完成。第一片晶体转换约 2/3的 1.06 μm 的光至 0.53 μm 的二次谐波，然后和剩余的 1.06 μm 的光在第二片晶体中混合产生 0.35 μm 的光，转换效率预期为 60%～80%。

对最佳的聚焦来说，每束光被聚焦在一个 500 μm×1 000 μm 的椭圆斑点上，有一个平顶的形状。这样做的原因是可以减小激光入孔的间距(Lindl，1995)。FOAs 包含频率转换晶体、真空窗、聚集透镜、衍射光学以及碎片防护罩(见图 2.12)。NIF 的束规格可参见表 2.2。

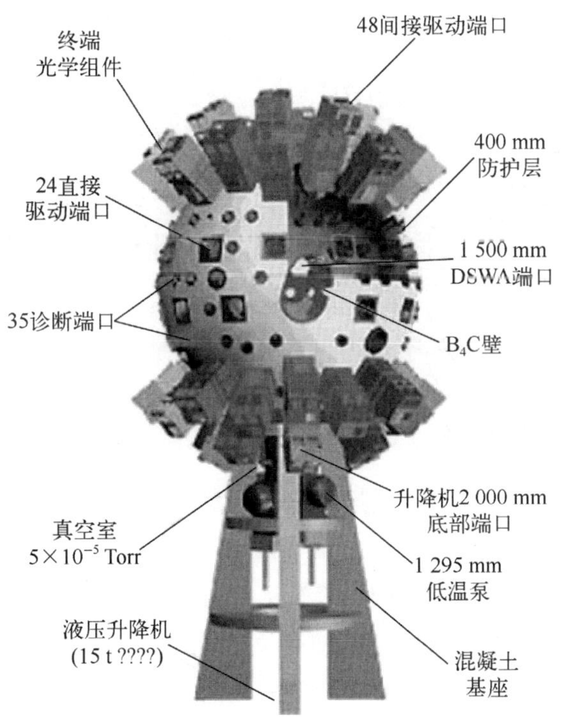

图 2.12 NIF 聚焦室

表 2.2　NIF 间接驱动设计参数

Beamlet 能量平衡	8% RMS
Beamlet 定位精度	50 μm
预脉冲	<10^8 W/cm^2
脉冲同时性	<30 ps
入口孔处斑点尺寸	500 μm

最后，束要进入靶室(NIF 的靶室设计见图 2.13)，激光束将最终照射到靶上。对于 192 束光，这需要极高的定时和定位精度。192 束光以 4 束为一组聚集，有效地在每个外锥面形成 16 个斑点，在内锥面形成 8 个斑点。因此每四束串组合为一个 $f/8$ 的光学系统。

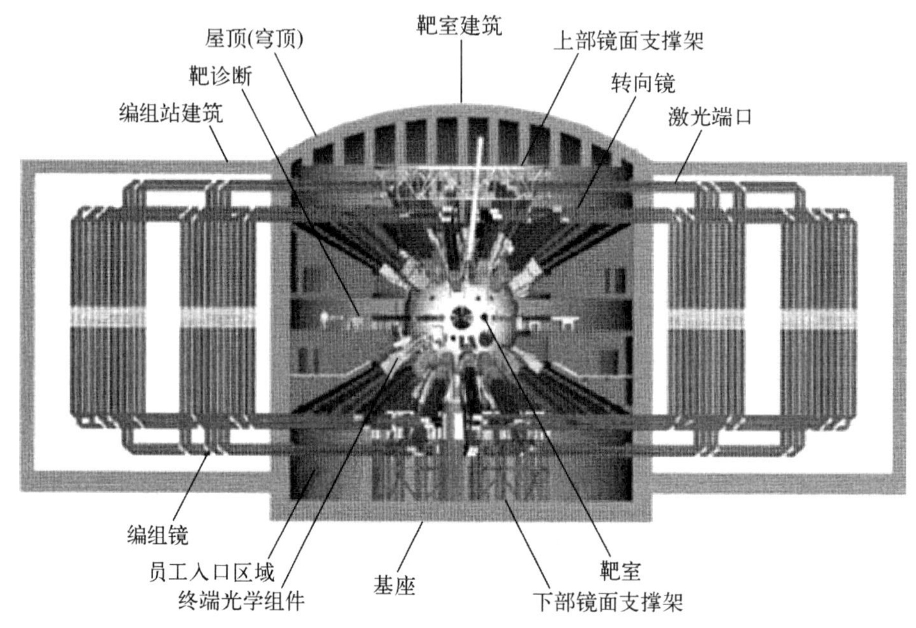

图 2.13　NIF 靶室

通过在两个锥面上的两个入孔激光进入黑腔靶。对实验来说，这种布局的优势在于可以改变两个锥的相对亮度，使靶丸上由 X 射线辐射沉积的能量不对称性最小化。靶室的一个功能是提供真空度为 10^{-6} Torr 的真空。此外，靶区域的温度控制在 0.3 ℃以维持激光定位。靶室本身由一个直径 10 m 的铝合金-5083 做成的球组成。球体重达 118 000 kg，已经安装在 LLNL。在点火后，该装置必须能够防护靶室周围使其不受辐射的中子和 γ 射线的损害。

(2) 现状和将来

目前，针对 ICF 研究的大型激光系统只有 Rochester 的 OMEGA 升级装置可用于内爆实验。其主要用于直接驱动实验，但是也可以做一定程度的间接驱动实验。

ICF 研究的下一个大的步骤将会是完成 MJ 范围的激光系统（如 NIF 和 LMJ）。使用这两个激光系统，将可演示可以达到的 ICF 点火。NIF 的时间表如下：计划的完全的 192 束光将在 2010 年完成。实际的靶室以及冷冻系统的完成估计还要花另外一年的时间。计划在 2011 年底演示点火。LMJ 的时间进度几乎和 NIF 一致，和 NIF 的区别是在整个系统完成之前将不会执行激光-等离子体相互作用实验。

在 2003 年由四束光组成的束线完成建设。这四束光能在 1 倍频时具有 21 kJ，2 倍频时 11 kJ，3 倍频时 10.4 kJ。如果所有的束线能够有相同的性能，那么 192 束光的 NIF 激光器将等效于 4.0 MJ 的 1 倍频光，2.2 MJ 的 2 倍频光，和 2.0 MJ 的 3 倍频光，超过了 1.8 MJ 的设计值，刚好高于基于聚变考虑的 1.3 MJ。这些束具有一个被整形的 25 ns 脉冲，束对比度好于 6%，束能量平衡好于 2%。相对的束定时为 6 ps 如图 2.14 所示的早期得到的激光功率与脉冲示意图。束线的性能满足对束能量、束输出、均匀性、束-束定时以及点火需要的束外形等的要求。

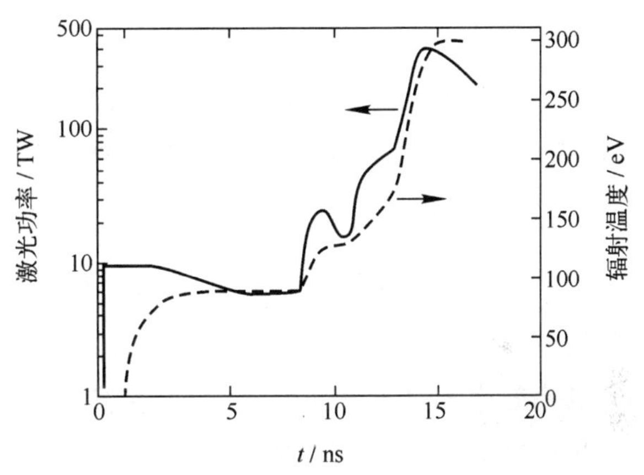

图 2.14 对一个 300 eV，吸收 1.35 MJ 光的靶，脉冲形状与激光功率的时间发展关系（实线），短划线所示为等效的辐射温度，Lindl(1995)

如前所述，LMJ 的设计和 NIF 非常相似，但其将有更多的束(240)。计划在 2006 年完成 600 kJ，2010 年达到 2 MJ。而第一次用 DT 燃料的点火实验预计在 2010 年。下一个阶段的聚变研究将出现在这两个激光装置完成以后。在演示完

ICF 原理实验之后，主要的任务将是测试从先前的低能量下的激光实验所期望的物理过程的理论预测是否实际正确。这不仅对我们理解 ICF 中的物理过程非常重要，而且对计划将来设施也是绝对必要的。第二个大的研究目标将是所有与聚变产物有关的方面。也许人们将是第一次能够在靶室中研究燃烧物理以及材料损伤，导向下一步聚变研究——演示反应堆。

2.4 Nd-玻璃激光器的替代品

尽管在近来和过去 Nd-玻璃激光器在 ICF 实验中已成功应用，但这种类型的激光器将可能不会应用在商业的 ICF 反应堆当中。原因在于 Nd-玻璃激光器的低效率和低重复频率。比如，NIF 激光器的效率低于 1%。这意味着 99%的能量在行程过程中就已损失；对于一个工作的反应堆，浪费如此多的能量将完全不在考虑之列。同样，重复频率也是问题，如前所述，NIF 装置的单发重复频率是 8 h。目前看来几乎不可能将重复频率增加至每小时几发。更不用说反应堆所要求的每秒一发。因此，必须找到相应的替代品。除完全不同的驱动器如重离子驱动外，有可能使用不同类型的激光驱动器。

(1) 二极管泵浦激光器

采用二极管泵浦而不是闪光灯泵浦的固体激光器能够获得一个更高的重复频率和较高的效率。对于二极管泵浦激光器(DPSSL)，期望的效率接近 10%。除了其高效率和高重复频率外，束的超高亮度也使得二极管泵浦激光器作为 ICF 反应堆驱动器很吸引人。对于 DPSSL 在反应堆中可能的应用，有三个因素得考虑：可达到的辐射均匀性、成本、理想的固体材料。无论固体激光器是否能够被用在将来的 ICF 反应堆中，在很大程度上都取决于靶表面上是否能达到的辐射均匀性。如近年来提到的关于提高辐射均匀性的概念和技术都已经提出来了，如 SSD、RPP、极化滤波，以及多光束重叠。现在的目标是建造高功率的 DPSSLs 来测试能够获得的辐射均匀性。

由于近年来稳定的发展，激光二极管现在能够满足高功率激光器的泵浦指标，但是仍然有成本的考虑。现在的 DPSSLs 设计用于反应堆来说还是太昂贵。需要降低 10～100 倍的成本才行。另外一点需要进一步研究的是理想的固体激光材料。理想材料由受激辐射截面以及热冲击的下限范围来定义(Matsui et al.，2000)。有几种不同的激光材料可以考虑：日本的 ILE(日本激光工程研究所)的

HALNA 激光器采用的是一种加强的玻璃材料 Nd HAP-4。而 LLNL 的 100 J 水银激光器，采用Yb-SFAB。对于后者，第一个二极管泵浦激光器已经研发完成，正在 LLNL(美国利弗莫尔国家实验室)建设。该激光器将有 2～10 ns 的脉冲长度，重复频率为 10 Hz。LLNL 选择这种材料的原因是因为其操作在几乎和 Nd-玻璃激光器相同的频率(1，0.5，0.35 μm)，使用 Nd-玻璃激光器的经验也许能够使 DPSSLs 受益，特别是当靶相互作用相似时。

图 2.15 所示的是已存在和已计划的 DPSSLs 的激光能量和已有的闪光的泵浦系统激光能量的比较。只有将来的研究能够表明这些激光材料中的哪一种最适合 ICF 反应堆应用或者说是否其他材料如光学陶瓷具有别的优势。

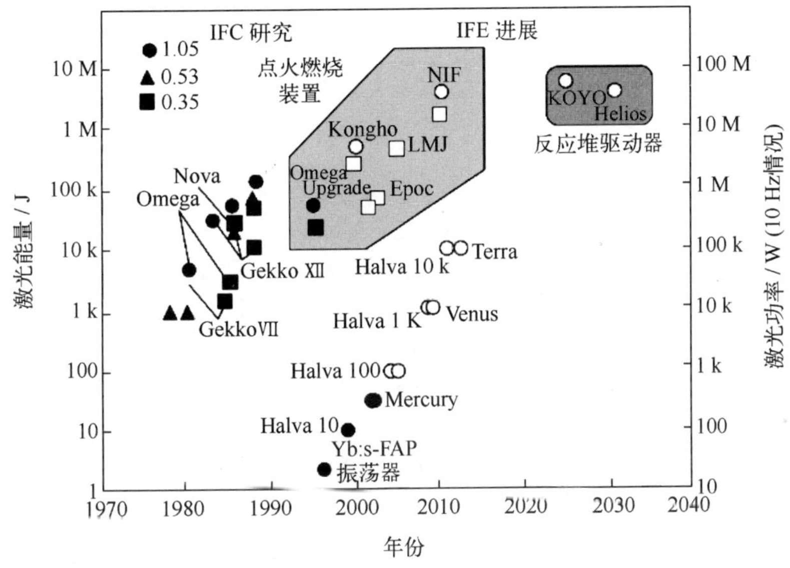

图 2.15　玻璃激光器系统与 DPSSL 系统发展的比较：填充标志表示的是正在或已经工作的系统，非填充标志表示的是在建或者已计划的系统，Nakai and Mima，2004

(2) KrF 激光器

也有一种可能性就是根本不使用玻璃激光器。一种备选方案是准分子激光器，如 KrF。目前针对 ICF 已工作的或已计划的最大的 KrF 激光装置如表 2.3 所示。

作为一个例子，美国海军研究室的 Electra KrF 激光器的主要部件如图 2.16 所示。单体充满着 Kr、F 以及 Ar 的混合气体。高功率电子束从相反方向注入激光单元。激光气体被从真空区域隔离，通过一个金属箔片支撑的结构来形成电子。然后激光束沿着与电子束垂直的方向传播。一个气体循环器确保下一发时激光媒质的冷却和静止(Sethian et al., 2003)。

表 2.3　用于 ICF 的 KrF 激光器(过去的和现存的)

系统	机构	能量	束	脉冲	重复频率
Nike	NRL,USA	3～5 kJ	44	4 ns	
Aurora	Los Alamos,USA (project stopped)	10 kJ	96	480 ns	
Sprite	RAL,UK	250 J	1	50 ns	
TITANIA	RAL,UK	1～10 kJ			
Super-Ashura	Japan	2.7 kJ	12	2.5～25 ns	
Electra	NRL,USA	500 J			5 Hz

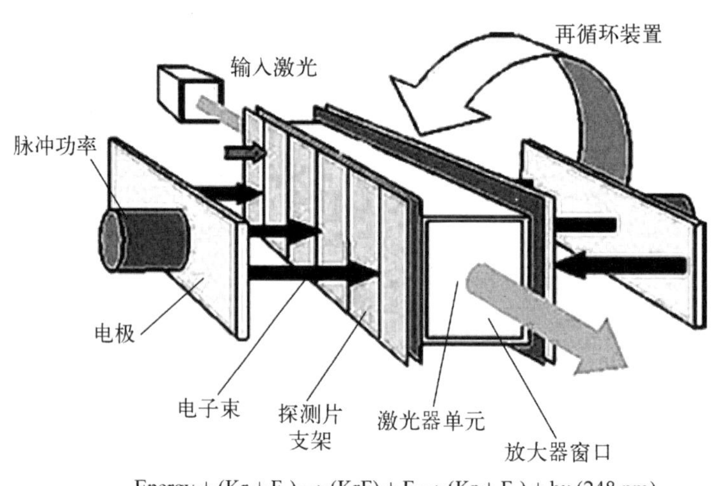

图 2.16　伊莱克拉特(Electra)KrF 激光器的主要部件,Sethian et al. 2003

KrF 激光器有比 Nd-玻璃激光器效率更高的优点,理论上的最大值在 20%。如果我们考虑到激励能量效率这个乐观值在某种程度上会减小,其相对效率约为 10%。然而,需要特别考虑的是因为只是在小装置上测试过这些值,在 Electra和 Nike 激光器上测试的结果为 5%。然而,仍然比现有的 Nd-玻璃激光器更好。

KrF 激光器操作在 0.248 μm,对激光-靶相互作用来讲是优化的(见第 4

章)，其实际的带宽为 1～3 THz。除他们的高效率外，KrF 激光器有着宽带宽的优点，相对容易的脉冲整形以及较高的脉冲重复频率。后者是由于在 KrF 激光器中激光媒质为气体。这种气体可循环使用以除热和得到尽可能高的脉冲重复频率。然而，也有缺点：在 KrF 激光器中，脉冲持续时间太长。理论上，可以通过将脉冲劈为子脉冲，将其在不同路径上引导至靶区域，以便他们在相同时间内到达靶丸。这个机制叫做多路复用技术(multiplexing)。更多的信息可以参见 Sullivan(1993)。短波长 KrF 激光器在 ICF 应用上也有缺点，因为在短波长，光学元件的损伤要更大。

只有从未来的研究结论中可以判定上述不同激光类型中的一种或者别的驱动器是否会被用在 ICF 反应堆当中。

第 3 章

等离子体物理基础

当激光与靶表面相互作用时,原子立即被离化,生成由正离子和负电子组成的等离子体。之后所有的过程如激光能量的吸收或者燃料的压缩就发生在这样一个等离子体环境中。因此考虑在等离子体态下发生在物质中的基本物理现象尤为重要。对等离子体物理熟悉的读者可以跳过这个章节直接进入到第 4 章。在这里我们只简短地阐述等离子体的物理基础,而且严格将等离子体现象本质限制在对 ICF 过程的理解上。更多的关于等离子体的信息,读者可以参考教科书如 Chen (1984), Dendy (1994), Goldston and Rutherford (1996), and Eliezer (2002).

3.1 德拜长度和等离子体频率

等离子体不是一个稀有的物质态,我们可以从对地球的了解得到启发。实际上,如果我们看整个宇宙,99%的物质都处于等离子体态。在自然界中等离子体不仅存在于恒星以及星际媒质中,而且等离子体和我们地球的电离层以及闪电更靠近。除聚变实验外,人造等离子体也存在于电灯泡、平板电视、放电过程,以及短脉冲激光实验中生成的等离子体等。等离子体态跨越一个非常宽的温度和密度范围,如图 3.1 所示。比如,星际气体每立方厘米中只包含少量的粒子,而白矮星(white dwarfs)中的粒子数为 $10^{30}/cm^3$。类似地,温度范围也从室温的非中性电子等离子体到高达 10^8 K 的磁约束聚变中的等离子体。注意到在等离子体物理中，如本书所示，温度通常表示为能量的单位 eV（1 eV 近似对应于 11 400 K）。尽管等离子体有如此大的不同，他们中的大多数可以采用经典物理方法来处理；只有强耦合的等离子体（图 3.1 左上角）需要特别处理对待，我们将在 3.8 节中阐述。

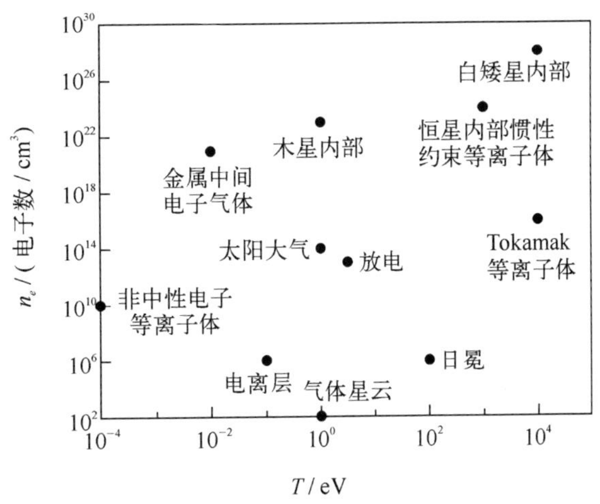

图 3.1　不同类型等离子体与温度和密度的函数关系

所有这些不同类型的等离子体都有一个共同的定义：等离子体是一种准中性的气体，由显示集体行为的带电粒子组成。准中性意味着粒子间的库仑力趋向于使系统中局部电荷不平衡中性化（中和），也就是说：

$$n_e \simeq Z n_i$$

式中，n_e 是电子密度；n_i 是离子密度；Z 是离子电荷。与准中性相连接的效应是所谓的德拜屏蔽效应。该效应描述的事实是由于等离子体中存在的吸引和排斥力，一个离子将被电子所包围，反之亦然（见图 3.2），因此在大尺度上，等离子平均意义上将是电中性的。德拜长度 λ_D 是当一个电荷被来自于环绕电荷的效应完全屏蔽时的一个特征距离。德拜长度 λ_D 由式（3.1）给出（SI 制）

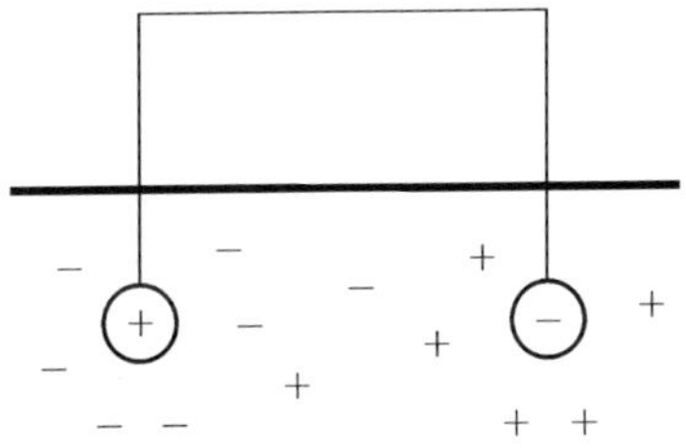

图 3.2　德拜屏蔽示意图

$$\lambda_D = \left(\frac{\varepsilon_0 k_B T_e}{e^2 n_e}\right)^{1/2} \tag{3.1}$$

式中，ε_0 是介电常数。这说明对于一个准中性的系统，系统尺寸应该比这个德拜长度大，因为德拜屏蔽只对那些被足够数量电子环绕的离子有效。在一个半径为 λ_D 的德拜球中，电子的数量表示为：

$$N_D = n_e \frac{4\pi}{3} \lambda_D^3$$

围绕一个被屏蔽的离子的电势按指数下降，由下式给出：

$$\Phi_D(r) = \frac{e}{4\pi\varepsilon_0 r}\exp(-r/\lambda_D)$$

在热平衡状态，电子的动能必须等于离子的动能，

$$\frac{1}{2}m_e v_e^2 = \frac{1}{2}m_i v_i^2 = \frac{3}{2}k_B T_e$$

于是

$$\frac{v_i}{v_e} = \left(\frac{m_e}{m_i}\right)^{1/2} \sim \frac{1}{43}$$

上式表明：由于离子的质量比电子大得多，因而移动的速度也远小于电子。因此，如果等离子体的电中性被破坏（如由强激光诱导的外电场）最开始响应的是电子。电子试图恢复到电中性，在等离子体中产生振荡。这个振荡以一个等离子体类型的频率特征发生，即所谓的等离子体频率：

$$\omega_p = \left(\frac{e^2 n_e}{m_e\varepsilon_0}\right)^{1/2} \tag{3.2}$$

这个等离子体频率在几乎所有的等离子体过程中起着重要作用。

3.2 粒子描述

基本上有两种不同的方法来描述等离子体，像流体一样看待等离子体或者认为等离子体是许多单个的粒子。对于后者，在固定的电场和磁场中，等离子体中单个粒子的运动可由洛伦兹运动方程组来描述：

$$m\boldsymbol{v} = q(\boldsymbol{E} + \boldsymbol{v} \times \boldsymbol{B})$$

$$\boldsymbol{r} = \boldsymbol{v}t$$

幸运的是，在 ICF 中，等离子体中诱导的电场非常强，以至于在很多情况下磁场 $\boldsymbol{B}$ 可以忽略，就只剩下平行于电场 $\boldsymbol{E}$ 的一个线性加速度。如果现在试图通过他们的位置 $\boldsymbol{r}_i$ 和速度 $\boldsymbol{v}_i$ 描述由 N 个粒子组成的整个等离子体，将意味着解一个 $N>10^{20}$ 个粒子的动态问题，这显然是一个不可能完成的任务。因此，我们不使用 6N 维相空间$(\boldsymbol{r}_i, \boldsymbol{v}_i)$，而是引入一个分布函数 $f(\boldsymbol{r},\boldsymbol{v},\boldsymbol{t})$，$f(\boldsymbol{r},\boldsymbol{v},\boldsymbol{t})\mathbf{d}^3\boldsymbol{r}\mathbf{d}^3\boldsymbol{v}$ 代表 $\boldsymbol{r}$ 处单元$(\mathrm{d}x, \mathrm{d}y, \mathrm{d}z)$内容纳的粒子数，$(\mathrm{d}v_x, \mathrm{d}v_y, \mathrm{d}v_z)$是在时刻 t 时的速度。如果可以忽略碰撞，则可以采用无碰撞的 Boltzmann 方程来描述该系统

$$\frac{\partial f}{\partial t} + \boldsymbol{v}\frac{\partial \boldsymbol{f}}{\partial \boldsymbol{r}} + \frac{\boldsymbol{F}}{\boldsymbol{m}}\frac{\partial \boldsymbol{f}}{\partial \boldsymbol{v}} = 0 \tag{3.3}$$

式中，$\boldsymbol{F}$ 是力。如果我们用洛伦兹力来代替 $\boldsymbol{F}$，其满足

$$\frac{\partial f}{\partial t}+\boldsymbol{v}\frac{\partial f}{\partial \boldsymbol{r}}+\frac{q}{m}(E+\boldsymbol{v}\times B)\frac{\partial f}{\partial \boldsymbol{v}}=0 \tag{3.4}$$

这就是所谓的 Vlasov 方程。该方程描述的是在外场和内场影响下的粒子的运动。Vlasov 方程的平衡解是 Maxwell 分布，即

$$f_M=\left(\frac{m}{\pi k_B T}\right)^{3/2}\exp(-v/2v_t) \tag{3.5}$$

热速度 $v_t=\sqrt{k_B T/m}$。因此，如果等离子体间的碰撞可以忽略，速度分布是 Maxwellian 的，就像是在一种气体中。然而，总的说来，忽略等离子体中的碰撞并不是一个有效的假设。特别是通过与更重的离子的库仑碰撞，电子要受影响，比如会导致系统的热能化。更一般的 Boltzmann 方程包含了一个项 $(\partial f/\partial t)_c$，描述的是碰撞效应对分布函数的影响

$$\frac{\partial f_\alpha}{\partial t}+\boldsymbol{v}\frac{\partial f_\alpha}{\partial \boldsymbol{r}}+\frac{\boldsymbol{F}}{m}\frac{\partial f_\alpha}{\partial \boldsymbol{v}}=\left(\frac{\partial f}{\partial t}\right)_c \tag{3.6}$$

式中，$\alpha=e,i,n$。方程(3.6)实际上代表的是一个对每种容纳于其中的粒子(如电子、离子和可能的原子)的系统方程，通过碰撞项 $(\partial f/\partial t)_c=g(f_e,f_i,f_n)$，连接起来。

在理论上讲广义的 Boltzmann 方程允许分布函数的时变，包括电子和离子间的碰撞，我们将在微观尺度上进行描述。但是除非常特别的情况外，由于其复杂性，该方程只存在数值解。然而，在特定条件下，碰撞的项可以被近似。在等离子体物理中通常采用的近似是 Fokker-Planck 近似。Fokker-Planck 近似假设小角度散射占优：在粒子通道上碰撞数量的改变很小，因而可以被忽略。描述分布函数的碰撞效应的 Fokker-Planck 项有以下形式：

$$\left(\frac{\partial f}{\partial t}\right)_c=-\frac{\partial}{\partial v}(f\langle\Delta v\rangle)+\frac{1}{2}\frac{\partial^2}{\partial \boldsymbol{v}\,\partial \boldsymbol{v}}:(f(\Delta v\Delta v)) \tag{3.7}$$

即使在做这些简化之后，仍然没有普遍的分析解，但是 Fokker-Planck 方程通常被用来在宏观尺度上对动态等离子体现象进行数值研究。

3.3 流体描述

如果对全尺度下的传输过程感兴趣，比如在初始作用态全面的热传递，既无必要也不实际去如此仔细地研究包含电子和离子间的碰撞的等离子体。对于宏观量如密度、温度和压力，一个简化的等离子体流体模型通常已足够。对在惯性约束聚变内的许多应用来说，在所关心的尺度范围没有电荷分离发生，在这些情

况下，等离子体可以被认为是一个单一成分的流体。

为了得到最简单的单个成分的流体描述，基本上我们可以考虑在整个速度分布上的统计平均；比如密度，由下式给出

$$n(\boldsymbol{r},t) = \int f d^3 v$$

在电中性等离子体情况下，$n_e = Zn_i = Zn$。等离子体的瞬态由质量密度 ρ 而不是密度函数 f 来描述。质量密度通过电子和离子的密度连接起来

$$\rho = n_i m_i + n_e m_e$$

由于电子质量远小于离子质量，$m_e \ll m_i$，我们有 $\rho \approx nm_i$。类似地电子和离子的速度被合并为一个单一的流体速度

$$\boldsymbol{v} = \frac{1}{\rho}(n_i m_i \boldsymbol{v}_i + n_e m_e \boldsymbol{v}_e) \simeq \boldsymbol{v}_i$$

在流体力学中，流体的描述基于三个守恒定律：质量、动量和能量守恒定律，并由此生成三个流体随时间变化的系列的微分方程。类似地，假定分布 $f(v)$ 是各向同性的，经过一系列推导后（读者可参考等离子体课本，Eliezer，2002），得到下述关于等离子的流体描述方程组

$$\frac{\partial \rho}{\partial t} + \nabla(\rho \boldsymbol{v}) = 0 \tag{3.8}$$

$$\rho\left[\frac{\partial v}{\partial t} + (\boldsymbol{v} \cdot \nabla)\boldsymbol{v}\right] = \nabla \boldsymbol{J} \times \boldsymbol{B} - \nabla P + \frac{\rho}{m}\boldsymbol{F} \tag{3.9}$$

$$\frac{m}{ne^2}\frac{\partial \boldsymbol{J}}{\partial t} = \boldsymbol{E} + \boldsymbol{v} \times \boldsymbol{B} - \frac{1}{ne}\boldsymbol{J} \times \boldsymbol{B} + \frac{1}{ne}\nabla P_e - \eta \boldsymbol{J} \tag{3.10}$$

式中，$\boldsymbol{J}$ 为电流密度，定义为电子和离子的电流之和 $\boldsymbol{J} = \boldsymbol{J}_e + \boldsymbol{J}_i$，

$$\boldsymbol{J} = n_i Ze\boldsymbol{v}_i - n_e Ze\boldsymbol{v}_e \simeq en(\boldsymbol{v}_i - \boldsymbol{v}_e)$$

压力 $P = P_e + P_i$，是电子压力 P_e 和离子压力 P_i 之和。电阻率 η 由 $\eta = m\nu_{ei}/ne$ 给出，ν_{ei} 是电子-离子碰撞频率。该碰撞频率 ν_{ei} 由式(3.11)给出

$$\nu_{ei} = \frac{\pi^{3/2} n_i Z^2 e^4 \ln\Lambda}{2^{1/2}(4\pi\varepsilon_0)^2 m^2 v_t^3} \tag{3.11}$$

库仑对数为 $\ln\Lambda = \ln(9N_D/Z)$。如何推导碰撞频率以及库仑对数，有兴趣的读者可以参考 Eliezer (2002)的教科书。

方程(3.8)～方程(3.10)描述的是等离子体的所谓的单一流体模型。为使方程完备，还需要补充一个状态方程，用来描述等离子体中的压力和密度关系。如何使用补充的状态方程取决于其物理内涵，比如如果我们使用等温状态方程

$$p = nk_B T \tag{3.12}$$

该方程描述的是一个常温系统，或者我们使用绝热状态方程

$$\frac{p}{n^{\gamma}} = \text{constant} \tag{3.13}$$

式中，$\gamma = c_p/c_v = (2+N)/N$ 是绝热成分，分别由在常压 c_p 及常体积下的比热决定或者通过系统的自由度 N_{free} 确定。我们将在 3.8 节中看到，只有在 ICF 过程中那些等离子体密度比较高的情况下才使用更加复杂的状态方程。

在 ICF 物理中，方程(3.9)和方程(3.10)通常能够被简化到一定程度。在大多数情况下，磁场和电场相比很弱可以忽略，因此有以下方程：

$$\frac{\partial\rho}{\partial t} + \nabla(\rho\boldsymbol{v}) = 0$$

$$\rho\left[\frac{\partial\boldsymbol{v}}{\partial t} + (\boldsymbol{v}\cdot\nabla)\boldsymbol{v}\right] = -\nabla P + \frac{\rho}{m}\boldsymbol{F}$$

$$\frac{\partial\rho\varepsilon}{\partial t} + \nabla[\boldsymbol{v}(\varepsilon + P) + \kappa\nabla T - \Phi] = 0$$

将 $\varepsilon = p/(y-1) + 1/2\rho v^2$ 加入广义运动方程中，我们得到所谓的 Navier-Stokes 方程

$$\frac{\partial\rho}{\partial t} + \nabla(\rho\boldsymbol{v}) = 0 \tag{3.14}$$

$$\rho\left(\frac{\partial}{\partial t} + \boldsymbol{v}\cdot\nabla\right)\boldsymbol{v} = -\nabla p + \frac{1}{3}\nabla\mu\nabla\boldsymbol{v} + \frac{\rho}{m}\boldsymbol{F} \tag{3.15}$$

$$\left(\frac{\partial}{\partial t} + \boldsymbol{v}\cdot\nabla\right)T = -\rho(\nabla\boldsymbol{v})T + \nabla\kappa\nabla T \tag{3.16}$$

式中，μ 为切变黏滞；κ 为热导率。现在可以用这个方程组来描述等离子体的动态演化发展。

如前面已经提到，一元描述只是在所关心的长尺度下无电荷分离时才有效。然而，在某些情况下，必须把等离子体建模为一个二元系统，分别单独考虑电子和离子。这意味着完整的等离子体描述需要 6 个方程而不是 3 个方程，还要通过 Maxwell 方程考虑电子和离子间的相互作用，从而增加了复杂性。这样一系列扩展的磁流体动力学方程组可能会相当复杂。

幸运的是，通常没有必要完整应用二元描述。如果德拜长度比电子平均自由程短很多，即

$$\lambda_D \ll \lambda_{ee}, \tag{3.17}$$

电子平均自由程为：$\lambda_{ee}=1/n\sigma$，σ为碰撞截面。关系式(3.17)表明电荷密度、电子和离子的速率可以被假定为相等

$$n_e \sim Zn_i$$

$$v_e \sim v_i$$

在这种情况下分别引入电子和离子的独立的温度 T_e 和 T_i，

$$T_e \neq T_i$$

其描述等同于方程组(3.14)～(3.16)。如果所感兴趣过程的时间尺度 τ 比电子-离子温度平衡时间 τ_{ei} 小，即

$$\tau \ll \tau_{ei} \tag{3.18}$$

则上述描述就是有效的。典型地惯性聚变等离子体可以用一个单一流体和两个温度来描述。在实际中按如下方式来处理：由于离子的质量比电子的质量大很多，离子负责动量的传递而电子负责能量传递。动量传递直接被耦合到黏滞，能量传递被耦合到热导率。在等离子体中的高热导率意味着 $\mu c_p \ll \kappa$，因此 ICF 等离子体几乎是非黏性的。考虑到这几点，ICF 等离子体可以由下述流体力学方程组来描述：

$$\frac{\partial\rho}{\partial t}+\nabla(\rho\boldsymbol{v})=0$$

$$\rho\left(\frac{\partial}{\partial t}+\boldsymbol{v}\nabla\right)\boldsymbol{v}=-\nabla p+\frac{1}{3}\nabla\mu\nabla\boldsymbol{v}+\frac{\rho}{m}\boldsymbol{F}$$

$$\rho c_{ve}\left(\frac{\partial}{\partial}+\boldsymbol{v}\nabla\right)T_e=\nabla\kappa_e\nabla T_e-p_e(\nabla\boldsymbol{v})-\omega_e i(T_e-T_i)+S_e$$

$$\rho c_{vi}\left(\frac{\partial}{\partial}+\boldsymbol{v}\nabla\right)T_i=\nabla\kappa_i\nabla T_i-p_i(\nabla\boldsymbol{v})+\omega_e i(T_e-T_i)+S_i \tag{3.19}$$

这套方程被用来描述等离子的动态行为，当然，只有在电子和离子的温度耦合很弱的情况下，比如，在对冕区(corona)和烧蚀层建模时需要做这种处理。

相比之下，为了研究冷的被压缩的等离子体核，采用单一的温度描述就足够了，因为电子和离子之间的平衡时间(约 10～12 ps)要比动态时间尺度(ns)短。

再次说明，前述方程系统的分析解只存在于一个非常简单的情况，因此通常需要复杂的代码来解这些方程。

3.4 等离子体波

等离子体的一个重要特性就是他们具有传输集体扰动或波的能力。在最简

单的情况就是在电子或离子中的密度波动。对等离子体波现象的理解在 ICF 中特别重要，因为激光不止直接和等离子体粒子相互作用，而且也和等离子体波相互作用(Kruer，1988，Liu and Tripathi，1995)。

在这里需要注意的是，等离子体振荡的频率 ω_p 不是严格的波振荡频率(见 3.1 节)，因为他们是静态的。波是电子的传播或者是离子密度的扰动。

下面对流体的描述将用来研究在 ICF 等离子体中能够存在的不同类型的波。对第一种波——Langmuir 波，假定离子是静止的。这相当于设置 $T_i=0$，在质量、动量和能量转换方程中只考虑电子。因此，一元描述就足够了。在一元模型的简单情况，系统方程为：

$$\frac{\partial n_e}{\partial t}+\frac{\partial}{\partial x}(n_e v_e)=0$$

$$m_e n_e\left[\frac{\partial v_e}{\partial t}+v_e\frac{\partial v_e}{\partial x}\right]=-en_e E-\frac{\partial}{\partial x}P_e$$

$$\frac{\mathrm{d}}{\mathrm{d}t}\left(\frac{p_e}{n_e^3}\right)=0 \tag{3.20}$$

和静态离子的 Poisson 方程结合

$$\frac{\partial E}{\partial x}=-\frac{e}{\varepsilon_0}(n_e-Zn_0),$$

式中，$n_i=n_0$，$v_i=0$，假定电子运动很小，允许流体量被线性化：

$$n_e=n_0+n_1$$

$$v_e=v_1$$

$$p_e=n_0 kT+p_1$$

$$E=E_1$$

此外，我们假设可以使用理想气体的绝热状态方程(3.13)，我们就可以找到方程的解。由于 $n_1\ll n_0$，非线性项如 $n_1 v_i$，$v_1(\partial v_1/\partial x)$ 可以忽略，因此

$$\frac{\partial n_1}{\partial t}+n_0\frac{\partial v_1}{\partial x}=0$$

$$mn_0\frac{\partial v_1}{\partial t}=-en_0 E_1-\frac{\partial P_1}{\partial x} \tag{3.21}$$

$$\frac{\partial E}{\partial x}=-\frac{en_1}{\varepsilon_0}$$

$$\frac{P_1}{P_0}=\gamma\frac{n_1}{n_0}$$

从式(3.21)最后一个方程我们知道，如果假定一个绝热状态方程(如对电子 $P_0 = n_0 k_B T$)，背景离子自动处于等温状态 $P_1 = 3k_B T_e n$。消去方程(3.21)中的 E_1，P_1，和 v_1，得到波动方程：

$$\left(\frac{\partial^2}{\partial t^2} - \frac{3k_B T_e}{m}\frac{\partial}{\partial x^2} + \omega_p^2\right) n_1 = 0 \tag{3.22}$$

由于我们对谐波形式的解感兴趣，我们应用解

$$A = A_0 e^{i\omega t - kx}$$

因此，可以采用如下的替代方式 $\partial/\partial t \to i\omega$ and $\partial/\partial x \to -ik$ 来解波动方程(3.22)。这就得到了所谓的 Bohm-Gross 色散关系

$$\omega^2 = \omega_p^2 + 3k_B^2 v_{\text{th}}^2 \tag{3.23}$$

该色散关系为电子等离子体波的特征值。这种类型的波也叫做 Langmuir 波或者等离子体波。相位速度 $v_\Phi = \omega/k$ 和群速度 $v_g = d\omega/dk$，通过色散关系和热速度连接起来

$$v_g v_\phi = 6v_{\text{th}}^2$$

除 Langmuir 波外，在 ICF 中重要的等离子体波是离子声波和电磁波。对这些波的色散关系的推导可以采用以上相类似的方式获得。相应的离子声波和电磁波的色散关系为

离子声波：
$$\omega^2 = k^2 \frac{Zk_B T_e + 3k_B T_i}{m_i} \tag{3.24}$$

电磁波：
$$\omega^2 = \omega_p^2 + c^2 k^2 \tag{3.25}$$

详细推导这些色散关系的过程可以参考 Kruer(1988)。要注意 Langmuir 波和离子声波是纵波，而电磁波是横波。如果在等离子体中存在强的磁场，更多类型的波将存在。然而，在 ICF 中，这些波起的作用很小(Stix,1992)。

3.5 等离子体加热

回到电磁波的情况，我们注意到这些波不能轻易地离开等离子体，因为 $v_g - \sqrt{3}v_t \ll c$，因此这些波的能量通过某些阻尼机制被发散到等离子体粒子中，实际上有几种不同的类型的阻尼机制，其中最重要的有：碰撞阻尼或者逆韧制辐射以及 Landau 阻尼。

(1) 碰撞阻尼

碰撞或者逆韧制辐射阻尼是一个将波中电子的相干运动转换为热能的过程。

通过电子-离子碰撞进行的能量转换将在 4.2 节中详细讨论。这里只讨论和时间尺度相关的问题。

波场的能量为 $E_{\text{field}} = e_0 \nu E^2/2$，$\nu$ 是阻尼率。这个场能量被转换为在电子分布上平均的动能 E_{kin}，$E_{\text{kin}} = v_{\text{ei}} n_e m v_e^2/2$，$v_{\text{ei}}$ 是电子 - 离子碰撞频率，v_e 是电子速度，从由 Lorentzian 运动方程给出的场获得，$v_e = eE/m\omega$。从 $v_e = eE/m\omega$，满足

$$E_{\text{field}} = \frac{\varepsilon_0 \nu E^2}{2} = \nu_{\text{ei}} \frac{n_e m v_e^2}{2} = E_{\text{kin}}$$

逆轫制辐射的阻尼率因此由下式给出

$$\nu = \frac{\omega_p^2}{\omega^2} \nu_{\text{ei}} \tag{3.26}$$

(2) Landau 阻尼

Landau 阻尼能够发生在即使是没有碰撞存在的情况下(如，极限情况 $v_{\text{ei}} \to 0$)。这对应着当等离子体有很高的温度 T_e 时。在一个简单的一维图像中，等离子体中电子和离子的运动在一个静电波 $E\sin(kx - \omega t)$ 存在的情况下可以描述为

$$\frac{dv}{dt} = \frac{qE}{m} \sin(kx - \omega t) \tag{3.27}$$

大部分粒子将会有比波速小很多 $v \ll \omega/k$ 或者高很多 $v \gg \omega/k$ 的速度。这些粒子在场中振荡，没有任何能量交换。

然而，一些粒子将会和波有相近的速度 $v \sim \omega/k$，这些粒子经历了一个近乎常数的场强，被减速或者加速。如果速度分布不是常数，速度和波相近的粒子能够和场共振。采用方程(3.4) Vlasov 方程的线性化版本，我们可以计算由这些共振粒子引起的阻尼率。波的阻尼率 γ_L，(Landau 阻尼)由下式给出

$$\frac{\gamma_L}{\omega} = -\sqrt{\frac{\pi}{8}} \frac{\omega_p^2 \omega}{k^3 v_t^3} \exp(-\omega^2/2k^2 v_t^2) \tag{3.28}$$

这种阻尼机制的详细分析推导见 Chen (1984).

3.6 有质动力

由于电磁波携带动量，无论波的传播方向是否改变，将对等离子体施加一个力。在最简单的平面波的情况，场可以写成

$$E_y = E_0 \sin(\omega t - kx)$$

$$B_z = \frac{E_0}{c} \sin(\omega t - kx)$$

场振幅的二阶运动表示为

$$y = \frac{-v_{osc}}{\omega}\sin(\omega t - kx)$$

$$x = \frac{-v_{osc}^2}{4\omega c}\left(\frac{\cos 2(\omega t - kx)}{2} - \omega t + kx\right)$$

$v_{osc} = eE/m\omega$ 是电子的“quiver”速度。在一个均匀场中，该力(时间平均)将消失。这和在非均匀场中的情况不同，在非均匀场中，力由场强的梯度决定

$$\boldsymbol{f}_{pond} = -\frac{1}{4}\frac{e^2}{\omega^2 m}\bigg|\nabla E_0^2$$

如果 $v_{os} > v_t$，必须考虑有质动量。这个条件可以重新写成针对 $I\lambda^2$ 的关系。在一个温度范围为 100～1 000 eV 的非均匀等离子的情况，如果 P_L 超过局部热压 $P_e = n_e k_B T_e$，或者如果

$$I\lambda_{\mu m}^2 \gtrsim 5\times 10^{15}\, T[\text{keV Wcm}^{-2}\mu\text{m}^2] \qquad (3.29)$$

等效的有质动量压力 $P_L = \varepsilon_0 E_0^2/2c$ 变得重要。

3.7 冲击波

在引言中，我们指出冲击波在 ICF 的压缩阶段起主导作用。这里我们定量讨论冲击波演化的基础以及在等离子体中他们的传播。

如果等离子体在极短的时间内受到非常强的扰动，如与驱动器的能量沉积的情况相似，扰动以近似声音的速度 c_S 传播到邻近的等离子体区域。由于声速正比于等离子体密度的平方根

$$C_S \sim \rho^{\frac{1}{2}} \qquad (3.30)$$

在高密度区域的扰动要比在低密度区域的扰动传播要快。因此，如果一个快速传播的扰动穿行至一个低密度区域，扰动剖面将会变陡，生成一个冲击波，如图 3.3 所示。该冲击波是超声波，其传播速度比在它前面的较低密度等离子体的声速要快。

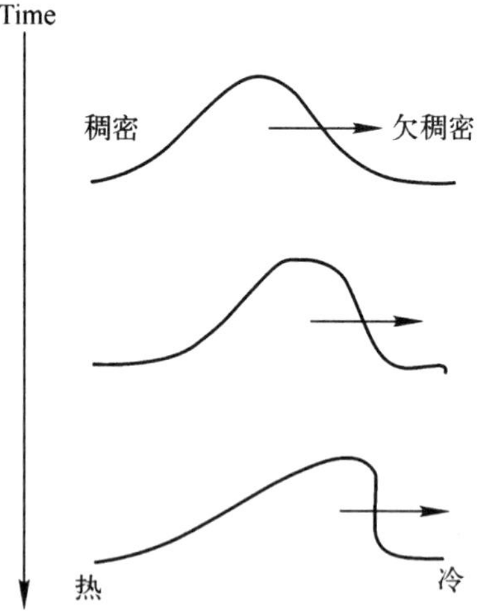

图 3.3　在一种等离子体中一种冲击结构的时间发展

所谓的马赫数(Mach number)通常被用来表征冲击波,定义为冲击速度 v_{shock} 与在冲击波前端的等离子体声速 $v_{\mathrm{s},0}$ 的比值

$$Ma = \frac{v_{\mathrm{shock}}}{v_{\mathrm{s},0}} > 1 \tag{3.31}$$

由于冲击波速度大于声速,因此马赫数总是比 1 大。

数学上讲,这样一个冲击波理论上在流体力学方程中可以被描述为在密度、速度和温度方面都不连续。在实际中,冲击波的前端并不是无穷小的,因为黏性和热导率效应会把前端在某些地方抹去。在下文媒质中的冲击波传播将被描述为平面冲击波的简单情况,如图 3.4 所示。在冲击波之前或之后的等离子体被假定为稳态。冲击波前面的等离子体通过 p_0 和 ρ_0 来描述,并假定其是静止的(i. e, at rest $u_0=0$);在冲击波后面的等离子体为(p_1,ρ_1),初始时等离子体移动的速度为 u_1。很方便平移一帧与冲击波帧采用相同的坐标(见图 3.4b),给出一维形式的守恒定律

$$\frac{\partial \rho}{\partial t} + \nabla(\rho u) = 0$$

$$\frac{\partial}{\partial t}(\rho u) + \frac{\partial}{\partial x}(p + \rho u^2) = 0$$

$$\frac{\partial}{\partial t}\left(\rho c_v kT + \frac{\rho u^2}{2}\right) + \frac{\partial}{\partial x}\left[\rho u\left(c_v kT + \frac{u^2}{2} + \frac{p}{\rho}\right)\right] = 0 \tag{3.32}$$

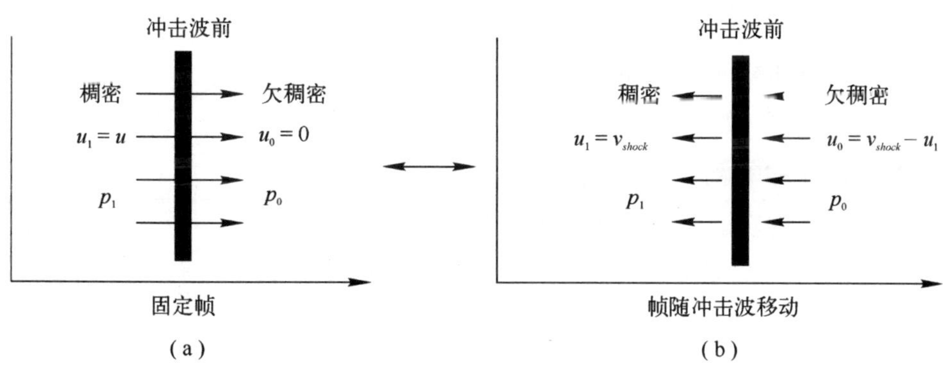

图 3.4　用于冲击描述的参考帧

在稳态,时间导数可以忽略。在这种情况下,方程组(3.32)简化为

$$\rho_0 u_0 = \rho_1 u_1$$

$$p_0 + \rho_0 u_0^2 = p_1 + \rho_1 u_1^2$$

$$c_v kT + \frac{u_0^2}{2} + \frac{p_0}{\rho_0} = c_v kT + \frac{u_1^2}{2} + \frac{p_1}{\rho_1}$$

这些方程就是熟知的 Ranking-Hugoniot 关系。使用特定体积 V_0 和 V_1 的定义 $V_0 = 1/\rho_0$ 和 $V_1 = 1/\rho_1$，我们得到下述关系

$$u_0^2 = V_0^2 \left(\frac{p_1 - p_0}{V_0 - V_1} \right)$$

$$u_1^2 = V_1^2 \left(\frac{p_1 - p_0}{V_0 - V_1} \right) \tag{3.33}$$

同样，由于

$$\frac{1}{2}(u_0 - u_1) = \frac{1}{2}(p_1 - p_0)(V_0 - V_1)$$

其满足

$$c_v k(T_1 - T_0) = \frac{1}{2}(p_1 - p_0)(V_0 - V_1)$$

把这个方程和等离子体的状态方程合并，我们可以发现，在冲击波之后的压力只取决于冲击波前的压力以及前后的密度

$$p_1 = G(p_0, \rho_0, \rho_1) \tag{3.34}$$

方程(3.34)叫做冲击波的 Hugoniot(雨贡纽)关系。由图 3.5 所示的 p-V 关系可知，Hugoniot 曲线位于绝缘压缩线的上面。该曲线下面的面积相当于压缩等离子体所做的功，因此我们直接看到冲击压缩等离子体需要比绝缘压缩要做更多的功。如果我们假设等离子体是理想气体，我们有

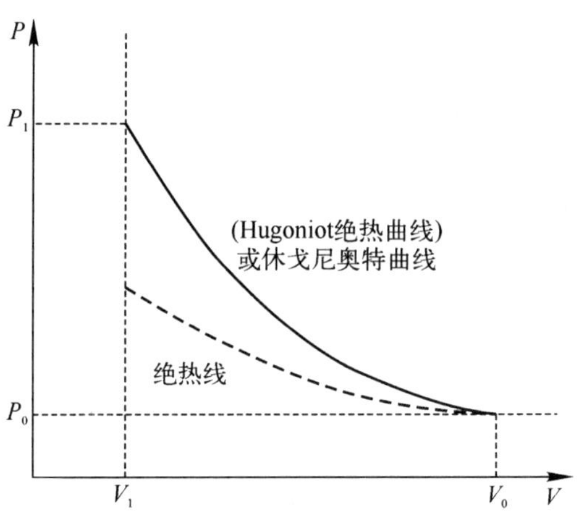

图 3.5　Hugoniot 以及绝热线的 P-V 关系图

$$c_v T = \frac{1}{\gamma - 1} pV$$

$$c_p T = \frac{\gamma}{\gamma - 1} pV \tag{3.35}$$

经过简单的计算之后，前后变量之间的关系由下式给出

$$\frac{\rho_1}{\rho_0} = \frac{(\gamma + 1)p_1 - (\gamma - 1)p_0}{(\gamma - 1)p_1 - (\gamma + 1)p_0}$$

$$\frac{p_1}{p_0}=\frac{(\gamma+1)\rho_1-(\gamma-1)\rho_0}{(\gamma-1)\rho_0-(\gamma+1)\rho_1}$$

$$\frac{T_1}{T_0}=1+\frac{2\gamma}{(\gamma+1)^2}\frac{\gamma M_0^2+1}{M_0^2}(M_0^2-1)$$

把特定的体积代入压力方程，我们得到熟知的理想气体的冲击 Hugoniot 关系的显性形式

$$p_1=p_0\frac{(\gamma+1)V_0-(\gamma-1)V_1}{(\gamma+1)V_1-(\gamma-1)V_0}=H(V_1,p_0,V_0) \tag{3.36}$$

在很弱的冲击波的极限情况，扰动的传播接近等熵声波的传播。在 ICF 中非常强的冲击波非常重要。强冲击波意味着 $p_1\to\infty$，其密度为

$$\frac{\rho_1}{\rho_0}=\frac{(\gamma+1)(p_1/p_0)-(\gamma-1)(p_0/p_0)}{(\gamma-1)(p_1/p_1)-(\gamma+1)(p_0/p_1)}\longrightarrow\frac{\gamma+1}{\gamma-1}$$

对于一种单原子气体（如 $\gamma=5/3$），

$$\frac{\rho_1}{\rho_0}(\text{单原子气体})\longrightarrow\frac{\gamma+1}{\gamma-1}=4 \tag{3.37}$$

这意味着即使是用一个无限强的单一冲击波永远也不能够产生比 4 倍初始密度高的最大压缩。换句话说，不管所施加的功有多高，最大压缩就限制在这个为 4 的因子内。看起来对 ICF 所需的高压缩来说是灾难性的，但很幸运的是有别的方案。

出路是采用一系列弱的冲击波而不是一个强的。这有两个优势。首先，如图 3.6 所示，采用一系列的弱冲击波，能够更加有效地利用能量：我们可以更加接近绝缘压缩和等熵压缩，而达到和单个强冲击波一样的压力。而且，实际上采用较弱的冲击波和更多的弱冲击波比单一强冲击波更加有效。因此在 ICF 研究中的目标就是以这样一种方式对脉冲进行整形：以能量有效的方式尽可能使生成的冲击波靠近一个绝热压缩面。

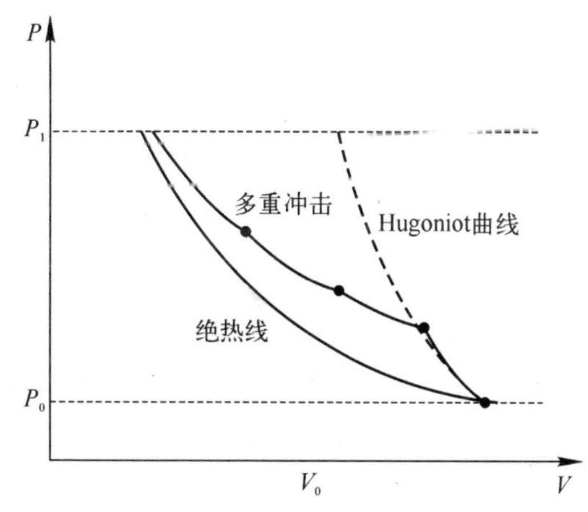

图 3.6 Hugoniot 冲击压缩与多重冲击压缩的对比

尽管单一冲击波只能产生一个因子为 4 的压缩，但是这种增强效应依次应用

到每个后续冲击波时，n 个冲击波能够导致一个为 $4n$ 的压缩因子，得到一个更高的总的压缩。

上面的景象过分简化了一些情形，因为我们假定等离子体像一个单一成分的理想气体来处理冲击情况。然而，实际上等离子体是二元的、非理想系统，会有更加复杂的冲击结构(Gross and Chu, 1969)。开始时，冲击被认为是在理想气体中传播，在这种情况下，冲击可以用一个密度锐变的不连续性来描述。对一种非理想气体，冲击有一个特定的厚度，其典型值是气体粒子的平均自由程几倍的量级(见图 3.7(a))。在等离子体中，热电导率由电子决定，而黏性取决于离子。冲击密度剖面主要由离子决定，因此冲击厚度是在离子的平均自由程的量级。

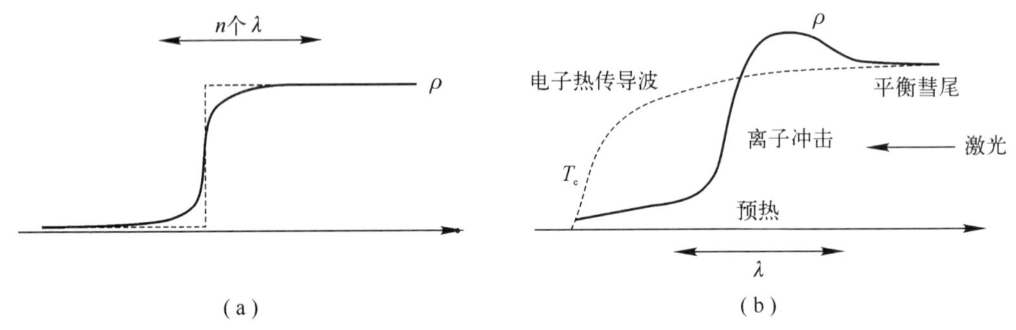

图 3.7　在真实气体(a)以及等离子体(b)中的冲击剖面

然而，电子也影响冲击剖面。在 3.3 节我们看到，一个 ICF 等离子体通常可以被描述为一个单一流体和双温度模型。驱动器能量被沉积在电子中，在冲击后增加了电子温度。然而，电子的高热电导允许电子在冲击之前传播这个热能，然后通过电子-离子碰撞将能量传递给离子。以这种方式，离子在冲击波之前被预热。在等离子体中的冲击结构因此具有如图 3.7(b)中所示的总的形式。

在冲击波之前的预热“脚”的存在会削弱冲击强度，因而削弱等离子体冲击波的压缩。这种效应很明显是不想要的，因为其显著降低了压缩的效率。避免预热因此成为在生成一系列连续冲击波时一个主要的考量。

上面对冲击的描述仍然不足以理解 ICF 内的压缩，我们必须考虑球形冲击的情况。

球形几何是达到聚变中所需的约 10^3 g/cm^3 密度的关键(平面冲击波达不到这个密度)。我们将在第 5 章中详细讨论这些球对称冲击，同时在这里我们将继续讨论等离子体物理的基本物理内涵。下一节我们将问题转向要正确地描述 ICF 等离子体究竟需要哪个状态方程。

3.8 稠密等离子体的状态方程

在前节我们假定等离子体或多或少像一种理想气体,唯一的修正来自于这个事实:等离子体由两个组分组成:电子和离子。因此,理想气体的状态方程(EOS)有以下形式:

$$p = nk_B T = \rho RT \tag{3.38}$$

R 是单位质量的气体常数,或如我们所采用的方程(3.12)。对聚变过程的许多阶段但不是全部阶段来说,应用理想气体状态方程是一种有效的理论处理手段。为处理 ICF 过程的不同阶段,我们认为修正状态方程很必要。

当驱动能量冲击到靶上时,等离子体就被加热了;这里,包含激发和离化效应非常重要。对多数材料来说离化开始于 7～15 eV,低于实际的离化势。以这样的方式修正内能:包含离化后电子和离子的势和热能的变化。当温度升高后,辐射压力和气体的流体力学压力相当。如果气体存在热平衡态,辐射压力($p_{rad} = \sigma T^4$,近似于黑体辐射)可以简单地包含在状态方程中,

$$p = nk_B T + p_{rad}$$

然而,我们看到 ICF 工作一个中心的需求是在中心区域达到很高的温度和密度,如此高密度的等离子体将明显不同于理想气体,这是因为这两个效应变得重要,即,耦合效应和电子简并效应。

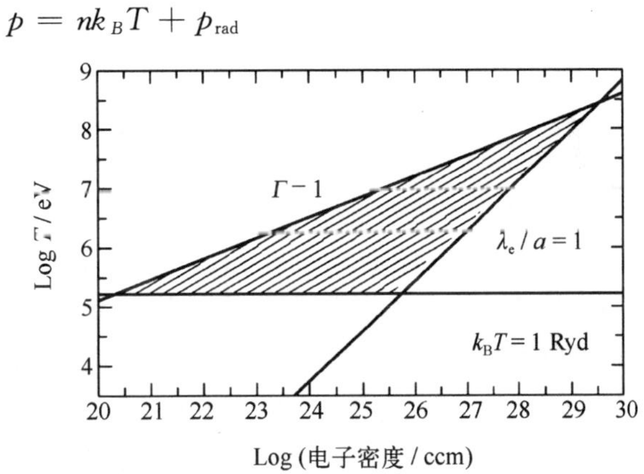

图 3.8 在一种完全离化的氢等离子体中,电子简并以及耦合效应在状态方程中起重要作用的温度和密度区域

图 3.8 示意的是密度-温度关系图,在这些区域中上述效应非常重要。比如,在高密度和低电子温度时,电子简并占优,而对高温和高密度情况,耦合效应起着更重要的作用。下面我们将只对高密度等离子体复杂状态方程的原理进行描述。详细分析见 Eliezer et al. (2002)。

(1) 强耦合等离子体

表征粒子间相互作用强度的一个重要参数是离子耦合参数 Γ。它本质上是描述势和等离子体粒子的动能之比

$$\Gamma = \frac{Z^2 e^2}{a k_B T} \tag{3.39}$$

式中，Z 是粒子的电量；$a = (4\pi n_i/3)^{-1/3}$ 是粒子间的距离；n_i 为离子密度。在等离子体中 $\Gamma \geqslant 1$，势能较动能占优，等离子体是强耦合的。在 ICF 之外，如此强耦合的等离子体现象自然发生在行星（Stevenson，1982）、恒星（Stellar，Chaouacha，2004）内部、白矮星（Chabrier，1992）以及中子星的外壳。实验上，这种强耦合等离子体可以通过高强度，短脉冲激光器来产生（Perry and Mourou，1994）。该种等离子体的密度和固体相当，但其温度更高，典型地在 1 eV～50 keV 范围。强库仑耦合极大地影响了系统的基本性质，不只是状态方程，而且还影响其传输过程。原因在于，在高密度情况，碰撞变得更加重要。不只碰撞的数量，而且大角散射，还有三体碰撞都不再是稀有的事情。所有基于小角度对散射的假设不再可用，整个问题变得更加的非线性。

(2) 简并电子气体

在非常高的密度和相对较低的温度时（可能在 100 000 K 量级），量子力学效应趋向于支配电子气体的行为。特别地，不相容（Exclusion principle）原理变得重要，当电子的 de Broglie 波长 $\lambda_{\text{de Broglie}}$ 在特定的温度-密度区域和离子间距离 a 可比时，

$$\lambda_{\text{de Broglie}} = \frac{\hbar}{\sqrt{2\pi m_{ij} k_B T}} \approx a = \left(\frac{3}{4\pi n_i}\right)^{1/3} \tag{3.40}$$

因为在超过 de Broglie 波长的尺度内电子被压缩，只有有限的量子态可用。

如果能级中的一个被填满，不会再有电子可以加入这个能级，但是必须加入到一个更高的能级。电子就像处于简并态的电子气体，他们不再满足 Maxwell-Boltzmann 分布

$$n(\varepsilon) \sim \exp[-\varepsilon/kT]$$

但是满足 Fermi-Dirac 统计

$$n(\varepsilon) \sim \frac{1}{\exp[(\varepsilon - \mu)/kT] + 1} \tag{3.41}$$

式中，ε 为电子能量。在 Fermi-Dirac 分布的电子气体情况下，任何通过电子分布平均得到的量都和 Maxwell-Boltzmann 电子气体分布得到的量不同。表 3.1 给

出了这种例子(Rose,1988)。

表 3.1 Maxwellian Vs. Fermi-Dirac 分布

量		非简并	简并
压强	p	$\sim n_e T$	$n_e T_F \sim n_e^{5/3}$
电导率	σ	$\sim T^{3/2}$	$T_F^{3/2}$
热导率	κ	$\sim T^{5/2}$	$TT_F^{3/2}$

最高填充的能级的能量 ε_F——所谓的 Fermi 能量,由式(3.42)给出

$$\varepsilon_F = \frac{1}{8}\frac{h^2}{m_e}\left(\frac{3n_e}{\pi}\right)^{2/3} = 2.19 \times 10^{-15} n_e^{2/3} \quad [\text{eV}] \tag{3.42}$$

Fermi 温度由式(3.43)给出

$$k_B T_F = \frac{\hbar}{2m}(3\pi^2 n_e)^{2/3} \sim 7.86\text{eV}\left(\frac{n_e}{10^{23}\text{cm}^{-3}}\right)^{2/3} \tag{3.43}$$

电子密度以及最大填充的动量态 $pF = \sqrt{2m_e\varepsilon}$ 通过下式相关

$$n_e = \int_0^{pF} \frac{8\pi p^2}{h^3}\mathrm{d}p \tag{3.44}$$

通常条件下的 Fermi 简并是通过比较 Fermi 能与热能来表达的,定义为所谓的电子简并参数

$$\theta_e = \frac{k_B T}{\varepsilon_F} \tag{3.45}$$

如果 $\theta_e < 1$,电子气体是全简并的。这个完全简并的条件通常不满足 ICF 等离子体-对于金属中的电子,在固体密度时其温度低于 5eV 的 Fermi 能。

然而,在高温情况下简并和非简并电子气体的差别变得不太明显。在这之间的区域,电子气体被称为部分简并,相关知识,读者可参考统计物理课本。在 ICF 中,处于高度压缩中心的等离子体总的说来是简并的,直到其被点燃并加热到更高的温度,当然,这复杂化了在点火之前这个阶段的理论处理。

在某些情况下,通过将电子视为均匀中性的背景而只是显式地按照离子动力学来对待,可以简化理论研究。这个模型叫做一元等离子体(综述见 Ichimaru, 1982)。如果等离子体有高度简并的电子 $T \ll T_F$,可以使用一元模型,等离子体密度很高,因此

$$a < (\pi/12)^{2/3}(\hbar/me^2)$$

总的说来，强耦合或简并的等离子体的状态方程是相当复杂的，还没有被完全理解，尤其是较重的元素。简单分析表达式如方程(3.39)所描述的等离子体并不存在。一个选项是通过 Monte Carlo 方法(Hansen，1979)或者分子动力学方法(Pfalzner and Gibbon，1996)来模拟稠密等离子体的行为。在 Monte Carlo 方法中，通过一个正则系综分布权重的粒子布局的系综来获得稠密等离子体的特性。在粒子模拟中，相互作用的粒子运动的耦合方程是完备的(ab initio)。通过在空间和时间上的微观径迹的平均，可以推导演绎其宏观特性。

作为选择，关于状态方程的经验信息可以从高密度实验获得。状态方程通常以表格的形式，通过合并分析的、数值的以及实验研究的信息来给出。一个常用的状态方程源是所谓的 SESAME 表，见链接 http://www.t4.lanl.gov/opacity/sesame.html。

注解

本章只是简单地介绍了和 ICF 相关的等离子体物理。这是一个尽量压缩的综述，绝不是一个完整和详细的描述。在这里介绍的所有方程的推导，读者可参考上述提到的文献资料。

在下章中，我们将考虑应用简单的模型来了解 ICF 中的相关过程，让初学者理解 ICF 中的基本物理过程。然而，通过这些简单模型甚至更复杂的分析描述都不足以阐述 ICF 中许多物理现象的真实情况。因此，数值建模通常是唯一用来在理论上调研其物理过程的研究方法。由于这些代码通常非常专业和复杂，详细描述这些数学方法已经超出了本书的范围。但是在每章的最后我们将注明当使用这些代码时将要包括哪些额外的物理因素。

第 4 章

激光的吸收

在前面的章节，我们介绍了理解 ICF 所需的大部分基本等离子体现象。在本章中，我们将察看发生在惯性约束聚变不同阶段的过程。从激光打在靶上的那一刻开始，即生成等离子体。紧接着的激光的吸收过程相当复杂，许多不同的过程同时发生。本章将采用尽可能简单的模型来描述这个阶段最重要的过程。一般说来为定量地理解吸收物理需要非常复杂的计算机模拟。在合适的地方我们将提及研究这些细节所需要的进一步的阅读信息。

4.1 将激光能量耦合到靶

当激光打在靶上时，靶表面材料立即气化并生成一个等离子体层。由激光等离子体相互作用控制的整个区域叫做冕区。如在第 2 章提到的那样，只要等离子体的密度不比临界电子密度 n_c 高，激光就能够穿透等离子体，n_c 由下式给出：

$$n_c = \frac{\varepsilon_0 m\omega_L^2}{e^2} = 1.1 \times 10^{21} \left(\frac{\lambda_L}{1\ \mu m}\right)^{-2} [\mathrm{cm}^{-3}] \tag{4.1}$$

式中，ω_L 和 λ_L 分别是激光的频率和波长。如果形成的等离子体区域的密度比电子临界密度 n_c 高，则等离子体频率将变得比激光频率大（$\omega_p > \omega_L$）。从靶表面烧蚀而成的等离子体密度剖面与图 4.1 中所示的相似。在临界表面或接近临界表面处大部分光被吸收，在临界表面处 $n_e = n_c$。

当激光与靶的作用继续进行时，截然不同的区域逐步发展出来：一个吸收区域，一个传输区域，以及一个压缩区域，如图 4.2 所示。这些区域的温度和密度有很大的差别。吸收区域通过临界表面与传输区域分开，在这里的等离子体有相对高的温度(约 1 000 eV)但是密度相对较低，小于 0.01 g/cm^3。在冕区，电子吸收激光能量，被吸收的能量从临界表面传播到烧蚀表面，在烧蚀表面，就生成了等离子体。在传播区域，等离子体密度介于 0.01 g/cm^3 和固体密度 0.2 g/cm^3 之间，温度范围介于 30 eV 到 1 000 eV 之间。最后，在压缩区域，密度范围介于固体密度 ρ_0 和 $10\rho_0$ 之间，温度范围介于 1～30 eV 之间。在烧蚀表面，等离子体沿着激光传播的方向近似以声速 C_s 喷发。图 4.3 所示为在冕区进行的多个物理过程。现在我们将详细考虑这些过程。

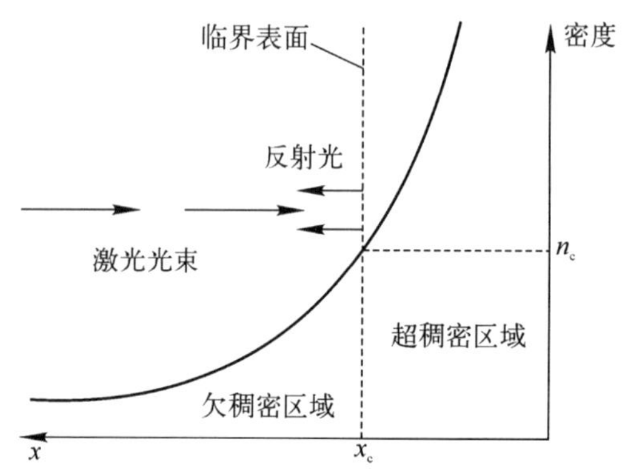

图 4.1　临界密度表面的形成

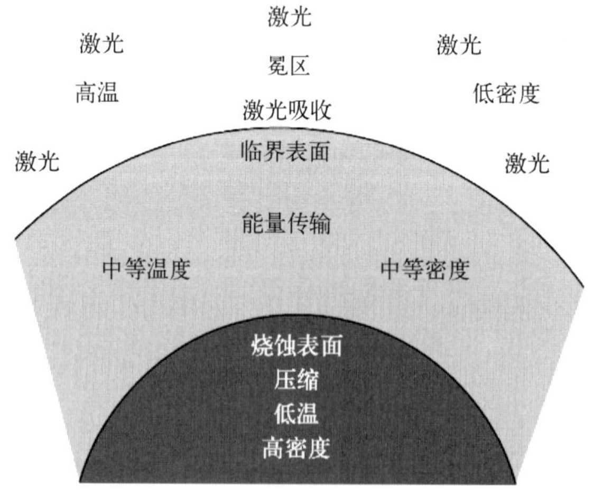

图 4.2　激光等离子体相互作用示意图

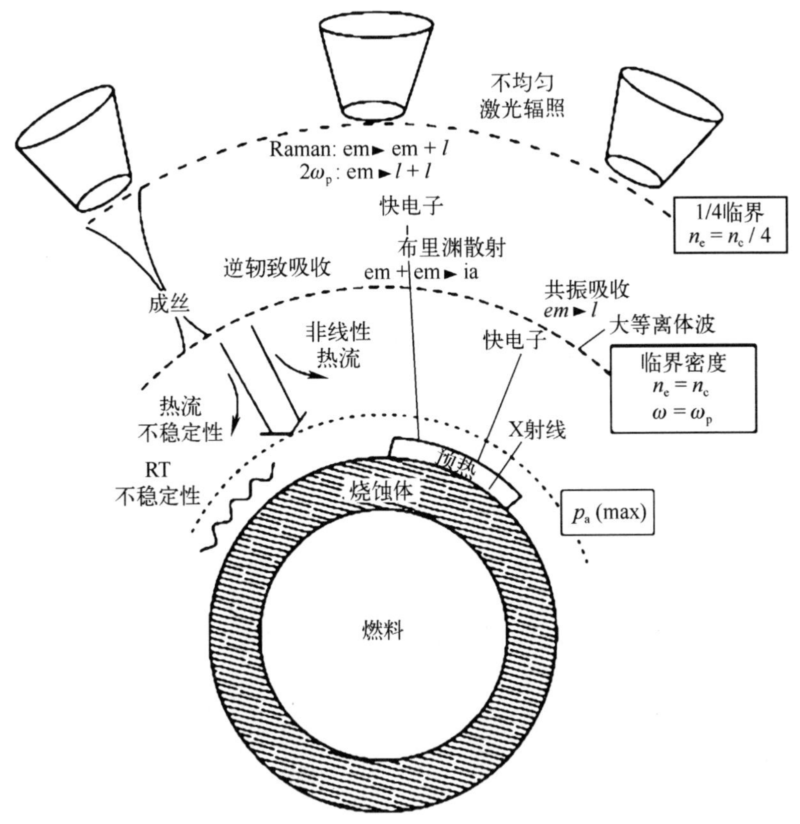

图 4.3 在一个辐射微球冕区中进行的不同的物理过程

em 代表电磁波，l 为 Langmuir(朗缪尔)波，ia 表示离子声波

4.2 逆轫致辐射吸收

激光能量耦合到等离子体，逆轫致辐射吸收是一个最本质的机制。在临界表面激光通过逆轫致辐射以以下方式被吸收：

激光诱导的电场引起等离子中的电子振荡。这个振荡能量通过电子-离子碰撞被转化成热能，这个过程叫做逆轫致辐射。轫致辐射和逆轫致辐射通过下述方式连接：如果两个带电粒子经历一个库仑碰撞，他们会发射出辐射——即所谓的轫致辐射。逆轫致辐射是一个相反的过程，在离子场中散射的电子吸收光子。

使用由图 4.4 所给出的概念，一个库仑碰撞的微分截面 $d\sigma_{ei}/d\Omega$ 由 Rutherford 公式描述：

$$\frac{d\sigma_{ei}}{d\Omega} = \frac{1}{4}\left(\frac{Ze^2}{m_e v^2}\right)^2 \frac{1}{\sin^4(\theta/2)} \tag{4.2}$$

式中，θ 是散射角；Ω 为微分立体角。在有着方位角对称性的球坐标系中

$$d\Omega = 2\pi\sin\theta d\theta \tag{4.3}$$

碰撞参数 b 与散射角通过下述关系关联

$$\tan\frac{\theta}{2} = \frac{Ze^2}{m_e v^2 b}$$

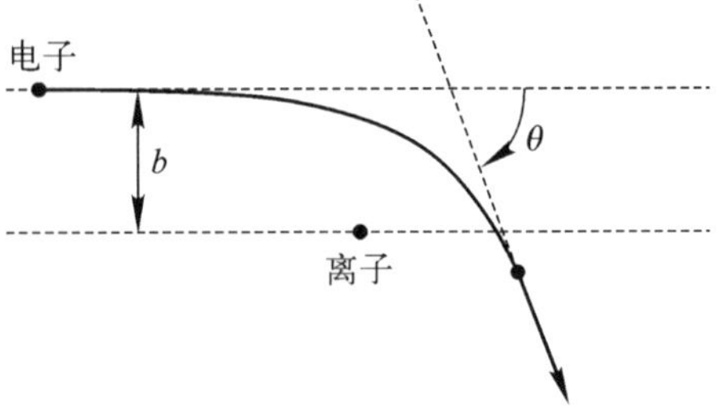

图 4.4 电子与离子间的库仑散射

b 为碰撞参数，θ 为散射角

于是，电子-离子碰撞的总截面 σ_{ei} 可以通过在所有可能的散射角上的积分来得到。使用方程(4.2)和方程(4.3)，这个截面为

$$\sigma_{ei} = \int \frac{d\sigma_{ei}}{d\Omega} d\Omega = \frac{\pi}{2}\left(\frac{Ze^2}{m_e v^2}\right)^2 \int_0^\pi \frac{\sin\theta}{\sin^4(\theta/2)} d\theta \tag{4.4}$$

式中，θ 的积分范围从 $0 \sim \pi$，等效于 b 从 ∞ 到 0。幸运的是在等离子体中的物理条件允许我们为这个积分定义一个上限和下限，分别是 b_{min} 和 b_{max}，于是，方程(4.4)变为

$$\sigma_{ei} = \frac{\pi}{2}\left(\frac{Ze^2}{m_e v^2}\right)^2 \int_{b_{min}}^{b_{max}} \frac{\sin\theta}{\sin^4(\theta/2)} d\theta \tag{4.5}$$

设置上限的物理原因是由于 Debye 屏蔽，使得远距离碰撞无效。因此，在等离子体中，碰撞参数 b 的上限 b_{max} 可以用 Debye 长度 λ_D 来代替。下限 b_{min} 通常设置为等于 de Broglie 波长；然而 Lifshitz 和 Pitaevskii(1981)指出，这种处理方法是不够充分的，他们得到的下限值为 $b_{min} = Ze^2/k_B T_e$。于是，等离子体中总的碰撞截面为：

$$\sigma_{ei} = \frac{\pi}{2}\left(\frac{Ze^2}{m_e v^2}\right)^2 \int_{Ze^2/k_B T_e}^{\lambda_D} \frac{\sin\theta}{\sin^4(\theta/2)} d\theta \tag{4.6}$$

知道了总的碰撞截面，我们就可以计算在等离子中的碰撞频率。碰撞频率 ν_{ei} 定义为在单位时间内一个电子与背景离子经历的碰撞的次数，该频率取决于离子密度 n_i、截面 σ_{ei} 以及电子速度 v_e

$$\nu_{ei} = n_i \sigma_{ei} v_e \tag{4.7}$$

在计算电子-离子碰撞频率时，我们必须将粒子的速率分布考虑进去。在许多情况下，可以假定离子处于静态($T_i = 0$)，电子处于局部热平衡。电子速率的 Maxwellian 分布 $f(v_e)$ 为

$$f(v_e) = \frac{1}{(2\pi k_B T_e/m)^{3/2}} \exp\left[-\left(\frac{m_e v_e^2}{2k_B T_e}\right)\right] \tag{4.8}$$

该分布是各向同性的，归一化后

$$\int_0^{\infty} \frac{4\pi v_e^2}{(2\pi k_B T_e/m)^{3/2}} \exp\left[-\left(\frac{m_e v_e^2}{2k_B T_e}\right)\right] = 1$$

利用方程(4.4)和方程(4.8)，并积分，电子-离子碰撞频率变为

$$\nu_{ei} = \left(\frac{2\pi}{m_e}\right)^{1/2} \frac{4Z^2 e^4 n_i}{3(k_B T_e)^{3/2}} \ln\Lambda \tag{4.9}$$

这里 $\Lambda = b_{max}/b_{min}$，因子 $\ln\Lambda$ 叫做库仑对数，是由于在所有散射角上的积分所导致的一个缓慢变化的项。对于低密度等离子体和中等的激光强度，库仑对数的典型值在 10 ～ 20 的范围。在推导这个方程的时候，我们假定小角度散射事件占优。当等离子体密度不是太高的时候这个假设是有效的。对于稠密和冷等离子体，方程(4.9) 不再可用，因为大角度偏转变得更有可能，违反了小角度散射的假设。如果我们使用上述方法，b_{min} 和 b_{max} 的值可以变得相当，因此 $\ln\Lambda$ 最后变为负值，很显然是一个无物理意义的结果。在实际计算中，通常使用 $\ln\Lambda = 2$ 的下限值。然而，对稠密等离子体，应该采用更加复杂的处理(如 Bornath et al.，2001，Pfalzner and Gibbon，1998)。如果激光强度很高，我们还需要注意，在这种情况下，电子速率分布会出现与 Maxwell 分布较大的偏差。

回到欠稠密等离子体，我们的问题是：在等离子体中，激光能量是如何被吸收的？在一个简单模型中，我们可以假设电子的运动方程由电场和电子的碰撞支配，因此可以用式(4.10)来描述：

$$\frac{d\boldsymbol{v}}{dt} = \frac{e\boldsymbol{E}}{m_e} - \nu_{ei}\boldsymbol{v} \tag{4.10}$$

将式(4.10)与单色波情况频率为 ω_L 波数为 k 的 Maxwell 方程一起解这个方程，我们得到

$$(\boldsymbol{k} \cdot \boldsymbol{E})\boldsymbol{k} - \left[k^2 - \frac{\omega_L^2}{c^2} + \frac{\omega_p^2 \omega_L^2}{c^2(\omega_L + i\nu_{ei})}\right]\boldsymbol{E} = 0$$

横波直接和真空中的激光场耦合，他们的色散关系由式(4.11)给出

$$c^2 k^2 = \omega_L^2 - \frac{\omega_p^2 \omega_L}{\omega_L + i\nu_{ei}} \tag{4.11}$$

在等离子体冕区，碰撞频率比激光频率小很多，即：$\nu_{ei} \ll \omega_L$，可以在 ν_{ei}/ω 处执行方程(4.11) 的 Taylor 级数展开。我们只保留展开式的前三项

$$k^2 = \frac{\omega_L^2}{c^2}\left(1 - \frac{\omega_p^2}{\omega_L^2} + \frac{i\nu_{ei}\omega_p^2}{\omega_L^3}\right)$$

对 $\nu_{ei} \ll \omega_L$ 以及 $\omega_L^2 - \omega_p^2 \gg (\nu_{ei}/\omega_L)\omega_p^2$ 展开根，解上述方程，得到

$$k = \pm \frac{\omega_L}{e}\left(1 - \frac{\omega_p^2}{\omega_L^2}\right)^{1/2}\left[1 + i\frac{\nu_{ei}}{2\omega_L}\frac{\omega_p^2}{\omega_L^2}\frac{1}{1-\omega_p^2/\omega_L^2}\right]$$

当激光沿着等离子体传播时，由于逆轫致辐射吸收，能量会衰减。这可以通过吸收系数 κ_{ib} 来描述，该量为 κ 虚部的 2 倍，

$$\kappa_{ib} = 2I_m(k) = \frac{\nu_{ei}}{c}\frac{\omega_p^2}{\omega_L^2}\left(1 - \frac{\omega_p^2}{\omega_L^2}\right)^{-1/2} \tag{4.12}$$

采用方程(4.1)中关于临界密度的定义，我们得到

$$\kappa_{ib} = \frac{\nu_{ei}(n_c)}{c}\frac{n_e^2}{n_c^2}\left(1 - \frac{n_e}{n_c}\right)^{-1/2} \tag{4.13}$$

将碰撞频率表达式(4.9)代入方程中

$$\kappa_{ib} \sim \frac{Z_i}{T_e^{3/2}}n_e^2\left(1 - \frac{n_e}{n_c}\right)^{-1/2} \tag{4.14}$$

κ_{ib} 依赖于 n_e/n_c 反映出一个事实就是大部分逆轫致辐射发生在临界密度附近。

如果激光被吸收，意味着当激光穿过等离子体时其强度会发生变化。如果我们假设激光沿着 Z 方向移动，等离子体中的激光强度实际上的变化可以用式(4.15)来描述

$$\frac{\mathrm{d}I}{\mathrm{d}z} = -\kappa_{ib}I \tag{4.15}$$

一般说来，由于通常情况下等离子体是不均匀的，方程(4.15)的解非常复杂。另外的困难来自于 κ_{ib}，因为其值取决于电子密度、温度和库仑对数，而所有这些值都是时变的。

然而，对于中等强度 1ns 或者持续时间更长的激光脉冲，电子温度和库仑对数可以假定为常数。在这种情况下可以对方程(4.15)进行分析求解。在一个长度为 l 上的吸收系数和入射激光强度 I_{in} 和出射激光强度 I_{out} 之差有关

$$\alpha_{ib} = \frac{I_{in} - I_{out}}{I_{in}} = 1 - \exp\left[-\int_0^l \kappa_{ib}\,\mathrm{d}z\right] \tag{4.16}$$

对于一个线性密度特征形式的电子密度 $n_e = n_c(1 - z/l)$，Ginzburg (1961)给出的分析解为

$$\alpha_{ib} = 1 - \exp\left[-\frac{32}{15}\frac{\nu_{ei}(n_c)l}{c}\right] \tag{4.17}$$

Kruer(1988)给出了具有指数特征形式的电子密度 $n_e = n_c\exp[-z/l]$ 情况下吸收系数的分析解为

$$\alpha_{ib} = 1 - \exp\left[-\frac{8}{3}\frac{\nu_{ei}(n_e)l}{c}\right] \tag{4.18}$$

对更复杂的密度特征只有数值解存在。

逆轫致辐射更详细的计算需要使用分子运动理论将电子分布函数和离子位置考虑进去(Dawson, 1968)。在这种情况下,吸收取决于离子相关函数。这些效应通常被描述为非线性逆轫致辐射,详细解释参见 Sid(2003)。

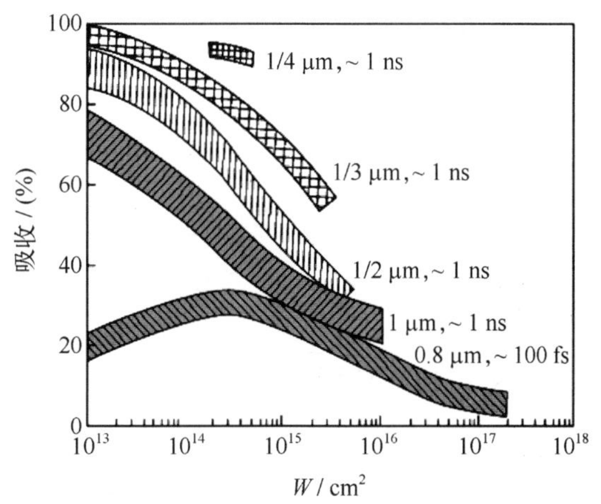

图 4.5 在一种固态低 Z 靶中的激光吸收实验数据(Eliezer, 2002)

尽管逆轫致辐射是等离子体中一个重要的吸收过程,但不是唯一的一个吸收过程。逆轫致辐射只是在有足够碰撞发生的情况下才有效。然而,从方程(4.9)我们看到,碰撞频率 ν_{ei} 按 $T_e^{-3/2}$ 的比例变化。这意味着,对较高的温度而言(也意味着高的激光能量),逆轫致辐射变得更小和不那么有效。这种效应已经在许多实验中被证实,例如在不同激光输入能量下测量的低 Z 固体如铝的吸收系数。图 4.5 所示为不同波长和脉冲持续时间下得到的测量结果。

然而,在较高激光强度下,也有其他过程将激光能量耦合到等离子体,特别地,我们将在下两节考虑的共振吸收和参数不稳定性。

4.3 共振吸收

如图 4.1 所示,通过激光与固体靶相互作用生成的等离子体有一个非均匀的密度特征,由欠密和超密区域组成。只要光与有着这些特征的等离子体相遇,如果光电场的任何一个分量与密度梯度一致(P 极化相互作用),就会激发出静电波。在这种情况下,在临界表面处电场会变得很大,在表面处波将被共振激发。通过这种方式,能量从电磁波转移到等离子体波。因为这些波被衰减,能量最终被转化为热能,从而加热等离子体。通过波激发方式激光能量转化为等离子体热的这整个过程叫做共振吸收,可以用以下方式描述:

很明显这些波的一个阻尼机制是碰撞(4.2 节)。然而,也有无碰撞特征的阻尼机制如 Landau 阻尼(3.5 节)以及波阻断。一个简单的共振吸收模型(Duderstadt and Moses, 1982, Kruer, 1988)显示这是如何发生的:假定由一强度为 E_u 的均匀电场驱动的非均匀等离子体,频率为 ω_0,结合 Maxwell 方程组

$$\nabla \cdot \boldsymbol{E} = \frac{\rho}{\varepsilon_0}$$

$$\frac{\partial \rho}{\partial t} + \nabla \cdot \boldsymbol{J} = 0$$

我们得到

$$\nabla \cdot \left(\boldsymbol{J} + \varepsilon_0 \frac{\partial \boldsymbol{E}}{\partial t}\right) = 0 \tag{4.19}$$

这意味着 $\boldsymbol{J} + \varepsilon_0 \partial \boldsymbol{E}/\partial t$ 是空间无关的分量,或者说

$$\frac{\partial \boldsymbol{E}}{\partial t} + \frac{\boldsymbol{J}}{\varepsilon_0} = \left\langle \frac{\partial \boldsymbol{E}}{\partial t} + \frac{\boldsymbol{J}}{\varepsilon_0} \right\rangle$$

忽略离子运动并假定碰撞沿 z 方向,$\boldsymbol{J}$ 取决于碰撞速度 v_{osc},如 $\boldsymbol{J} = - en_0(z) v_{\text{osc}}$。线性化 $\boldsymbol{J}$,执行时间微分,并采用线性化的运动方程(4.10)

$$\frac{\partial^2 \boldsymbol{E}}{\partial t^2} + \omega_p^2(z) E + \nu_{ei} \frac{\partial \boldsymbol{E}}{\partial t} = - [\omega_p^2(z) - \langle \omega_p^2(z) \rangle] E_d \cos \omega_0 t$$

假设 $\boldsymbol{E}$ 是谐振的,如 $\boldsymbol{E} \sim \exp(i\omega t)$,电场响应为

$$E = \frac{\omega_p^2(z) E_d}{\omega_0^2(z) - \omega_p^2(z) + i\nu_{\text{ei}} \omega_0} \tag{4.20}$$

感兴趣的问题是,有多少功率在等离子体中被吸收?对一个线性的密度梯度吸收的功率为

$$P_{ra} = \varepsilon \int \frac{\nu_{ei} \mid E \mid^2}{2} d \tag{4.21}$$

将方程(4.20)代入,我们最后得到

$$P_{ra} = \frac{\omega_0 l E_d^2}{8} \tag{4.22}$$

注意到方程(4.21)中对碰撞频率的项被抵消了:换句话说,共振吸收过程与阻尼过程的细节无关。这意味着,相比于逆韧致辐射,即使是在非常低的电子-离子碰撞频率下共振吸收可以是有效的。因此,在较高的等离子体温度、低临界密度以及短尺度等离子体情况下,共振吸收比逆韧致辐射占优。也就是说,对高激光强度和长波长来说,共振吸收是主要的吸收过程。更广义地说,在等离子体中,激光将斜入射到密度梯度上,如图 4.6 所示。在这种情况下,色散关系为

$$\omega_0^2 = \omega_p^2 + \omega_0^2 \sin^2\theta + k_z^2 c^2$$

在图 4.6 中 p 极化光在 y-z 平面内，电场有一个分量 $E_{\parallel}$ 平行于等离子体的密度梯度。Kruer(1988)给出了这个分量在线性密度梯度情况下的公式

$$E_{||} \sim \frac{E_0}{(\omega_0 l/c)^{1/16}} \sin\theta \exp \left[-\frac{2}{3}(\omega_0 l/c)\sin^3\theta\right] \quad (4.23)$$

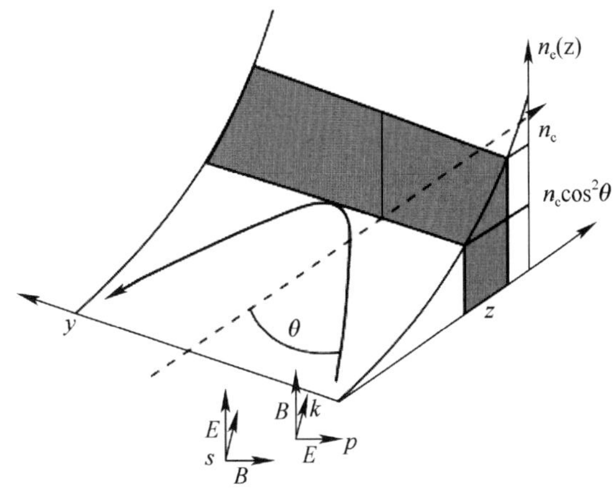

图 4.6　共振吸收 p-极化示意图

式中，l 是密度梯度的比例高度。这个分量就是驱动共振吸收过程的分量，在方程(4.20)中可以代替 E_d。

如果发生某种阻尼过程才有可能吸收激光，则该种阻尼可以是通过电子-离子碰撞或者波-粒子相互作用产生的阻尼。关于后者，作为一种碰撞机制，我们可以引入一个包含两种阻尼的有效碰撞频率 v_{eff}。吸收的能量通量 I_{ra} 于是可以被表达为沿着电磁射线路径的积分

$$I_{ra} = \frac{\varepsilon_0}{2}\int \nu_{\text{eff}} E \, \mathrm{d}z$$

通过共振吸收而被吸收的能量部分 f_{ra} 为

$$f_{\text{ra}} = \frac{I_{\text{ra}}}{I_L} = \frac{\int \nu_{\text{ei}} E^2 \, \mathrm{d}z}{c E_L^2} \quad (4.24)$$

Ginzburg(1961)和 Pert(1978)给出了具有线性密度特征的等离子体，P 极化波被吸收的那部分能量为

$$f_{\text{ra}} \sim 36\tau^2 \frac{(\text{Ai}(\tau))^3}{(|\ \mathrm{d}\text{Ai}(\tau)/\mathrm{d}(\tau)\ |)} \quad (4.25)$$

Ai 为 Airy 函数以及

$$\tau = (\omega l/c)^{1/3} \sin\theta \quad (4.26)$$

部分吸收的最大值 τ 约为 0.8，根据方程(4.26)，对应于 $\sin\theta = 0.42\lambda_L/l$，$f_{\text{ra}}(\tau \sim 0.8) \sim 0.5$。这意味着对强度为 $I_L\lambda_L^2 > 10^{15}\,(\text{W/cm}^2)$ 的 p 极化激光，通过共振吸收可以出现多达 50%的吸收。

在 ICF 方案中，将很少能够达到这个最大吸收率。这是因为 θ 的范围取决于密度梯度的尺度：l 越大，优化的入射角就越小。结合这个优化的入射角与照明均

匀性的要求将是非常困难的。此外，由于光压产生的有质动力使密度剖面变得陡峭，所以使尺度缩短，于是共振吸收增加。这个效应有着非线性的特点，需要比由简单理论所提供的方法更加全面的数值处理。

尽管共振吸收能够在逆轫制辐射吸收失效时有效，我们仍然要付出代价：共振吸收的主要特点是只有一小部分的等离子体中的电子携带大部分吸收的能量。这意味着作为一种负效应，许多不想要的热电子被生成，在冲击波之前预热等离子体。我们将在4.6节讨论这些热电子如何以一种负面的方式影响能量的传递。

4.4 参量不稳定性

前面已经提到，热等离子体很容易支持波的激发。波能够增强吸收，将是一个想要的效应但是同时也减小了激光的吸收。这里我们想仔细探究这些波的激发过程。

大部分由强激光引发的不稳定性可以通过入射波的共振分解为两个新波来描述。这种过程叫做参量不稳定性。尽管也存在包含四波或更多波的过程，在ICF里并无实质性贡献。通常，三波耦合可以通过如图4.7的示意图来表达。取决于被激发的波的种类，在等离子体中的吸收或者反射都可能被增强。

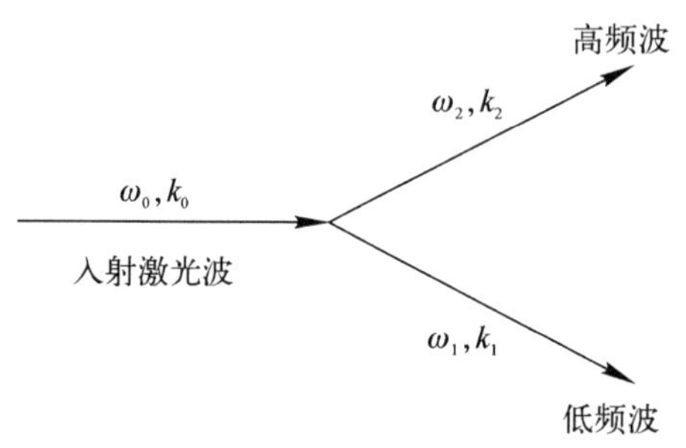

图4.7　三波参量过程示意图

在第3章中我们看到在ICF等离子体中可能有三种不同模式的波传播：(1) 电磁波；(2) 电子波，也表示为等离子体或者Langmuir波；(3) 离子波或离子-声波。

在ICF实验中的高功率激光泵浦可以通过参量不稳定性衰减为下述波：

电磁波→离子波＋电子波(衰减不稳定性)

电磁波→电子＋电子波(双等离子体激元衰减不稳定性)

电磁波→电磁波＋离子波(受激布里渊散射)

电磁波→电磁波＋电子波(受激拉曼散射)。

由于能量和动量必须守恒，这类不稳定性的频率和波数匹配准则

$$\omega_0 \approx \omega_1 + \omega_2 \quad \text{和} \quad \boldsymbol{k}_0 \approx \boldsymbol{k}_1 + \boldsymbol{k}_2$$

必须满足，ω_0 和 k_0 表示入射激光，系数 1,2 代表不同分解模式的类型。也就是说，如果入射激光和等离子体间特定的关系满足时，这些不稳定性才会发生。针对上述四种情况，这暗示着下面的选择规则：

不稳定性类型	波长条件
衰减	$\omega_L \approx \omega_p$
双电子波	$\omega_L \approx 2\omega_p$
受激布里渊	$\omega_p < \omega_L < 2\omega_p$
受激拉曼	$\omega_L > 2\omega_p$

由于等离子体频率由等离子体密度决定，这些条件直接对应等离子体的位置（见图 4.1）。衰减不稳定性和受激布里渊散射发生在临界密度 $n_e \sim n_c$ 时，而双等离子体激元衰减和受激拉曼散射发生在 $n_e \sim n_c/4$ 时。

然而，即使在波长上是满足这些条件的，这些不稳定性并不总是在等离子体中存在。入射激光波的强度必须超过特定的阈值以使参量不稳定性发生，因为所有固有的振荡模式都衰减了。如果激光强度比这个极限高，参量衰减模的振幅以一个特征增长率对数增加，从而吸收激光能量。被放大的振荡的频率由激光频率而不是这些模式固有的频率决定，这个效应通常叫做锁频。

用来引起或产生不稳定性所需的最小激光能量可以采用下述方式计算：

激光波的两波耦合可以由两个衰减的谐振子和一个外部驱动力来描述（Nishikawa，1968）：

$$\frac{\mathrm{d}^2 x}{\mathrm{d}t^2} + 2\Gamma_1 \frac{\mathrm{d}x}{\mathrm{d}t} + (\omega_1^2 + \Gamma_1^2)x(t) = \lambda z(t) y(t)$$

$$\frac{\mathrm{d}^2 y}{\mathrm{d}t^2} + 2\Gamma_2 \frac{\mathrm{d}y}{\mathrm{d}t} + (\omega_2^2 + \Gamma_1^2)y(t) = \lambda z(t) x(t)$$

$x(t)$ 和 $y(t)$ 为振子的振幅，$z(t) = 2z_0\cos\omega_0 t$ 代表激光的振幅。系数 Γ_1 和 Γ_2 描述衰减的程度。对于等离子中的静电波必须将激光束描述为一个均匀振荡电场才能正确运用这些方程组。耦合的流体动力学方程组为：

$$\frac{\partial n_j}{\partial t} + \boldsymbol{v}_j \frac{\partial n_j}{\partial \boldsymbol{r}} + n_j \frac{\partial}{\partial \boldsymbol{r}} \boldsymbol{v}_j = 0$$

$$n_j\left(\frac{\partial \boldsymbol{v}_j}{\partial t} + \boldsymbol{v}_j \frac{\partial v_j}{\partial \boldsymbol{r}}\right) + \frac{1}{m_j}\frac{\partial p_j}{\partial \boldsymbol{r}} = \frac{e_j n_j}{m_j}\boldsymbol{E} - \nu_j n_j \boldsymbol{v}_j$$

$$\frac{\partial}{\partial \boldsymbol{r}}\boldsymbol{E} = \frac{1}{\varepsilon_0}\sum_j e_j n_j \tag{4.27}$$

该系列方程组分别适用电子和离子，由下标 j 来表示。为简化起见，这些方程被线性化以便确定阈值和生长率。非线性分析更加复杂，通常需要数值模拟。

通过空间线性化和对高频运动的电子进行平均，将方程组(4.27)简化为

$$\frac{\partial^2 n_e}{\partial t^2}+\nu_e\frac{\partial n_e}{\partial t}+\omega_{pe}^2(k)n_e=\frac{ie}{m_e}\boldsymbol{k}\cdot\boldsymbol{E}_0 n_i$$

$$\frac{\partial^2 n_i}{\partial t^2}+\nu_i\frac{\partial n_i}{\partial t}+\omega_{ia}^2(k)n_i=\frac{ie}{m_i}\boldsymbol{k}\cdot\boldsymbol{E}_0 n_e$$

$\omega_{ia}=(k_B T/m_i)^{1/2}k$ 为离子声波的频率。这一系列方程组等价于上述的耦合振子。这系列方程相应的色散关系可以通过频率匹配条件 $\omega_0=\omega_1+\omega_2$ 的傅里叶变换得到

$$\omega^2+i\nu_i\omega-\omega_{ia}^2=\frac{\omega_{pe}^2\omega_{pi}^2k^2eE_0}{4m\omega_0^2}\left(\frac{1}{\delta\omega^2-\omega R+i\nu_e\delta\omega}+\frac{1}{\omega_a^2-\omega_R+i\nu_e\omega_a}\right)\quad(4.28)$$

$\delta_\omega=\omega-\omega_0$，$\omega_a=\omega+\omega_0$ 电子等离子体频率 $\omega_R=\omega_{pe}+\gamma_e \mathrm{k}_B T_e k^2/m_e$。显然这个色散关系是很复杂的，于是我们分别探讨两个截然不同的过程：受激拉曼散射和受激布里渊散射。

(1) 拉曼散射

受激拉曼散射是入射光共振衰减为散射光和一个电子等离子体波的过程，频率和波数匹配条件为：

$$\omega_0=\omega_1+\omega_2$$

$$k_0=k_1+k_2$$

式中，ω_0 为入射光的频率；ω_1 为散射光的频率；ω_2 近似为 ω_p 即电子等离子体频率。图 4.8 所示为前向和后向受激拉曼散射两种情况的图表。

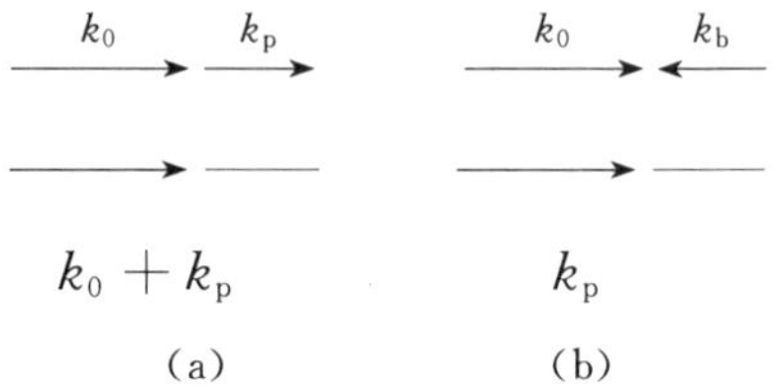

k_0 k_p k_0 k_b

k_0+k_p k_p

(a) (b)

图 4.8 拉曼散射(a)前向散射(b)后向散射

为什么不稳定性源于这个衰减过程？答案是一个反馈回路的演变：如果在等离子体中存在小的密度波动 δ_n，在激光电场 E_L 存在的情况下，电子振荡产生横向电流。散射光与入射场通过有质动力的结合使密度波动增加($\approx E_L E_S$)。在不稳定性里等离子体波和散射波生长同时弱化入射光波：光能够向前散射也能够被向后散射。

当散射光的频率比电子等离子体波高时，$\omega_s>\omega_{ep}$，不稳定性发生在密度小于 $1/4n_c$ 情况。最大的生长发生在背向散射光情况，生长率 $\gamma_{\mathrm{Raman}}^{\mathrm{back}}$ 为

$$\gamma_{\mathrm{Raman}}^{\mathrm{back}}=\frac{1}{4}kv_{osc}\left(\frac{\omega_p}{\omega_b}\right)\quad(4.29)$$

式中，k 为电子等离子体波的波数；v_{osc} 为电子在激光场中的振荡速度。向前散射的光有较小的生长率

$$\gamma_{\text{Raman}}^{\text{for}} = \frac{\omega_p^2 v_{\text{osc}}}{2\sqrt{2}\omega_0 c} \tag{4.30}$$

因此，对 ICF 过程而言，向前散射危险较小。如果密度接近 $1/4n_c$，波数 k_{ep} 和入射波相似，但是如果密度远小于 $1/4n_c$，则 $k_{\text{ep}} \sim 2k_1$。如果等离子密度变得很低，受激拉曼散射被等离子体的 Landau 阻尼压缩，即当 $k_{\text{ep}}\lambda_D > 1/3$ 时。在高 Z 等离子体中稳定状态也可能出现碰撞阻尼。

(2) 布里渊散射

布里渊散射的反馈机制和受激拉曼散射类似。现在的区别是密度波动与低频离子声波有关(见图 4.9)，这时，波数匹配条件为

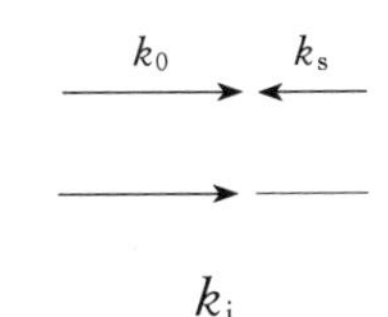

图 4.9　布里渊散射示意图

$$\omega_0 = \omega_s + \omega_{pi}$$

最大生长率为

$$\gamma_{\text{Brill}}^{\text{back}} = \frac{\sqrt{3}}{2}\left(\frac{k_0^2 v_{\text{osc}}^2}{2}\frac{\omega_{pi}^2}{\omega_0}\right)^{1/3} \tag{4.31}$$

这会导致高反射率。几乎所有的激光等离子体不稳定性生长率按 $v_{\text{osc}} \sim (I\lambda^2)^{1/2}$ 的函数关系增加，基于这个原因，在 ICF 中，短波长如(0.35 μm，0.248 μm)为驱动器的首选。

4.5　间接驱动：耦合激光能量到黑腔

到目前为止我们隐性地假设一个直接驱动方案即激光直接照射到靶上。对于间接驱动靶，需要考虑另外一步即激光直接照射黑腔，激光首先被转换为 X 射线辐射，然后驱动压缩。这不可避免造成能量损失，也就是说腔壁吸收的量而不是重新从黑腔壁辐射的量。

为了确定有多少能量被黑腔吸收或者说从黑腔辐射出来，我们使用一个简化方法，假定一个平面的黑腔壁表面，因此允许使用一维描述。此外，我们也假定辐射和物质处于局部热平衡。从质量守恒，动量守恒和能量守恒定律(方程(3.4))，我们可以得到 Lagrangian 形式的下列流体方程：

$$\frac{\partial}{\partial t}\frac{1}{\rho}=\frac{\partial v}{\partial m}$$

$$\frac{\partial v}{\partial t}=\frac{\partial P}{\partial m}$$

$$\frac{\partial \varepsilon}{\partial t}+P\frac{\partial}{\partial t}\frac{1}{\rho}=-\frac{\partial F}{\partial m} \tag{4.32}$$

式中，m 为流体粒子和单位面积腔壁间物质的质量；v 为剩余体系的流体速度；P 为压力；F 为能量通量。在能量方程中，我们采纳一个事实即正在加热的一个流体粒子 TdS 和传输出一个流体单元的能量通过 $TdS=d\varepsilon+Pd(1/\rho)$ 相关联。在这种情况下占主导的热传递机制是辐射传递。假设不透明度足够高满足扩散近似，于是能量通量可以表示为：

$$F=-\frac{4\sigma_{SB}}{3K_R}\frac{\partial T^4}{\partial m} \tag{4.33}$$

式中，σ_{SB} 为 Stefan-Boltzmann 常数；K_R 为 Rosseland 平均不透明度。如果由激光辐照所诱导的瞬间温度在 $t=0$ 时为 T_0，我们可以对扩散过程做一些估计。

在早期的相互作用过程中，热波行进得比流体力学波快。由于在较早时间前激光能量是如此之高，材料密度几乎仍为常数，如（$\partial/\partial t(1/\rho)=0$），根据方程(4.32)和方程(4.33)

$$\frac{\partial \varepsilon}{\partial t}=-\frac{\partial}{\partial m}\frac{4\sigma_{SB}\partial T^4}{3K_R\partial m} \tag{4.34}$$

热波波前按下式方式移动

$$\left(\frac{m^2}{t}\right)_{\mathrm{th}}\approx\frac{4\sigma_{SB}T_0^4}{3K_R\varepsilon_0} \tag{4.35}$$

下标 0 表示在 $t=0$ 时刻的值。从 3.7 节我们知道流体力学扰动以声速移动；在我们的概念中，这等同于

$$\left(\frac{m}{t}\right)_{\mathrm{h}}\approx\sqrt{P_0\rho_0} \tag{4.36}$$

方程(4.35)和方程(4.36)可以用来估计何时和何地流体力学速度和热传播速度变得可比。在这个时刻 $t_{\mathrm{h=th}}$，当这两种速度近似相同时，

$$t_{\mathrm{h=th}}=\left(\frac{4\sigma_{SB}T_0^4}{3K_R\varepsilon_0}\frac{1}{P_0\rho_0}\right)$$

此时，黑腔已被加热到一定深度

$$m_{\mathrm{h=th}}=t_{\mathrm{h=th}}\sqrt{P_0\rho_0}$$

在 $t \gg t_{h=th}$ 时刻,情况变得更加复杂。在这点上,流体力学扰动开始影响热波波前,上述假设不再有效,需要采用数值计算来解完整的方程系统。

在已计划的 NIF 实验中典型的黑腔靶情况(见 Lindl, 1995),在一段时间 τ 后在金黑腔壁中吸收的能量可以近似地采用一个经验公式来表示

$$E_{\text{wall}}(\text{MJ}) = 5.2 \times 10^{-3} K_0^{-0.39} [3.44P + 1]^{-0.39} \times T_0^{3.3} \tau^{0.62+3.3P} A_{\text{wall}}$$

T_0是在 1ns 时刻的温度;A_{wall}为黑腔壁的面积。在一个为常数的黑腔温度下(如 $T_0 = T_{\text{hohl}}, P=0$),满足

$$E_{\text{wall}}(\text{MJ}) = 5.2 \times 10^{-3} K_0^{-0.39} T_{\text{hohl}}^{3.3} \tau^{0.62} A_{\text{wall}} \tag{4.37}$$

单位时间的能量损失由方程(4.37)的时间导数给出,即

$$\frac{\mathrm{d}E_{\text{wall}}}{\mathrm{d}t}(\text{MJ/ns}) = \frac{5.2 \times 10^{-3}}{0.62 + 3.3P} K_0^{-0.39} T_{\text{hohl}}^{3.3} A_{\text{wall}} \tau^{-0.38+3.3P}$$

对于一个为常量的损失率,必须满足条件 $t_0 = \tau^{-0.38+3.3P}$,亦即 $1 = -0.38 + 3.3P$,因此 $P = 0.115$。对于被吸收的通量 $S_{\text{abs}} = A_{\text{wall}}^{-1} \mathrm{d}E_{\text{wall}}/\mathrm{d}t$,满足

$$S_{\text{abs}}(\text{MJ/ns/cm}^2) = 4.5 \times 10^{12} T_{\text{hohl}}^{3.3} K_0^{-0.39} \tag{4.38}$$

这个表达式只适用于激光脉冲功率固定的情况。对整形脉冲,脉冲剖面使得整个过程更加复杂。此外,对吸收功率更真实的描述需要考虑 X 射线转化的可变性以及激光入口孔的尺寸。

从黑腔壁发射出的黑体辐射通量约为

$$S_{\text{rad}}(\text{MJ/ns/cm}^2) \sim 10^{13} T^4$$

由于 $T = T_{\text{hohl}} \tau^{0.015}$,在方程(4.38)中满足 $T_{\text{hohl}}^{3.3}$ 关系

$$T^{3.3} = T_0^{3.3} \tau^{0.38} \sim S_{\text{rad}}^{0.825}$$

用 S_{rad}来表示 T_{hohl},并代入方程(4.38)中,我们得到

$$S_{\text{rad}}[10^{15}\,\text{MJ/ns/cm}^2] = 7.0 K_0^{0.47} S_{\text{abs}}^{1.21} (10^{15}\,\text{MJ/ns/cm}^2) \tau(\text{ns}) \tau(\text{ns})$$

在典型的 ICF 黑腔条件下(τ 约为 1,通量为 $10^{14} \sim 10^{15}\,\text{W/cm}^2$),从黑腔壁重新发射的辐射通量与黑腔壁吸收的辐射通量的比例相当高,因此黑腔壁中的损耗是可以容忍的。

如前面所指出的那样,上述处理假设一个恒定的激光脉冲与恒定的 X 射线转化效率。在 ICF 方案中,激光脉冲和 X 射线转化效率都是时变的。在这种情况下,不再可能采用分析方法进行处理。对黑腔壁中激光转化为 X 射线的数值和实验结果的总结,我们参考 Lindl(1995)的文章。

尽管通过这个 X 射线转换过程能量有一些损耗,间接驱动方案仍然是 ICF 目

前的首选，这是因为在间接驱动方案中对辐射均匀性的要求要比在直接驱动方案中容易实现。在我们继续能量传递进行描述之前，我们考虑一个问题：当从内部加热黑腔时会发生什么？黑腔会完全气化吗？很显然，当激光打到黑腔内部时，将有部分材料从黑腔壁被烧蚀，烧蚀的量可以近似为(Lindl，1995)

$$m_{\text{wall}}^{\text{abl}} = 1.2 \times 10^{-3} T^{1.86} K_0^{-0.46} \times (3.44P + 1)^{-0.46} \tau^{0.54+1.86P}$$

和前面一样我们假定一个为常数的损耗率 $P=0.115$，在一金腔中，激光穿透的深度为

$$x_{\text{wall}}(\mu\text{m}) = 10^4 m/\rho = 0.53 T_0^{1.86} \tau^{0.75} \tag{4.39}$$

式(4.39)是针对金黑腔壁这样一种典型材料而言的。从方程(4.39)，可以看出在时间接近 1 ns 时 ICF 相关的温度，实际上只有几个 μm 的黑腔壁被加热了，因此，黑腔壁几乎不受影响，不会发生复杂的黑腔-靶丸相互作用。

在第 7 章中，我们将回到 X 射线转换效率这个话题上来，并讨论其对整个功率平衡计算的影响。

4.6 能量传递

这里我们回到我们留在 4.4 节中的那点上，即我们来看能量是怎么通过不同的过程被吸收的。现在的问题是这些被吸收的能量怎样从临界表面往固体密度燃料传递。有两个传递能量的机制：辐射和热传导，我们将首先考虑后者。

(1) 电子热传导

热传导过程主要由更轻和更快的电子控制，然而慢的重离子也可以占据大多数。第一步我们可以把这个过程看做是电子通过固定的离子背景扩散的过程。在电子热传导的经典描述中，热通量 q_{th} 由下式给出

$$\boldsymbol{q}_{\text{th}} = -\kappa \nabla T \tag{4.40}$$

式中，κ 为热导率，可以通过一个简单模型来估算。对于一束平均能量为 $\varepsilon(x)$，沿 x 方向传播的粒子，在 x 方向的热通量可以近似为

$$q_{\text{th}}(x) \sim -\frac{1}{3} n v l \frac{\partial \varepsilon}{\partial x} = -\frac{1}{3} n v l \frac{\partial \varepsilon}{\partial T} \frac{\partial T}{\partial x} = -\frac{1}{3} n v l c_v \frac{\partial T}{\partial x} \tag{4.41}$$

式中，l 为平均自由程；c_v 是单位体积内单个粒子的热容。因子 1/3 反映出在三维空间中的平均。假定速度为热的传播速度，热导率为(Spitzer and Harm，1953)

$$\kappa = \frac{1}{3} \lambda_e v_e n_e k_B = \frac{5 n_e k_B^2 T_e}{m_e \nu_{ei}} = 20 \left(\frac{2}{\pi}\right)^{3/2} \frac{(k_B T_e)^{5/2} k_B}{m_e^{1/2} e^2 Z \ln \Lambda} \tag{4.42}$$

从动力学理论我们知道如果Maxwellian速率分布在某些方向变形时才有可能发生热漂移。这意味着将有部分热电子携带热能。热电子的漂移会产生电场 $\boldsymbol{E}$，然后诱导冷电子的回流漂移(见图4.10)。由于来自于烧蚀波前的热电子有较高的能量，回流的冷电子能量较低，靶就被加热了。回流意味着在热通量表达式中包含一个净热漂移项是一个较好的近似，即

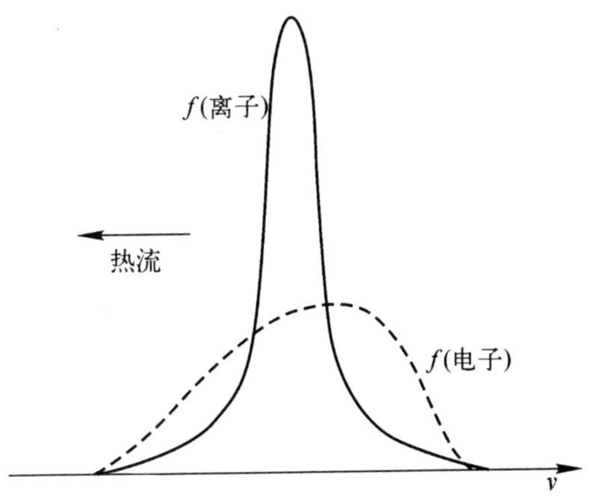

图4.10　电子热传导所需的偏斜的电子速率分布

$$\boldsymbol{q}_{th} = -\kappa \nabla T - \beta_P \boldsymbol{E} \quad (4.43)$$

式中，β_P 是所谓的Peltier系数。电流 $\boldsymbol{j}$ 为

$$\boldsymbol{j} = \sigma_E \boldsymbol{E} - \alpha \nabla T \quad (4.44)$$

根据条件要求无净电流，如 $\boldsymbol{j}=0$，联合方程(4.43)和方程(4.44)，热通量为

$$\boldsymbol{q}_{\mathrm{th}} = -\kappa\left(1-\frac{\alpha\beta P}{\sigma_\varepsilon \kappa}\right)\nabla T \quad (4.45)$$

有效热导率为

$$\kappa_{\mathrm{eff}} = (1 \quad (\alpha\beta_P)/(\sigma_\varepsilon\kappa))\kappa = \delta_e \kappa$$

于是通用的电子热传导率由下式给出，电子热传导示意图如图4.11所示。

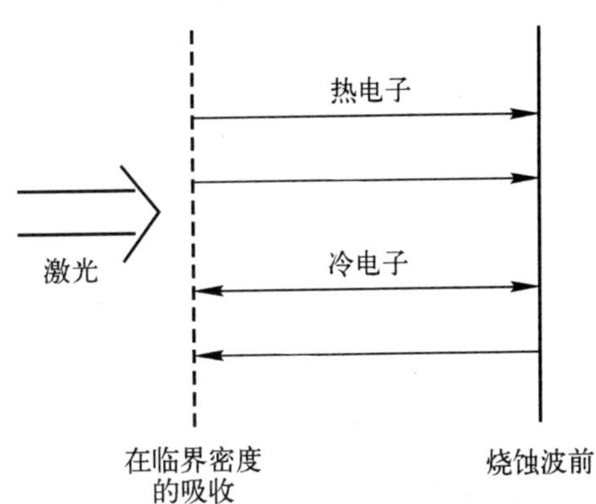

图4.11　电子热传导示意图

$$\kappa = \delta_\varepsilon 20\left(\frac{2}{\pi}\right)^{3/2} \frac{(k_B T_e)^{5/2} k_B}{m_e^{1/2} e^2 Z \ln\Lambda} \quad (4.46)$$

比较方程(4.42)和方程(4.46)，可以看出回流有效地降低了热传递，可以达到2倍的效率。

如果温度梯度很陡，经典扩散方法不再有效。Gray和Kilkenny(1980)指出只要

$$\lambda_e \frac{|\nabla T|}{T} > 0.01 \quad (4.47)$$

则扩散近似是有效的。

如果电子平均自由程比温度梯度大，方程(4.45)将不再成立。在计算机模拟中，通常引入一个所谓的热通量限制器来在方程(4.45)和自由流动流量限制间进

行插值。在许多模拟代码中，下面的表达式常被用来在实际中处理这个问题

$$q = \left[\frac{1}{\kappa_e \mid \nabla T_e \mid} + \frac{2}{mv^2 n_e v}\right]^{-1}$$

(2) 热传导制约

实际测量的冕区中的热通量几乎比用上述模型预测的要小一个数量级，尤其是对陡的温度梯度(如，$\lambda_e \Delta T/T < 0.01$)。实践中，通常通过引入一个制约参数 f_{inhib} 来处理这种传递制约。于是方程(4.46)变为

$$\kappa = f_{\text{inhib}} \delta_e 20 \left(\frac{2}{\pi}\right)^{3/2} \frac{(k_B T_e)^{5/2} k_B}{m_e^{1/2} e^2 Z \ln \Lambda} \tag{4.48}$$

模拟表明为了重复实验的结果需要一个值为 0.03 的制约因子(Rosen，1984)。

然而，这不是一个很令人满意的情况：至少我们应该了解哪个过程对传导制约起作用。研究发现这通常与很强的密度和温度梯度关联。传导制约的原因是碰撞平均自由程对粒子动能有强烈的依赖关系。这就限制了上述描述的标准的局部传递关系只是在一个非常长的非均匀性尺度长度 l_{inh} 上有效。为使 Chapman-Enskog 扰动方法有效(Braginskii，1965，Bychenkov et al.，1995)，l_{inh} 的值必须至少要比电子平均自由程 λ_{ei} 大 100 倍。在由高能量激光产生的热稠密等离子体中很容易违反这个条件。在这种情况下，流体力学描述不再充分，需要采用 Fokker-Planck 描述(3.2 节)。

采用一个线性化方程的解以及假定一个大的离子电荷 $Z \gg 1$ 和小的振幅扰动，Bychenkov et al.(1995)获得了电流 $\boldsymbol{j}$ 和电子热通量 $\boldsymbol{q}_e$ 的流体力学描述：

$$\begin{aligned} \boldsymbol{j} &= \sigma \boldsymbol{E}^* + \alpha_{\text{th}} i\boldsymbol{k} \delta T_e + \beta_j e n \boldsymbol{u}_i \\ \boldsymbol{q}_e &= -\alpha_{\text{th}} T_0 \boldsymbol{E}^* - \chi_c i\boldsymbol{k} \delta T_e - \beta_q n_0 t_0 \boldsymbol{u}_i \\ \boldsymbol{E}^* &= -i\boldsymbol{k}\Phi + (i\boldsymbol{k}/e n_0)(\delta n T_0 + \delta T n_0) \end{aligned} \tag{4.49}$$

式中，σ 为电导率；α_{th} 为热电系数；χ_c 为温度传导率；$\beta_{j,q}$ 为离子密度通量系数。

$$\alpha = -(e n_0 / m_e k^2 v_{Te}^2)[-p + (J_T^N + J_T^T)/D_{NT}^{NT}]$$

$$\chi = (n_0/k^2)[-5p/2 + (2J_N^N + J_T^T + J_N^N)/D_{NT}^{NT}]$$

$$\sigma = (e^2 n_0 / m_e k^2 v_{Te}^2)(-p + J_T^T / D_{NT}^{NT})$$

$$\beta_q = (D_{NT}^{RT} + D_{NT}^{RN})/D_{NT}^{NT}]$$

$$\beta_j = 1 - D_{NT}^{RT} / D_{NT}^{NT}$$

传递关系式(4.49)显示的是所谓的 Onsager 对称性：系数 α_{th} 在 $\boldsymbol{j}$ 和 $\boldsymbol{q}_e$ 的表达式中

是相同的。由 Gregor (1942)测量到的空间和时间分辨的温度和密度剖面表明剖面与通量限制模型不一致，但是与非局域传递模型一致。万一上述假设不成立，需要采用 Fokker-Planck 处理。

(3) 预热

如第 3 章中提到，从电子等离子体波、非线性波现象以及共振吸收的能量转移，可以生成高能电子，即所谓的热电子。这些热电子能够在烧蚀波波前之前移动到靶的中心，因此预热燃料使压缩度降低。在黑腔靶中，当等离子体波在黑腔中衰减时拉曼不稳定性会产生热电子。平面靶实验表明热电子温度取决于激光功率

$$I_L\lambda_L^2 > 10^{15}\,\mathrm{Wcm^{-2}}\,\mu\mathrm{m}^2:$$

$$T_h(\mathrm{keV}) = 10\left(\frac{I_L\lambda_L^2}{10^{15}\,\mathrm{Wcm^{-2}}\,\mu\mathrm{m}^2}\right)^{0.30\pm0.05}$$

$$I_L\lambda_L^2 < 10^{15}\,\mathrm{Wcm^{-2}}\,\mu\mathrm{m}^2:$$

$$T_h(\mathrm{keV}) = 10\left(\frac{I_L\lambda_L^2}{10^{15}\,\mathrm{Wcm^{-2}}\,\mu\mathrm{m}^2}\right)^{2/3} \tag{4.50}$$

热电子产生的主要问题是降低了预热燃料的可压缩性。现代的靶和束形态以这样一种方式设计：即在内爆过程中，预热 $\varepsilon_{\mathrm{pre}}$不应超过特定燃料的 Fermi 能

$$\varepsilon_{\mathrm{pre}} < \varepsilon_F \tag{4.51}$$

实质上这个条件是满足的，因为即使在这种情况 $\varepsilon_{\mathrm{pre}}=\varepsilon_{\mathrm{F}}$，获得一个给定密度所需的压力是没有预热压缩的两倍。

在这样一个等离子体中，电子速率分布不能用一个单一的 Maxwellian 分布来描述。双温的两个 Maxwellian 分布的叠加，用冷电子的平均温度 T_{c} 和热电子的平均温度 T_{h} 来描述一般来说更好。

处于电子速率分布低端的电子不会到达燃料，但是有多少热电子到达燃料呢？这取决于烧蚀层的厚度 x 以及热电子的平均范围 x_0，

$$\varepsilon_{\mathrm{pre}}(x) = \varepsilon_{x=x_0}G(x/x_0) \tag{4.52}$$

$G(x/x_0)$ 是衰减因子。温度为 T_{h}(keV)的热电子的平均范围 x_0(g/cm^2)为

$$x_0 = \frac{3\times10^{-6}(A/Z)T_{\mathrm{hot}}^2}{Z^{1/2}} \tag{4.53}$$

假设热电子速率分布为 Maxwellian 分布，在一个面积 A(cm^2)内引起的预热 $\varepsilon_{\mathrm{pre}}(x)$(J/g)，取决于烧蚀体的厚度 x 以及热电子的能量 E_{hot}，

$$\varepsilon_{pre}(x)=\frac{E_{hot}}{xA}\left(\frac{x}{x_0}\right)^{0.9}\exp\left[-1.65\left(\frac{x}{x_0}\right)^{0.4}\right] \tag{4.54}$$

我们可容忍的将激光能量转化为热电子的部分 f_{hot} 取决于 Fermi 能 ε_F，衰减因子 $G(x/x_0)$ 以及燃料质量和激光能量 E_L：

$$f_{hot}=\frac{\varepsilon_F m_{fuel}}{E_L G(x/x_0)} \tag{4.55}$$

在这个估计中一个被忽略的效应是我们假设除了对非常稠密的靶中心而言热电子看起来像一种相对透明的等离子体。因此，如果热电子是各向同性的，在直接和间接驱动中，这些数量相当可观的热电子不会直接打在靶的中心，但是在经历了多次散射事件之后能够到达靶的中心，如图 4.12 所示。如果我们在方程(4.55)中用一个所谓的几何稀释因子 $D(r_{source}/r_{cap})$ 包含这些效应，可容忍的部分于是变为

$$f_{hot}=\frac{\varepsilon_F m_{fuel}}{E_L G(x/x_0)D(r_{source}/r_{cap})} \tag{4.56}$$

然而，这个效应本身证明在直接和间接驱动方案中上述假设还是有区别的。在直接驱动靶中，在冕区的外部区域会出现偏离空间电荷电势(见图 4.12)。当热电子打到靶心时，热电子会在冲击波之前穿透烧蚀区域。

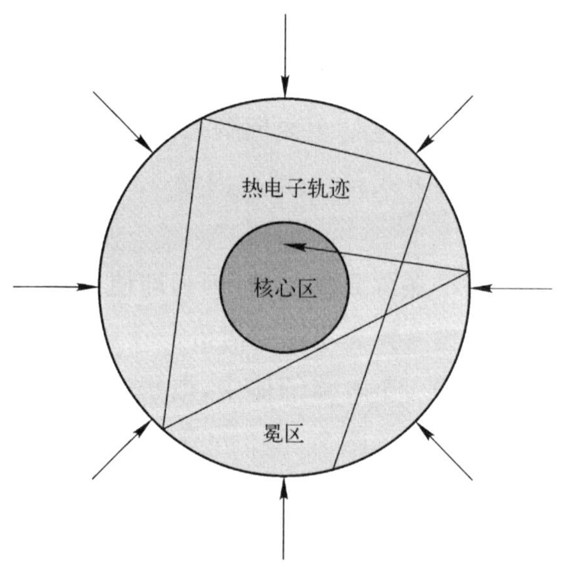

图 4.12　热电子在靶中的散射

在间接驱动靶中，只有那些速率在靶丸角方向的电子可以直接打在靶上。因为大部分热电子将在黑腔容器半径范围内产生，直接打到靶上的热电子的比例将近似为 $A_{case}/A_{capsule}$，A_{case} 为容器面积(黑腔内部的面积，$A_{capsule}$ 为靶丸面积)。没有到达靶丸的热电子将被反射出容器。实验表明热电子被高 Z 容器反射的可能性约为 50%，热电子 70% 的能量被反射(Lindl，1995)。这些被反射的热电子可能打到靶上。

总之，直接驱动靶比间接驱动靶对预热要敏感。

1) 在直接驱动靶中，束在非常靠近烧蚀体的地方被吸收，因此几何布局将减

少打到靶心的热电子的数量；

2）在直接驱动靶中，只有较少的烧蚀体材料用来屏蔽燃料的预热。

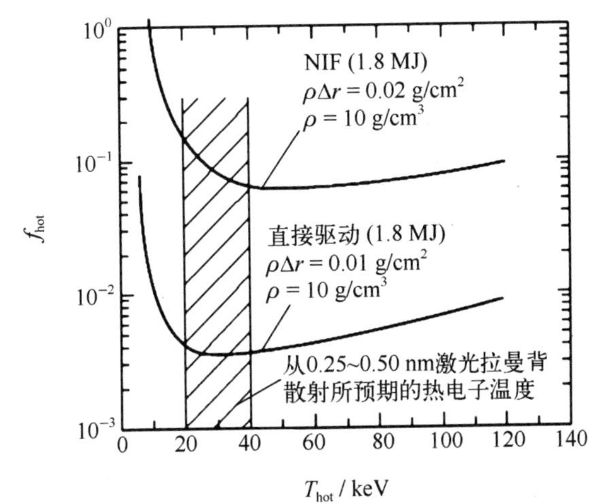

图 4.13 在直接和间接驱动靶中预热效应的比较，可容忍的热电子份额表示为热电子温度的函数。在这些计算中假设燃料预热等于费米能(Lindl，1995)

图 4.13 所示为直接驱动和间接驱动方案中热电子对典型 NIF 实验用靶丸影响的对比。这些模拟假设的预热在 Fermi 能量级。对靶来说仍然可以达到点火的可容忍的热电子的部分 f_{hot}，在直接驱动方案中要比在间接驱动方案中要少得多。如图 4.13 所示，直接驱动靶中可容忍的热电子的部分低于 1%，而在间接驱动中 5%的热电子仍然是可容忍的。

然而，这对直接驱动靶来说是太悲观了。对直接驱动靶 3～4 倍于费米能的一条绝热线可能更适合，因为这将减少流体力学不稳定性，在这种情况下，可容忍的热电子的部分 f_{hot}能够等同提高了 3～4 倍，使得两种方案具有可比的增益。

Olson 等(2003)指出间接驱动烧蚀体预热能够显著改变点火靶冲击定时，因此必须在靶丸设计计算中精确地包含预热。

(4) 辐射传递

当激光与等离子体相互作用时会产生 X 射线辐射(Gauthier，1989；Kauffman，1991，More et al.，1988)。X 射线由不同的电子跃迁产生，即束缚态-束缚态、束缚态-自由、自由-自由跃迁。这些过程发生的概率正比于密度的平方(如 n^2)，所以多数 X 射线产生于高电子密度区域。因此，短的入射激光波长是有利的，因为短的激光波长可以达到较高的电子密度而使 X 射线转化更加有效。

实际上，产生的 X 射线的谱线取决于烧蚀材料、等离子体密度以及温度，该谱线是由于跃迁发射的连续能谱的叠加。在高 Z 材料中激光能量比在低 Z 材料中更能够有效地转换为 X 射线，这就是为什么高 Z 材料如金等被用作黑腔烧蚀体表面材料的原因。实验表明在金靶中，1 ns 长 263 nm 的激光脉冲，其 80%的能量能够转化为(0.1～1) keV 范围内的 X 射线。

为描述辐射传递，我们首先定义一些量：

1）光谱辐射强度 I_ν[erg/cm^2/s]通常定义为在方位角 Ω 方向，立体角 dΩ 内，单位时间穿过单位面积，在单位频率 ν 和 $\nu + d\nu$ 间传递的辐射能量

$$I_\nu(\boldsymbol{r},\boldsymbol{\Omega},t) = h\nu c f(\boldsymbol{r},\boldsymbol{\Omega},t)\mathrm{d}\nu\mathrm{d}\boldsymbol{\Omega}$$

式中，h 为普朗克常数；c 为光束；f 为声子分布函数。

2）描述自发辐射过程的发射率定义为

$$j_\nu \mathrm{d}\nu\mathrm{d}\boldsymbol{\Omega} = \text{自发辐射的[能量 /(体积} \times \text{时间)]}$$

这取决于原子的类型、离化程度、等离子体的温度，但是和辐射的存在无关。

3）相比之下，诱导辐射由下式给出

$$j_\nu \frac{c^2 I_\nu}{2h\nu^3}\mathrm{d}\nu\mathrm{d}\boldsymbol{\Omega} = \text{诱导辐射的[能量 /(体积} \times \text{时间)]}$$

辐射的存在是强制的。

4）上述发射过程通过吸收和散射过程来平衡，描述为

$$\kappa_\nu I_\nu \mathrm{d}\boldsymbol{\Omega} = \text{吸收或散射的[能量 /(体积} \times \text{时间)]}$$

式中，k_ν 为不透明度，由 $1/l_\nu = \sum_i n_j \sigma_{\nu j}$ 给出；l_ν 为平均自由程；$\sigma_{\nu j}$ 为合适的吸收和散射截面。在一个给定频率 ν 和方向 ω 上，在一个任意体积 V 内施加一个能量密度守恒条件，合并上述过程，则辐射传递方程可以写成

$$\frac{1}{c}\left(\frac{\partial I_\nu}{\partial t} + c\boldsymbol{\Omega} \cdot \nabla I_\nu\right) = j_\nu\left(1 + \frac{c^2 I_\nu}{2h\nu^3}\right) - \kappa_\nu I_\nu \tag{4.57}$$

在热平衡状态，自发辐射与吸收的比由下式给出(见 2.1 节)

$$\frac{j_\nu}{\kappa_\nu} = \frac{2h\nu^3}{c^2}\exp\left(-\frac{h\nu}{\kappa_B T}\right) \tag{4.58}$$

采用下面的定义

$$I_{\nu p} = \frac{j_\nu}{\kappa_\nu}\frac{1}{\left[1 - \exp\left(-\frac{h\nu}{\kappa_B T}\right)\right]}$$

$$\kappa'_\nu = \kappa_\nu\left[1 - \exp\left(-\frac{h\nu}{\kappa_B T}\right)\right]$$

传递方程重写为

$$\frac{1}{c}\frac{\partial I_\nu}{\partial t} + \boldsymbol{\Omega} \cdot \nabla I_\nu = \kappa'_\nu(I_{\nu p} - I_\nu) \tag{4.59}$$

为分析这个传递方程，我们使用角动量。通过沿方位角的积分得到连续性方程

$$\frac{\partial u_\nu}{\partial t} + \nabla \boldsymbol{S}_\nu + c\kappa'_\nu u_\nu = c\kappa'_\nu u_{\nu p} \tag{4.60}$$

$u_{\nu p}$为平衡态辐射能量密度

$$u_{\nu p} = \frac{8\pi h\nu^3}{c^3} \frac{1}{e^{h\nu/\kappa T} - 1} \tag{4.61}$$

$\boldsymbol{S}_\nu$ 为辐射通量。用 Ω 与角度积分相乘得到高阶动量，下一个更高阶的动量为

$$\frac{1}{c} \frac{\partial S_\nu}{\partial t} + \nabla \boldsymbol{P}_\nu + \kappa'_\nu \boldsymbol{S}_\nu = 0 \tag{4.62}$$

辐射压张量为

$$\boldsymbol{P}(r,t) = \frac{1}{c}\int_{4\pi} \boldsymbol{\Omega\Omega} I_{\nu p}\, \mathrm{d}\boldsymbol{\Omega} \tag{4.63}$$

然而，如果 I_ν 接近各向同性，满足方程(4.60)，高阶动量可以忽略。

在这种情况下，辐射能量密度可以通过下述关系与扩散近似中的能量通量相关联：

$$\boldsymbol{S} = -\frac{c}{\kappa'_\nu} \nabla u_\nu \tag{4.64}$$

谱辐射能量密度的扩散方程为

$$\frac{\partial u_\nu}{\partial t} - \nabla \frac{c}{\kappa'_\nu} \nabla u_\nu + c\kappa'_\nu u_\nu = c\kappa'_\nu u_{\nu p} \tag{4.65}$$

或者我们如果使用这个辐射能量密度表达式

$$J_\nu = c\kappa_\nu u_{\nu p} \tag{4.66}$$

则扩散方程为

$$\frac{\partial u_\nu}{\partial t} - \nabla \frac{c}{\kappa_\nu} \nabla u_\nu + c\kappa'_\nu u_\nu = J_\nu \tag{4.67}$$

理论上，可以使用任何解扩散问题的标准方法来解这个方程。然而，与传统的热传递的区别在于所有的系数如：发射、吸收和扩散系数都不是常数，而是等离子体温度的函数。

第二个与其他扩散过程的差别在于光子通过大量的吸收和再发射过程进行扩散。如果辐射扩散入一个较冷的等离子体区域，这个区域被加热，扩散过程的特性要发生变化。为自洽地描述扩散过程，必须与等离子体流体动力学方程一起求解，这会导致更加复杂的系统方程，一般说来要使用数值计算方法。

然而，对相对重要的辐射和热传递可以通过下述方式做粗略估计：

辐射热通量为：

$$\boldsymbol{Q}_{\mathrm{rad}} = -\frac{\lambda_{\mathrm{R}} c}{3} U_p \tag{4.68}$$

式中，λ_{R} 为辐射平均自由程。辐射能量为

$$U_p = \frac{4\sigma_{\mathrm{SB}} T^4}{c} \tag{4.69}$$

使用辐射热传导率的表达式

$$\kappa_R = 16\sigma_{\mathrm{SB}} T^3 \lambda_R / c \tag{4.70}$$

方程(4.68)可以重写为

$$\boldsymbol{Q}_{\mathrm{rad}} = -\kappa_R \nabla T \tag{4.71}$$

对于一个电荷为 Z 的类氢等离子体，在 Rosseland 情况下，其平均自由程可以近似为

$$\lambda_R(\text{H-like}) \sim 8.7 \times 10^6 \frac{T^2}{Z^2 n_i} \quad [\mathrm{cm}] \tag{4.72}$$

比较辐射热传导率和电子热传导率 κ_{e}(Spitzer-Haerm 传导率)，

$$\frac{\kappa_R}{\kappa_e} \sim 5 \times 10^{18} \left(\frac{\kappa_B T}{\mathrm{eV}}\right)^{5/2} \left(\frac{\mathrm{cm}^{-3}}{n_e}\right) \tag{4.73}$$

这意味着对于固态密度等离子体(n_{e} 约为 $10^{23}\ \mathrm{cm}^{-3}$)，在 $k_B T > 100$ eV 时，辐射传递的阈值变得比电子热传递更加重要。因此在冷稠密等离子体中，电子传递占优，而在后面的阶段当等离子体已经被加热到某种程度时，辐射传递占优。

第 5 章

流体动力学压缩和燃烧

在激光被吸收后，由于能量传递和烧蚀，惯性约束聚变过程进入下一个阶段——流体力学压缩阶段(见图 5.1)。在压缩阶段能够达到的内爆速度是关乎 ICF 点火成功与否最重要的参数。

在本章中，我们首先将一个整个球体都充满燃料的球形靶与一个燃料被浓缩在一个球形薄层内的壳层靶进行对比。通过确定在这两种情况下能够达到的内爆速度，我们发现使用壳层靶(或者薄金属片靶)是非常有利的。我们首先将使用一个简单的一维平面几何模型进行描述，然后将这个平面几何模型推广至球面几何模型。

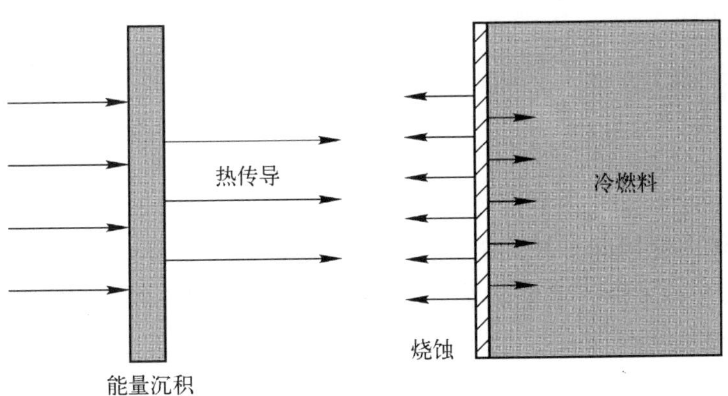

图 5.1 与靶内爆有关的不同的过程

在第 1 章中我们解释了为了保持驱动流体力学压缩的能量输入尽可能低，而首选热斑概念压缩方案。在该方案中，只有压缩燃料中心的一小部分可以达到点火所需的温度，而余下的燃料仍然处在一个很低的温度(见图 1.8)。燃料是由一个从中心火花开始向外传播的热核燃烧波点燃的。

5.1 固体靶的内爆

我们从图 5.2 中所示平面几何中一个简单的固体靶模型开始。由于施加了激光场，将产生一个压力 p，该压力产生一个以固定速度 v_{solid} 传播的冲击波。如果我们选择一个随着冲击波移动的坐标系统，三个相关的守恒关系为：

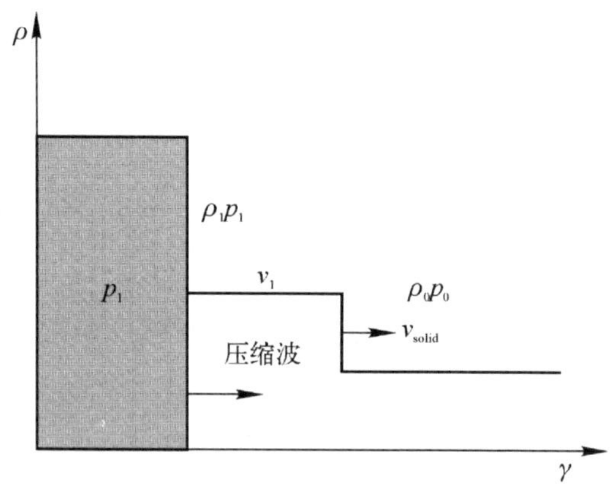

图 5.2 由一种均匀媒质组成的“固体”靶的压缩

质量守恒：

$$\rho_0 v_{solid} = \rho_1 v_1$$

动量守恒：

$$p_0 + \rho_0 v_{solid}^2 = p_1 + \rho_1 v_1^2$$

能量守恒：

$$\frac{\gamma}{\gamma-1}\frac{p_0}{\rho_0} + \frac{v_{solid}^2}{2} = \frac{\gamma}{\gamma-1}\frac{p_1}{\rho_1} + \frac{v_1^2}{2}$$

下标 0 和 1 分别表示冲击波前和冲击波后的量，γ 表示材料的比热比。假设不存在预热，在冲击波之前的材料是冷的，因此 $p_0=0$，进一步变换为

$$\frac{\rho_1}{\rho_0} = \frac{\gamma+1}{\gamma-1}$$

$$v_1 = \frac{\gamma-1}{\gamma+1} v_{solid}$$

$$p_1 = \frac{2}{\gamma+1}\rho_0 v_{\text{solid}}^2$$

根据外加压力 p_1，从这些方程可以写出冲击速度的表达式

$$v_{\text{solid}} = \left[\frac{(\gamma+1)}{2}\frac{p_1}{\rho_0}\right]^{1/2} \tag{5.1}$$

对于一个大块的平面靶，冲击波将以这个固定速度传播直到经过一段距离 R 之后到达中心，很明显，这个速度不足以获得所需的压缩。

5.2 金属薄片靶

下一步我们利用将燃料放置在靶丸内一层的靶来看我们可以获得怎样的内爆速度。在平面几何中，这样的靶等同于一个厚度为 ΔR 的金属薄片。如果薄片的厚度 ΔR 与靶半径 R 相比很小（如 $\Delta R \ll R$），冲击波穿越这个薄片的时间可以忽略。因此，我们可以这样处理金属薄片好像整个材料可以被立即预热。

假定薄片仍然是刚性的（注：该假设过于简单一实际上薄片会膨胀），其运动由下式给出

$$M_{\text{foil}}\frac{\mathrm{d}v_{\text{foil}}}{\mathrm{d}t} = -p_1 S, \tag{5.2}$$

式中，S 为面积；M_{foil} 为薄片的质量。薄片质量可以表达为 $M_{\text{foil}} = \rho_0 \Delta R S$，代入方程(5.2)，得到

$$\frac{\mathrm{d}v_{\text{foil}}}{\mathrm{d}t} = \frac{p_1}{\rho_0 \Delta R}$$

如果压力 p_1 仍为常数，则内爆速度为

$$v_{\text{foil}} = \frac{p_1 t}{\rho_0 \Delta R}$$

这里，相比于固体靶情况，内爆速度随时间增加直至到达靶心。因此

$$R = \int v_{\text{foil}}\mathrm{d}t = p_1 t^2/2\rho_0 \Delta R$$

$$t = \sqrt{2R\rho_0 \Delta R/p_1}$$

薄片最后的内爆速度为

$$v_{\text{foil}} = 2\left(\frac{p_1}{\rho_0}\frac{R}{\Delta R}\right)^{1/2} \tag{5.3}$$

比较固体靶内爆速度 v_{solid} 和薄片靶的内爆速度 v_{foil}，我们有

$$\frac{v_{\text{foil}}}{v_{\text{solid}}} = \left(\frac{8}{\gamma+1}\right)^{1/2}\left(\frac{R}{\Delta R}\right)^{1/2} \tag{5.4}$$

这意味着在薄片靶中得到的速度比在固体靶中的要大$(R/\Delta R)^{1/2}$倍。根据方程(5.4),我们知道一个大的、具有非常薄的燃料层的靶是最理想的,即所谓的"高纵横比靶"。后面我们将看到其他过程如 Rayleigh-Taylor 不稳定性对靶所设置的总的尺寸限制也是 $R/\Delta R$。

5.3 火箭模型和烧蚀

上述薄片模型没有将部分薄片的加热和靶的膨胀考虑进去,即没有考虑烧蚀过程。下面我们将要看到,烧蚀是 ICF 靶丸压缩中一个最本质的特征。描述这个效应的一个简单模型叫做所谓的"火箭模型"。在火箭中稳定的燃料喷出会使火箭加速。在 ICF 过程中传导入烧蚀波前的热使压力增大,从靶丸外部驱动材料的烧蚀。这将导致在反方向燃料的加速。也就是说,向着靶丸的中心,驱动靶的内爆(见图 5.3)。

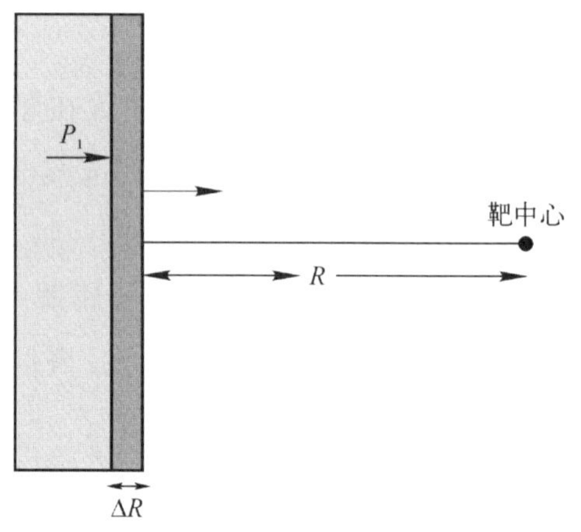

图 5.3　薄片靶的加速

由于薄片受热并膨胀,以速度 v_{exp} 稳定喷出的烧蚀等离子体会导致质量为 m 的靶以速度 v_{a} 加速。采用如图 5.4 所示的靶的烧蚀表面作为参考,在这种情况下,三个守恒定律写作

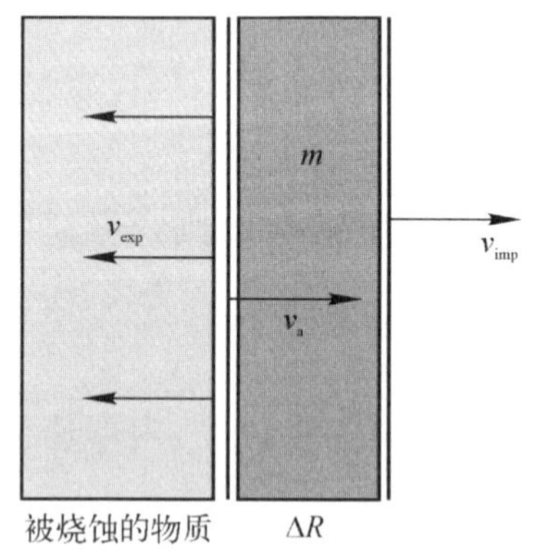

图 5.4　大箭模型中的速率:v_{exp} 是被烧蚀材料的膨胀速率,v_{abl} 为烧蚀传播速率,v_{imp} 是朝着靶中心的内爆速率

$$\frac{\mathrm{d}m}{\mathrm{d}t} = \rho v = \text{const} \tag{5.5}$$

$$P_{\text{a}} = \rho v^2 + P \tag{5.6}$$

$$\left[\left(\frac{\gamma}{\gamma-1}\right)\frac{\mathrm{d}m}{\mathrm{d}t}\left(\frac{P}{\rho}\right)\right] = -\left(\frac{1}{2}\right)\frac{\mathrm{d}m}{\mathrm{d}t}v^2 + q_{\text{in}} \tag{5.7}$$

对单原子气体来说 $\gamma=5/3$,于是,

$\gamma/(\gamma-1)=5/2$。等离子体的膨胀速度 v_{exp} 可以被假设为等于声速 c_s；对于一个恒定的冕区温度来说，其与等温气体的速度相同，即 $v_{exp}=c_s=(P_a/\rho)^{1/2}$ 。从守恒方程组得到

$$P_a = m(t)\frac{dv(t)}{dt} = 2\dot{m}v_{exp} \tag{5.8}$$

如果我们假设等离子体产生率为常数(如，$dm/dt=C$)，质量由下式给出

$$m(t) = m_0 - \int_0^t\left(\frac{dm}{dt}\right) = m_0 - \dot{m}t \tag{5.9}$$

m_0 为初始质量。将方程(5.8)代入方程(5.9)中，我们发现

$$(m_0 - \dot{m}t)\frac{dv}{dt} = 2\dot{m}v_{exp}$$

积分后即为火箭方程

$$v(t) = v_{exp}\ln\left(\frac{m_0}{m}\right) \tag{5.10}$$

这意味着内爆速度为

$$v_{imp} = \frac{P}{\dot{m}}\ln\frac{m_0}{m} \tag{5.11}$$

或者

$$v_{imp} = v_{exp}\ln\frac{m_0}{m} \tag{5.12}$$

现在假设驱动器的能量沉积为固定值，我们能够期望怎样的内爆呢？如我们较早前看到的那样，v_{exp} 与压力和质量烧蚀率直接相关。由烧蚀产生的压力标度为入射通量的乘方：

$$P = P_0 I^{c_1} \tag{5.13}$$

烧蚀率为：

$$\dot{m} = \dot{m}_0 I^{c_2} \tag{5.14}$$

内爆速度表示为

$$v_{imp} = \frac{P}{\dot{m}}I^{c_1-c_2}\ln\frac{m_0}{m} \tag{5.15}$$

该关系对直接和间接驱动都有效。然而对这两种方案，系数 c_1 和 c_2 不同。对间接驱动，单位时间内被烧蚀的材料近似为

$$\dot{m}(g/cm^{-2}s^{-1}) \cong 3\times10^5 T^3 = 10^7 I_{15}^{3/4}$$

压力为：

$$P(\mathrm{Mbar}) \cong 3T^{3.5} = 170 I_{15}^{7/8}$$

温度 T 的测量单位为 10^2 eV,密度以 g/cm^3 为单位,I_{15} 以 10^{15} W/cm^2 为单位。

在直接驱动情况,其依赖关系如下:

$$\dot{m}(\mathrm{g/cm^{-2}s^{-1}}) = 2.6 \times 10^5 \left(\frac{I_{15}}{\lambda^4}\right)^{1/3}$$

$$P(\mathrm{Mbar}) \cong 40\left(\frac{I}{\lambda}\right)^{2/3}$$

采用方程(5.11),直接驱动和间接驱动的内爆速度等效于

$$v_{\mathrm{imp}}^{\mathrm{direct}} \cong 1.5 \times 10^8 (I\lambda^2)^{1/3} \ln\left(\frac{m_0}{m}\right) \tag{5.16}$$

$$v_{\mathrm{imp}}^{\mathrm{indirect}} \cong 1.8 \times 10^7 I_{15}^{1/8} \ln\left(\frac{m_0}{m}\right) \tag{5.17}$$

被吸收的激光能量从靶丸外部进入烧蚀材料并朝着中心加速材料。因此,只有应用于内爆的总能量 PdV 的一部分可以被用来压缩燃料。流体力学效率 η_{h} 反映出这个事实,定义为可用的内爆能量 E_{imp} 与进入到烧蚀层的能量 E_{a} 之比

$$\eta_{\mathrm{h}} = \frac{E_{\mathrm{imp}}}{E_{\mathrm{a}}} = \frac{\frac{1}{2} m v_{\mathrm{imp}}^2}{E_{\mathrm{a}}} \tag{5.18}$$

在图 5.4 所示的坐标系统中,根据能量守恒有

$$-\frac{v_{\mathrm{exp}}^2}{2}\frac{\mathrm{d}m}{\mathrm{d}t} = \frac{\mathrm{d}E_{\mathrm{a}}}{\mathrm{d}t}$$

则烧蚀能量为

$$E_{\mathrm{a}} = -\frac{v_{\mathrm{exp}}^2}{2}(m - m_0)$$

将这个表达式带入方程(5.18),则流体力学系数为

$$\eta_{\mathrm{h}} = \frac{\frac{1}{2} m v_{\mathrm{imp}}^2}{\frac{1}{2}(m - m_0) v_{\mathrm{exp}}^2} = \frac{m}{m - m_0}\frac{v_{\mathrm{imp}}^2}{v_{\mathrm{exp}}^2}$$

采用方程(5.12),流体力学系数与速度的关系也可以表示为

$$\eta_{\mathrm{h}} = \left(\frac{v_{\mathrm{imp}}}{v_{\mathrm{exp}}}\right)^2 \frac{1}{\exp(v_{\mathrm{imp}}/v_{\mathrm{exp}} - 1)}$$

或与质量的关系

$$\eta_{\mathrm{h}} = \frac{m}{m - m_0}\ln^2\frac{m}{m_0} \tag{5.19}$$

方程(5.19)通常表示为剩余质量比 $x=m/m_0$ 的函数，约简为：

$$\eta_h = \frac{x\ln^2 x}{1-x} \tag{5.20}$$

图 5.5 中画出了流体力学效率与剩余质量的函数关系。可以看到即使是在理想情况下，对任意给定的 m/m_0，流体力学系数小于 1。对于固定的 $v_{\exp}$，最大可达到的效率约为 70%。然而，在正烧蚀的材料中存在热能，因此，根据 Hatchett and Rosen (1993)，总的效率实际上减小为：

$$\eta_h = \frac{4(\gamma-1)}{5\gamma-3}\frac{T_2}{T_x}\frac{x\ln^2 x}{1-x} \tag{5.21}$$

式中，$x=m/m_0$；T_2 为烧蚀体的温度；T_x 为低密度时的温度，$T_2/T_x \sim 0.5$。因此对于 $\gamma=5/3$ 的单原子气体，总的效率减小了 4 倍。对于 $0.2<x<0.7$，$\eta \sim 15\%$，在实验中，η 通常在 7%～12%之间。

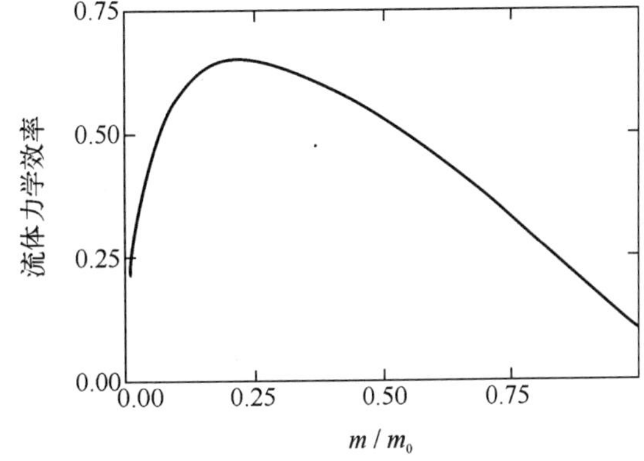

图 5.5　根据方程(5.20)所示的流体力学效率与质量比 m/m_0 的函数关系

下面我们假设在初始靶丸半径 R 一半处有效载荷已经被加速到内爆速度 v_{imp}，对火箭方程采用时间积分

$$\frac{R}{2} = \int_0^{t_1} v\mathrm{d}t$$

或者，代入方程(5.10)

$$\frac{R}{2} = -v_{\exp}\int_0^{t_1} \ln x\mathrm{d}t$$

替换 $\mathrm{d}t=\mathrm{d}m/\dot{m}=\mathrm{d}x/\dot{x}$，等价地 $x_1=m_1/m_0$，将 R 与已烧蚀质量部分相关联，我们得到

$$\frac{R}{2} = -\frac{v_{\exp}}{\dot{x}}\int_0^{x_1}\ln x\mathrm{d}x = -\frac{v_{\exp}}{\dot{x}}[x_1\ln x_1 - x_1 + 1]$$

$$= -\frac{v_{\exp}}{\dot{x}}\left[\frac{m_1}{m_0}\ln\frac{m_1}{m_0} - \frac{m_1}{m_0} + 1\right]$$

式中，$\dot{x}=v_{\text{abl}}/\Delta R$，$m_1/m_0$ 满足

$$\ln\left(\frac{m_1}{m_0}\right)=\ln\left(1-\frac{v_{\rm abl}t_1}{\Delta R}\right)\equiv\frac{v_{\rm imp}}{\sqrt{T}} \tag{5.22}$$

纵横比因此通过下式与内爆速度关联起来

$$\frac{R}{\Delta R}=\frac{2x_{\rm exp}}{v_{\rm abl}}\left[1-\left(1+\frac{v_{\rm imp}}{\sqrt{T}}\right)\exp\left(-\frac{v_{\rm imp}}{\sqrt{T}}\right)\right] \tag{5.23}$$

对直接驱动，内爆速度 $v_{\rm imp}$ 通常比 $v_{\rm exp}$ 小（如 $1<v_{\rm imp}/(T)^{1/2}<4$），在这种情况下，方程(5.23)约简为

$$R/\Delta R\simeq 2v_{\rm exp}v_{\rm abl}\ln(m_1/m_0)=\frac{v_{\rm imp}^2}{v_{\rm abl}x_{\rm exp}}=\frac{\rho v_{\rm imp}^2}{P_{\rm a}} \tag{5.24}$$

意味着内爆速度由下式给出

$$v_{\rm imp}\sim\frac{1}{2}\frac{R}{\Delta R}v_{\rm abl} \tag{5.25}$$

这个方程再次表明薄的壳层靶更好。然而，如前面提到，流体力学不稳定性倾向于使压缩不稳定，意味着存在一个可以选择的纵横比的上限。我们将在第 6 章详细讨论。

对间接驱动，内爆速度可以近似为

$$\frac{v_{\rm imp}({\rm cm\ s^{-1}})}{4\times10^7}\simeq\beta^{3/5}\left(\frac{T({\rm eV})}{300}\right)^{0.9}\quad 当\frac{R}{\Delta R}\sim 30 \tag{5.26}$$

这样就可以将内爆速度与辐射温度联系起来。

靶设计中另外一个重要参数是烧蚀速率 $v_{\rm abl}$。由于压缩的需求接近 Fermi 简并度，我们可以假设 $P=2\beta\rho^{5/3}$，因此

$$v_{\rm abl}=\frac{\rm d}{{\rm d}t}\Delta R=\frac{\dot{m}}{\rho}=0.017\beta^{3/5}T^{0.9} \tag{5.27}$$

式中，β 为常数，描述与理想 Fermi 气体的偏差。

在上面的计算中，我们认为燃料材料与烧蚀材料没有差别，这两种都存在于 ICF 靶中。如果驱动能量连续地被注入，在两种不同的材料之间，瞬时的动量通量守恒为 $mv_{\rm imp}^2=Mv_{\rm exp}^2$；驱动器强度被转换为能流 $mv_{\rm imp}^3/2+Mv_{\rm exp}^3/2$；因此，在两个方向上能流之比为

$$\frac{\frac{1}{2}mv_{\rm imp}^3}{\frac{1}{2}Mv_{\rm exp}^3}=\left(\frac{M}{m}\right)^{1/2}$$

这个方程表明能量更易于进入到较轻的元素中，这就是为什么要在靶的最外

面放置重材料的原因。在火箭模型中，内爆速度是如何取决于靶结构的呢？如果一个飞行中的厚度为 ΔR，密度为 ρ_{shell} 的靶壳被一个烧蚀压 p_a 均匀地以一个加速度 a 从其初始半径 R_0 加速到 $R_0/2$，其速度为

$$v_{sh}^2 = 2aR_0/2 = \frac{p_a}{\rho_{\text{sh}}\Delta R}R_0$$

靶壳于是将燃料压缩到一个最终的压力 p_{f} 近似为 $p_{\text{f}} = \rho_{\text{sh}} v_{\text{sh}}^2$（Kilkenny et al.，1994）

$$p_{\text{f}} \sim \rho v_{\text{sh}}^2 = p_a \frac{R_0}{\Delta R}$$

我们也可以执行类似的计算来获得内爆速度（Rosen and Lindl，1983；Max et al.，1980）。

5.4 压缩波-冲击前沿-冲击波

这里我们想考虑冲击波是怎样发展的以及在何种条件下可以期望其是稳定的。在第 3 章中我们看到密度越高，波传播得越快。这就是说对于包含材料密度波动或者包含不均匀性的材料来说，不同的区域将以不同的速度移动。正如在大部分固体中，声速随着压力的增加而增加，

$$\mathrm{d}c_{\text{s}}/\mathrm{d}p > 0 \tag{5.28}$$

高压扰动赶上低压扰动，于是初始密度分布 $\rho(t=0)$ 和初始压力 $p(t=0)$ 在后来的时间里会变形。这样，一个压缩波变得陡峭而成为一个冲击前沿。

在一个真实的等离子体中，黏性和热传递会阻碍波前变陡。由于声速依赖于密度这些耗散力最终在效应上将超过变陡效应。如果波分布保持不变，一个稳定的冲击波继续前进或多或少不会改变。但在何种条件下一个冲击波是稳定的呢？有两个可能的位置存在扰动：在冲击波之前（冲击波前）或者在冲击波之后（冲击波后）。在第一种情况，冲击波前的扰动必须比冲击波移动得慢，否则扰动自身将生产一个冲击波前；在第二种情况，扰动必须足够快，否则冲击将衰减。因此稳定冲击的条件是

$$c_{\text{s}} + v_{\text{d}} \geqslant v_{\text{s}} > c_{\text{sd}} \tag{5.29}$$

利用方程(5.29)，$c_{\text{ds}}^2 = (\partial p/\partial \rho)_{\text{sd}} = V(\partial p/\partial V)_{\text{sd}}$，以及 $v_{\text{s}}^2 = V_0(p_1 - p_0)/(V_0 - V_1)$，这个条件变为

$$-\left(\frac{\partial p}{\partial V}\right)_{\text{sd}} < \frac{p_1 - p_0}{V_0 - V_1} < \left(\frac{\partial p}{\partial V}\right)_{\text{H}} \tag{5.30}$$

换句话说，$(p_1-p_0)/(V_0-V_1)$必须比初始态的等熵线的斜度要陡，但是又不比最终态的 Hugoniot 线陡。

5.5 压缩阶段

为了对压缩阶段建模，我们可以从方程(4.4)的等价方程开始。在球形几何中，Yabe(1993)给出

$$\frac{d^2R}{dt^2}=-\frac{4\pi R^2}{M}p_1$$

总的燃料质量为 $M=4\pi\rho_0 R_0^2\Delta R_0$，因此

$$\frac{d^2R}{dt^2}=-\frac{R^2}{\rho_0 R_0^2\Delta R}p_1 \tag{5.31}$$

如果我们假设压缩是一个均匀的等熵压缩，则燃料层厚度 ΔR 和半径 R 以同样的速率减小。根据质量守恒定律，我们由此得到压缩近似为

$$\frac{\rho}{\rho_0}=\left(\frac{R_0}{R}\right)^3 \tag{5.32}$$

$$\frac{p}{p_0}=\left(\frac{R_0}{R}\right)^{3\gamma} \tag{5.33}$$

由于靶壳所受压力和所施加的压力相等，合并方程(5.31)和方程(5.33)，有

$$\frac{d^2R}{dt^2}=\frac{p_0}{\rho_0\Delta R_0}\left(\frac{R_0}{R}\right)^{3\gamma-2}$$

在理想气体情况($\gamma=5/3$)下，这个微分方程的解是

$$R=R_0(1-\chi t)^{1/2}$$

式中，$\chi=\sqrt{4p_0/R_0\Delta R\rho_0}$。利用方程(4.15)，我们有

$$p=p_0\left(\frac{1}{1-\chi t}\right)^{3\gamma/2}$$

这个方程表明压力应该有一个特定的时间依赖关系，该关系由一个调整后的脉冲来提供用来达到所需的压缩。

5.6 球形会聚冲击波

如我们在 3.7 节看到的那样，单个平面冲击波只能以 4 倍的因子压缩等离子体。这意味着在 ICF 靶中要获得所需的高密度的关键是利用多重冲击波并结合球形聚焦几何。

在 1942 年，Guderley 发现了针对球形会聚冲击波 Euler 方程的一个自相似解。他指出，对于球形会聚冲击，一个 33 倍的压缩因子是可能的。他的解表明最初球形冲击会导致密度增加 4 倍，和平面冲击相似。然而，在球对称情况，所服从的等熵压缩会导致一个 15 倍的压缩因子。之后冲击波在中心的反射两倍于总的压缩导致一个 33 倍的总的密度的增加。为均匀地沉积能量到靶上以便产生一个球形会聚冲击波，需要如下的驱动器能量(Brueckner and Jorna，1974)

$$E_{\text{driver}} = 1.6\,\frac{M_{\text{g}}^{3}}{\epsilon_{\text{D}}^{4}}\eta^{2} \qquad (\text{MJ}) \tag{5.34}$$

式中，M_{g}是聚变增益；ϵ_{D}是驱动器耦合效率；η 是想要得到的压缩。更详细的研究表明，利用单个冲击波来压缩靶丸以满足得失等当条件，所需要的驱动器能量将会是 500 MJ。这远比如今任何驱动器提供的能量都要高很多。

如刚才提到，通过一个连续多重的冲击波执行等熵压缩，所需的能量较小，我们将仔细研究这个过程。

5.7 等熵压缩

如果 DT 燃料在压缩过程中接近 Fermi 简并态，对同样数量的燃料来说，压缩所需的能量要比点火所需的能量要小。每个 Fermi 粒子占有 h^3体积的相位空间，于是在一个体积 V 中，N 个粒子填满一个相位空间

$$Nh^{3} = \sum_{s}\int_{V}\int_{p\text{f}} \mathrm{d}^{3}x\,\mathrm{d}^{3}p$$

粒子的自旋 $s=1/2$，因此所有自旋态的和为 2。如果 p_{fermi}为最高能粒子的动量，则有

$$Nh^{3} = (2s+1)V\,\frac{4\pi}{3}p_{\text{fermi}}$$

采用费密能 $\epsilon_{\text{f}}=p_{\text{f}}^{2}/2m$ 来表示，上式变为

$$\epsilon_{f} = \frac{\hbar^{2}}{2m_{e}}\left(\frac{6\pi^{2}}{2s+1}\,\frac{N}{V}\right)^{2/3} \tag{5.35}$$

这意味着 $\epsilon_{\text{f}}(\text{eV})=14\rho^{2/3}(\text{g/cm}^{3})$。由于每个粒子的平均能量为 $0.6\epsilon_{\text{f}}$，以 J/g 为单位的 DT 的比能 ϵ_{DT}与密度以下述方式相关

$$\epsilon_{\text{DT}}(\text{J/g}) = 3\times 10^{5}\rho^{2/3}(\text{g/cm}^{3}) \tag{5.36}$$

在这个计算中假设我们处理的是一种理想的 Fermi 气体。实际上，气体只是部分简并，因此温度效应起主要作用。如果考虑到这点，则有

$$\epsilon_{DT}(\mathrm{J/g}) = 3\times10^5\rho^{2/3}(\mathrm{g/cm^3})\left(1+\frac{0.02T_e^2(\mathrm{eV})}{\rho^{4/3}}\right) \tag{5.37}$$

这个方程表明，只要 $0.02T^{2e}(\mathrm{eV})\ll\rho^{4/3}$ 温度效应可以忽略。对于 $1\mathrm{g/cm^3}$ 的 DT，只要温度低于几个 eV，温度效应就不起作用，但是在较高温度情况下必须考虑这些影响。在 ICF 中，离子分布与分子的影响同样起作用，在这里并没有包含进去。

5.8 多重冲击

有必要生成一系列尽可能符合燃料的绝热压缩曲线的冲击波来进行有效的压缩。通过激光脉冲整形使得靶表面的压力逐渐增加，每次产生的冲击强度就会增加，从而达到有效压缩的目的。

当冲击波到达靶丸中心时，他们的动能转换成热能，燃料温度升高，冲击波被反射并向外传播。然而，这将会对成功压缩造成额外的需求，必须以这样的方式对这些冲击定时，即他们不能相互赶上，但是所有冲击都同时到达靶丸的中心。很显然在中心最后的温度是由组合的冲击强度决定的，因此必须避免预热。

可以利用沿着绝热线的一个简单完美的等熵压缩模型来估计这个过程所需的能量。在一个简单的活塞中压缩前后两个状态之间所完成的功，分别由下标 0 和 1 表示，由下式给出

$$W_{0\to1} = \int_0^1 p\mathrm{d}V = (\text{常数})$$

假设状态方程有这样的形式 $pV^\gamma=$(常数)，完成的功为

$$W_{0\to1} = C\int_0^1 V^{-\gamma}\mathrm{d}V \tag{5.38}$$

式中，C 为常数。压缩前后的状态通过下式关联

$$p_0V_0^\gamma = p_1V_1^\gamma$$

$$\frac{p_0}{p_1} = \frac{V_1^\gamma}{V_0} = \frac{T_0{}^{\gamma/(\gamma-1)}}{T_1}$$

由此得出

$$W_{0\to1} = \frac{p_1V_1 - p_0V_0}{1-\gamma} = \frac{nk}{1-\gamma}T_0\left[\left(\frac{V_0{}^{\gamma-1}}{V_1}\right)-1\right] \tag{5.39}$$

方程(5.39)表明只占所需的驱动器能量的一小部分能量真正进入到压缩燃料中。大部分能量被用来产生压力以驱动压缩。比如，将初始温度为 1eV 的 1mgDT 燃料压缩到其液态密度的 1 000 倍只需要 6 kJ 量级的能量，远低于所需的

驱动器能量。

在 5.2 节中我们看到，使用包含 DT 燃料的一个壳层靶而不是固体靶，压缩所需能量大大减小。对这样的壳层靶 Kidder (1976a, b)发展了一套基于自相似解的理论。他得到的压力分布取决于靶丸半径 R_0 与壳层厚度 ΔR_0 的相对尺寸，有下列形式

$$\frac{p(t)}{p_0} = P_{\text{profile}}\left[1+\left(\frac{t}{t_c}\right)^2\right]^{-5/2} \tag{5.40}$$

$t_c=(R_0^2-\Delta R_0^2)/3c_s^2$。这意味着这样一种压缩会得到任意大的密度。实际上并不是这样，原因在于，在点火之前必须同时达到所需的压缩和聚变温度。这说明在点火之前的最后阶段压力分布必须与等熵压缩所获得的压力分布有偏差。在这个最后阶段 Kidder 的计算表明压力分布的形式为

$$P_{\text{end-phase}} = P_{\text{profile}}\exp\left(5t_a\,\frac{t-t_a}{t_c^2-t^2}\right) \tag{5.41}$$

t_a 通常为 $0.9t_c$。粗略估计，这将意味着靶丸原始质量的 1/6 将被压缩 10 000 倍。在下一节，我们将说明如果压缩是成功的，点火条件也满足以及点火实际上开始了以后将会发生什么。

5.9 燃烧

ICF 聚变中的能量增益很明显取决于在这个过程中燃烧掉的燃料的量。然而，不论选择哪种靶，都不可能使整个燃料完全燃烧。燃烧的部分 f_b 可以从核反应率得到(Meyer-ter-Vehn, 1982)

$$\frac{\mathrm{d}n}{\mathrm{d}t} = -n_D n_T\langle\sigma v\rangle \tag{5.42}$$

式中，n 是单位时间内热核反应的量；n_D 和 n_T 为 D 和 T 的离子数密度；$\langle\sigma v\rangle$ 为 Maxwellian 速率分布粒子的平均反应横截面。如果 D 和 T 的离子数密度相同，我们有

$$n_D = n_T = \frac{n_0}{2} - n$$

式中，n_0 是开始时总的数密度。引入燃烧部分如反应的数密度与初始的 D 或 T 的数密度的比，$f_b = n/n_{DT} = n/(n_0/2)$，数密度 n 可以表示为 $n = n_0 f_b/2$。重写方程(5.42)，

$$\frac{n_0}{2}\frac{\mathrm{d}f_\mathrm{b}}{\mathrm{d}t}=\left(\frac{n_0}{2}-\frac{n_0 f_\mathrm{b}}{2}\right)^2$$

或者

$$\frac{\mathrm{d}f_\mathrm{b}}{\mathrm{d}t}=\frac{n_0}{2}(1-f_\mathrm{b})\langle\sigma v\rangle \tag{5.43}$$

假定$\langle\sigma v\rangle$在燃烧时间 τ_b内为常数,则有

$$\frac{f_\mathrm{b}}{1-f_\mathrm{b}}=\frac{n_0\tau_\mathrm{b}}{2}\langle\sigma v\rangle$$

上式也可以重写为

$$f_\mathrm{b}=\frac{n_0\tau_\mathrm{b}\langle\sigma v\rangle/2}{1+(n_0\tau_\mathrm{b}\langle\sigma v\rangle/2)} \tag{5.44}$$

燃烧时间和声速的关系近似为 $\tau_\mathrm{B}=r/3c_\mathrm{s}$,因此方程(5.44)变为

$$f_\mathrm{b}=\frac{n_0 r\langle\sigma v\rangle/(6c_\mathrm{s})}{1+(n_0 r\langle\sigma v\rangle/(6c_\mathrm{s}))}$$

采用质量密度代替离子密度,我们最后有

$$f_\mathrm{b}=\frac{\rho R}{\rho R+\psi(T_i)} \tag{5.45}$$

这里 $\psi(T_i)\sim C_s/\langle\sigma v\rangle$。反应率$\langle\sigma v\rangle$强烈依赖于温度。Hiverly (1977)用下述公式近似得到的反应率为

$$\langle\sigma v\rangle=\exp(a_1/T_i^\gamma+a_2+a_3T_i+a_4T_i^2+a_5T_i^3+a_6T_i^4) \tag{5.46}$$

$$a_1=-21.377\,692$$

$$a_2=-25.204\,054$$

$$a_3=-7.101\,342\,7\times10^{-2}$$

$$a_4=1.937\,545\,1\times10^{-4}$$

$$a_5=4.924\,659\,2\times10^{-6}$$

$$a_6=-3.983\,657\,2\times10^{-8}$$

式中,$r=0.293\,5$,温度以 keV 的形式给出。如温度为 10 keV,ψ 约为 19 g/cm^3,温度为 20 keV,则反应率约为 6.8 g/cm^3。

一个经常使用的、公式(5.45)的近似表达式为

$$f_\mathrm{b}=\frac{\rho R}{\rho R+6(\mathrm{g/cm^2})} \tag{5.47}$$

方程(5.47)对在 20 eV 和 40 eV 之间的 DT 有效。这个简单的公式与大部分 ICF 靶燃烧过程详细的数值计算符合得很好(见图 5.6)。比如,计算表明燃烧 33%的

燃料需要 $\rho r=3\ \mathrm{g/cm^2}$。

惯性聚变的目标是在一个给定的驱动器能量输入下使聚变能量输出最大化见图 5.7,因此燃烧阶段有效进行也很重要。这里,我们需要的是在热斑区域有适当的燃料密度以便聚变产物如中子和 α 粒子在这个区域制动并沉积他们的能量。这样,通过自我加热,温度增加就能够发生更多的聚变反应。

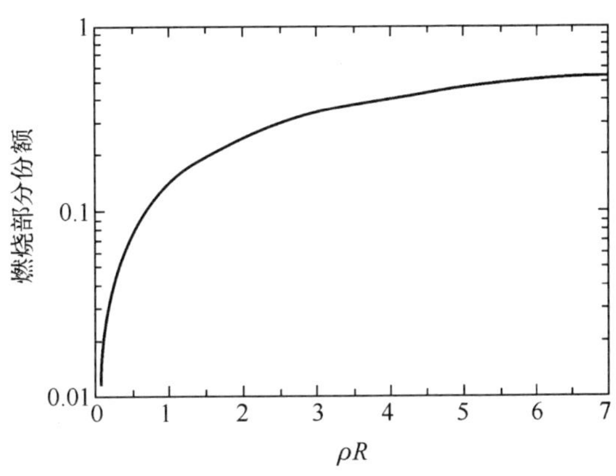

图 5.6　由方程(5.47)给出的燃烧部分与 ρR 的函数关系

在最初的近似中,当考虑热斑区域的自我加热时,通过中子的加热可以忽略,因为他们在 10 keV 等离子体中的射程约 20 倍于 α 粒子,因而他们的能量主要沉积在热斑外的区域。对有效的自我加热,要求 α 粒子在小部分的热斑区域内制动,因此 ρR 必须满足下述条件即

$$\rho R \gg \rho\lambda_{\alpha} \tag{5.48}$$

式中,λ_α是 α 粒子的平均自由程。一旦燃烧过程开始,α 粒子的能量沉积将很快使中心温度加热至 20～80 keV(Henderson, 1974; Beynon and Constantine, 1977; Mason and Morse, 1975)。

式中,α 粒子在热斑区域沉积的能量可以通过 Bethe 制动公式来描述

$$\left(\frac{\mathrm{d}E}{\mathrm{d}x}\right)_{\mathrm{Bethe}}=\frac{4\pi N_0 Z_{\mathrm{eff}}^2\rho_0^{\mathrm{stop}}e^4 Z_{\mathrm{stop}}}{m_{\mathrm{e}}c^2\beta^2 A_{\mathrm{stop}}}\left[\ln\frac{2m_e c^2\beta^2\gamma^2}{I_{\mathrm{av}}}-\beta^2\sum_i\frac{c_i}{Z_{\mathrm{stop}}}-\frac{\delta}{2}\right]$$

下标 stop 代表的是即将制动的粒子类型,I_{av}为平均电离势。

对于在等离子体中制动的 α 粒子,Fraley 等(1974)发现

$$\left(\frac{\mathrm{d}E_\alpha}{\mathrm{d}x}\right)=-26.9\left(\frac{\rho}{\rho_0}\right)\frac{E_\alpha^{1/2}}{T_e^{1/2}}\left(1+0.168\ln\left[T_e\left(\frac{\rho}{\rho_0}\right)^{1/2}\right]\right)$$
$$-0.05\left(\frac{\rho}{\rho_0}\right)\frac{1}{E_\alpha}\left(1+0.075\ln\left[T_e^{1/2}\left(\frac{\rho}{\rho_0}\right)^{1/2}E_\alpha^{1/2}\right]\right)$$

式中,E_α以 3.5 MeV 为单位;ρ_0以 DT 固体密度($0.25\ \mathrm{g/cm^2}$)为单位。能量损耗的第一项是由于与电子的相互作用,第二项是由于与离子的相互作用。对于聚变过程,被转移到离子的能量是一个与损耗相关的量。沉积在离子中而不是电子中的能量 f_{ion}由下式给出

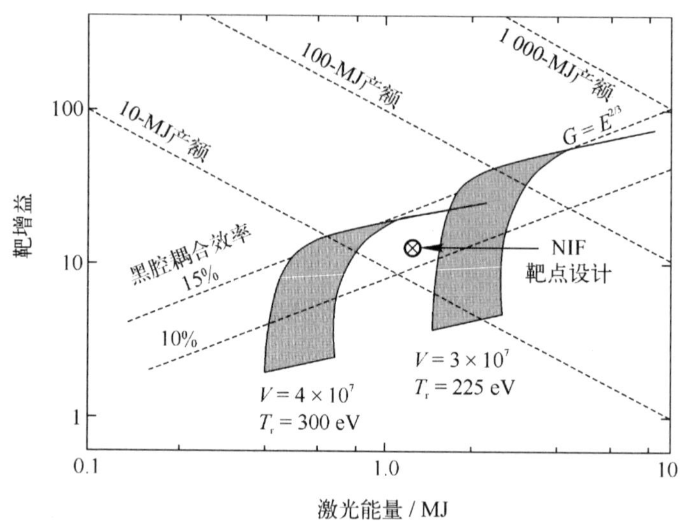

图 5.7　间接驱动靶靶增益与激光能量间函数关系，
假设黑腔耦合效率分别为 10%和 15%。对于给定的内爆速度
($v=4\times10^7$ cm/s，以及 $v=3\times10^7$ cm/s)，
悲观和乐观假设所期望的增益区域如图所示(lindl，1995)

$$f_{\text{ion}} = \left(1+\frac{32}{T_e}\right)^{-1}$$

图 5.8 所示为在不同密度 ρ 时 α 粒子将能量沉积到离子的部分 f_{ion} 与温度的函数关系。在低温情况下，大多数沉积的能量进入到电子中。在固体密度，低温意味着约 32 keV 以下，$T_e=10$ keV，只有约 25%的 α 粒子的能量将沉积到离子中，因此被用于加热中心核心区域。在固态 DT 中的 α 粒子射程可以近似为(Frayley 等，1974)

$$\rho\lambda_\alpha(\text{g/cm}^2) = \frac{1.5\times10^{-2}\,T_e^{5/4}}{1+8.2\times10^{-3}\,T_e^{5/4}} \tag{5.49}$$

电子温度 T_e 的单位为 keV。图 5.9 所示为 α 粒子射程与温度的函数关系。热斑区域的密度位于 10～100 g/cm^3 范围，温度约为 10 keV。α 粒子射程与压缩燃料区域的半径 R 的比值可以近似为(Frayley 等，1974)

$$\frac{\lambda_\alpha}{R} \sim \frac{1.9}{1+122/T_e^{5/4}}\,\frac{1}{\rho R} \tag{5.50}$$

对这些参数 α 粒子射程在 0.3 g/cm^2 量级。这就是为什么要这样设计 ICF 靶

丸，即在热斑区域 $\rho R>0.3\ \mathrm{g/cm^2}$。当燃烧阶段开始时，不只是 α 粒子，$PdV$ 功也加热中心区域。这意味着当中心火花燃烧时，通过外流的反应产物，邻近的较冷的燃料材料也能够被加热到点火温度。这样，一个球形燃烧波向外传播并点燃周围的等离子体。

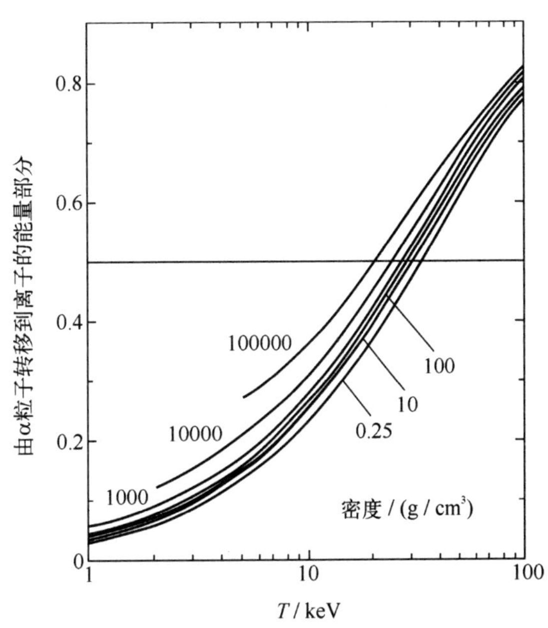

图 5.8　在不同温度下，α 粒子的能量转换为离子能量的关系图

基本上，将能量从中心点火区域向外转移有三种工作机制：

（1）从热燃料区域到冷燃料区域的电子热传导；

（2）中心区域外反应产物的能量沉积；

（3）流体力学能量转移。

在这三类能量转移机制中，流体力学能量转移是最不重要的，因为燃烧波前通常以超声速传播。Bruechner 和 Jorna（1974）的简单模型给出了这个能量传播的一个估计值。下面我们采用 Duderstadt 和 Moses(1982)的描述。

在中心区域的能量产额率可以近似为

$$\frac{\mathrm{d}E_{\text{fusion}}}{\mathrm{d}t}=\frac{4\pi r^3}{3}\langle v\sigma\rangle\frac{n_0^2}{4}W_\alpha$$

这里我们假定有均匀的密度 n_0，W_α 为 α 粒子能量沉积，并忽略中子能量产额。当燃烧区域扩大时，这与在扩展区域里内部能量的变化率一致

$$\frac{\mathrm{d}E_{\text{int}}}{\mathrm{d}t}=\frac{\mathrm{d}}{\mathrm{d}t}(4/3r^3n_0k_BT_0)=4/3r^3n_0k_B\frac{\mathrm{d}T_0}{\mathrm{d}t}+4n_0k_BT_0r^2\frac{\mathrm{d}r}{\mathrm{d}t}$$

这里，T_0 是燃烧区域的温度。合并这两个方程，并使用 $\mathrm{d}E_{\text{fusion}}/\mathrm{d}t=\mathrm{d}E_{\text{int}}/\mathrm{d}t$，我们得到燃烧区域半径的变化

$$\frac{\mathrm{d}r}{\mathrm{d}t}=\frac{n_0\langle v\sigma\rangle W_\alpha r}{12k_BT_0}-\frac{r}{3T_0}\frac{\mathrm{d}T_0}{\mathrm{d}t}\tag{5.51}$$

在燃烧区域的温度 T_0 将会增加直到 α 粒子能够逃逸到周围较冷的燃料区域，之后在燃烧区内的温度将自我调整，$r\sim\lambda_\alpha$，因此对于 $T_0>40$ keV

由此得到

$$r \sim \lambda_\alpha = \lambda_0 \frac{T^{3/2}}{n_0}$$

$$\frac{1}{T_0}\frac{\mathrm{d}T_0}{\mathrm{d}t} \sim \frac{2}{3R}\frac{\mathrm{d}r}{\mathrm{d}t}$$

现在燃烧波前的速度为 $v_{\mathrm{burn}} = \mathrm{d}r/\mathrm{d}t$。和声速 $c_s = v_0 T^{1/2}$ 相比，我们得到

$$\frac{v_{\mathrm{burn}}}{c_{\mathrm{s}}} \sim 3\langle v\sigma\rangle W_\alpha \frac{\lambda_0}{44 v_0}$$

由此得出结论，在冷燃料材料围绕的热斑区域，如果 $kT_0 > 15$ keV，由于 $v_{\mathrm{burn}}/c_{\mathrm{s}} > 2$，则燃烧波前的传播是超声速的。

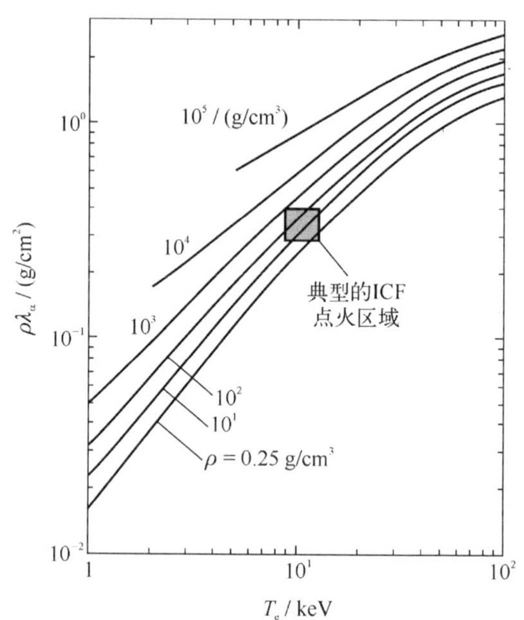

图 5.9　α 粒子射程 $\rho\lambda_a$ 与电子温度 T_e 的函数关系(Lindl，1995)

很显然上述描述的简单模型并没有把燃烧阶段进行的所有过程考虑进去。为得到合适的研究结果需要更多、更详细的流体力学过程的模拟。此外，我们需要考虑在原子尺度的过程。另外一点需要考虑的就是：当 D 和 T 离子通过燃料移动时，他们被减速。这个过程主要是二元电子碰撞(Cable，1995)。因此，减速在很大程度上取决于电子温度。由于离子更容易传递动量给较慢的电子，减速将随着温度的降低而加快。由于不是所有反应的 D 和 T 将仍然具有他们初始的能量，T 的减速影响二次中子的能谱。此外，还有一些过程如电子传导给围绕等离子体的较冷的区域以及辐射过程会阻碍热斑区域的加热。

除增加燃烧的效率之外，自我加热有额外的正效应，因为该效应帮助压制源于压缩阶段的流体力学不稳定性。如前面提到的以及在第 6 章中将要详细讨论的，将等离子体压缩到所需密度的主要问题是在压缩中会发生由不均匀性导致的不稳定性。Takabe 和 Ishii(1993)完成了在有和无 α-加热效应时(见图 5.10)高增益内爆的二维流体力学计算。如图 5.10a 中靠近中心的区域的尖钉结构即为非均匀性。Takabe 和 Ishii(1993)发现在发生点火和自加热之后，在火花附近以及主燃料界面等离子体中由不稳定性引入的压缩不均匀性被 α 粒子的效应所平滑(见图 5.10b)。

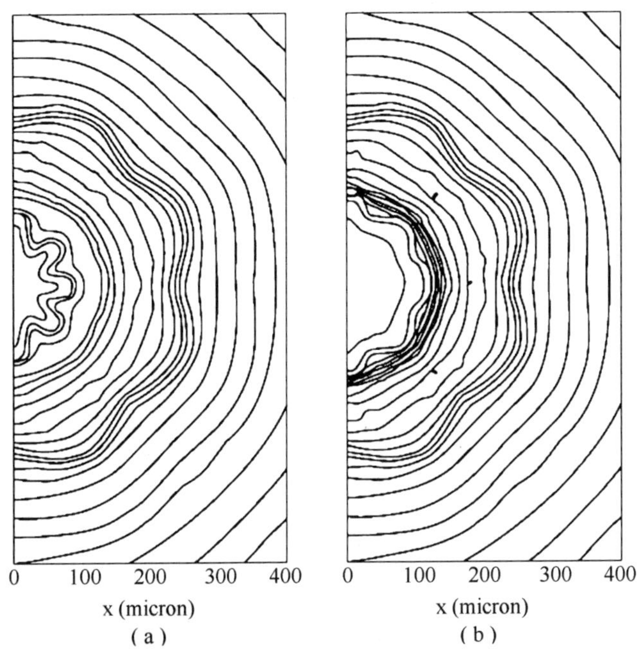

图 5.10　在高增益内爆最大压缩时密度轮廓间的对比

(a)不包括 (b)包括 α-加热效应(Takabe and Ishii,1993)

第 6 章

Rayleigh-Taylor 不稳定性

在前面的章节我们强调达到聚变的一个关键是一个均匀的压缩，即目标是一个完美的球形内爆。实际中如果无法达到均匀压缩将有下述后果：

(1) 如果从内爆动能到燃料内能的转化不完美将会降低最大的压缩；

(2) 对球形对称内爆严重的扰动能够导致小规模的紊乱甚至会打碎燃料壳层；

(3) 由于结构不均匀，热斑区域增加或者具有较大的表面会降低能够达到的温度并能够造成生成的 α 粒子较早就逃离热斑区域，降低自加热(见图 6.1)。

图 6.1 减少的、从热斑区域过早逃逸的α-粒子的自加热示意图

最终压缩半径 R_f 最大可接受的缺陷 ΔR_f 约为 33%(Lindl, 1995; Andre et al., 2003)(如，$\Delta R_f/R_f<1/3$)；如果这个值较高，则聚变过程是不成功的。收缩比 $C=R_i/R_f$ 描述靶丸初始半径与最终压缩半径之比，其典型值为 $C=30$，鉴于 $\Delta R_f/R_f = C\Delta v/v < 1/3$，由此推断成功的惯性约束聚变内爆需要一个好于 1%的内爆速率均匀性。

一个球形对称压缩的主要障碍是不稳定性，在 ICF 中，这些不稳定性中的 RT

不稳定性占主导地位(Taylor,1950),在这章中我们主要阐述该不稳定性。除了RT不稳定性外,也能够发生Richtmeyer-Meshkov(RM)不稳定性(Richtmyer,1960)以及Kelvin-Helmholtz(KH)(Kelvin,1910)不稳定性,但是在ICF中他们并不重要,我们将只是在6.6节简单讨论。

等离子体扰动要么能够衰减最终消失回到一个稳定的平衡态;要么他们开始生长,放大任何与球形对称的偏差。很显然,如果后一种情况发生,要成功地完成压缩阶段会有风险。RT不稳定性的破坏性效应是由于最初RT不稳定性按指数生长,因此即便很小,看起来没有意义的扰动在后来也能够达到威胁整个压缩尺寸的程度(见图6.2)。因此第一位的目标就是要使这些不对称性最小化。

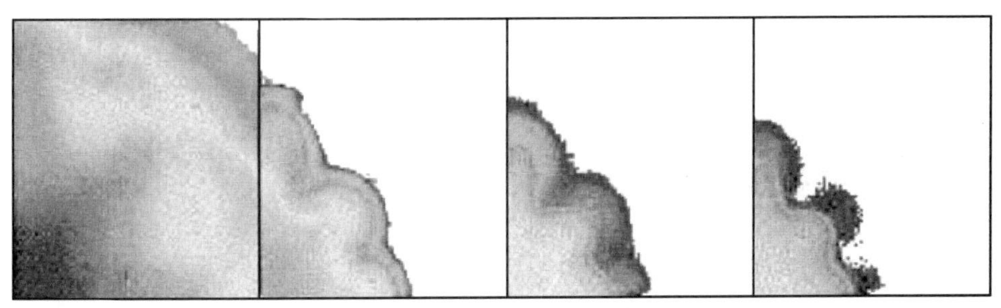

图6.2 在内爆中RT不稳定性的生长(©ENEA,Italy)

有以下主要导致不稳定性的扰动:非均匀辐照以及所加工的靶的品质。

非均匀辐照有几个来源,将引起微观以及宏观尺度上的扰动。在直接驱动方案中,一个很明显的宏观扰动是由有限的光束数量引起的几何效应。在微观尺度上,单个光束内自身的不均匀性也是不稳定性的来源。另一个不稳定性的来源是束的定时。如果束的定时不完美或者脉冲整形并不恰好同步,这也可以引起扰动。另一个例子就是在聚焦激光光斑内的干涉图样,干涉图样会在一个光滑的表面上留下扰动的烙印。

RT不稳定性对直接驱动靶和间接驱动靶具有不同程度的影响。这是因为直接驱动靶由有限的激光束照射,而在间接驱动靶中X射线照射将导致一个更加均匀的辐射场。然而,即便是在间接驱动方案中,避免源于辐照不均匀性的扰动仍是至关重要的。

也许认为间接驱动靶不易受不稳定性影响还为时过早。间接驱动靶也具有一系列不同的问题。典型地在间接驱动黑腔靶中的等离子体电子密度n_e只占临界密度n_c的少数比例，这样看来，受激拉曼散射和受激布里渊散射就是问题了(见第4章)。由于这些几乎均匀的等离子体具有的长尺度，受激拉曼散射和受激布里渊散射具有非常大的线性生长率。然而，正如较早前提到的，目前对非线性饱和机制的理解仍然相对不足。

回到RT不稳定性的问题上，靶自身可以引起不稳定性，简单原因就是在加工过程中靶容易受到加工技术本身不足的影响。表面修饰的质量至关重要，因为即使是来自于生产过程或者材料晶状结构的、小的机械加工痕迹也能够引发扰动。不同靶层厚度的微小变化也能够导致在等离子体中的不均匀性。在第8章中，我们将详细讨论靶加工的质量要求。

总之，我们可以说在内爆中所有这些造成扰动的因素必须减小到最少以尽可能避免RT不稳定性，否则对压缩来讲这些因素可能导致灾难性的后果。为理解为什么会这样，我们现在从基本原理出发来弄清RT不稳定性的物理内涵。

6.1 基本概念

在其最初的形式中，RT不稳定性描述的是发生在两种不可压缩流体系统中的一种效应。如果两层之间的界面被扰动，一种位于较轻流体上部的重流体(比如，油上的水)将变得不稳定。

在ICF中，存在单一流体而不是两种流体：然而，物理效应是非常相似的。不是两种流体而是我们有一种低密度(热等离子体)流体位于高密度(冷等离子体)流体之上，烧蚀压充当传输力而不是重力(重力在这种情况下可以忽略)。有趣的是，在超新星爆炸中也有同样的现象(Kane et al.，2000)。

为理解RT不稳定性的特点，让我们从非常简单的情形开始。在前面的章节，我们注意到由于不同的原因内爆将总会展现出某种不均匀性。对于一个为常数的加速度a，初始半径为R_0的靶其内爆时间可以从以下关系估计

$$R_0 = \frac{1}{2}at^2 \tag{6.1}$$

在加速度差Δa内由于非均匀性的存在，不同等离子体的部分将以不同速度移动，最后导致界面的扰动

$$R_0 + R_{\text{per}} = \frac{1}{2}(a + \Delta a)t^2$$

消去t得到

$$R_0 + R_{per} = (a + \Delta a)\frac{R_0}{a}$$

简化为

$$\frac{R_{per}}{R_0} = \frac{\Delta a}{a}$$

因此在这个模型中,等离子体扰动线性地取决于加速度差 Δa。那对压缩来讲意味着什么呢? 我们知道体积压缩 C 取决于靶的初始半径和最终压缩半径 R_f 的比值,$C=(R_0/R_f)^3$。由于扰动 R_{per} 不可能比靶最终的半径大,否则靶将正好飞散—因此最大压缩由下式给出

$$C_{max} = \left(\frac{R_0}{R_{per}}\right)^3 = \left(\frac{a}{\Delta a}\right)^3 \tag{6.2}$$

这表明可以达到的压缩很大程度上取决于扰动的尺寸——非均匀性越小,可能的压缩越大。上述景象当然过度简化了:即使在相互作用阶段非均匀性很小,在爆炸过程中仍然能够被放大,因此需要更加细致的对待该效应。

我们从方程组(3.8)～方程组(3.10)给出的单一流体模型开始,在这里重写方程组:

$$\frac{\partial \rho}{\partial t} + v_x\frac{\partial \rho}{\partial x} + v_y\frac{\partial \rho}{\partial y} = 0$$

$$\rho\left(\frac{\partial v_x}{\partial t} + x_x\frac{\partial v_x}{\partial x}\right) = -\frac{\partial P}{\partial x} - \rho a$$

$$\rho\left(\frac{\partial v_y}{\partial t} + v_y\frac{\partial v_y}{\partial y}\right) = -\frac{\partial P}{\partial y}$$

$$\frac{\partial P}{\partial t} + v_x\frac{\partial P}{\partial x} + v_y\frac{\partial P}{\partial y} = 0$$

合并第一个和第三个方程,由此得到一个不可压缩流体方程 $\nabla v=0$。想象如图6.3所示的情形,一特定波长为 λ 的波以如下方式扰动系统

$$f = f_0(x) + f_1(x)\exp(iky + \gamma t) \tag{6.3}$$

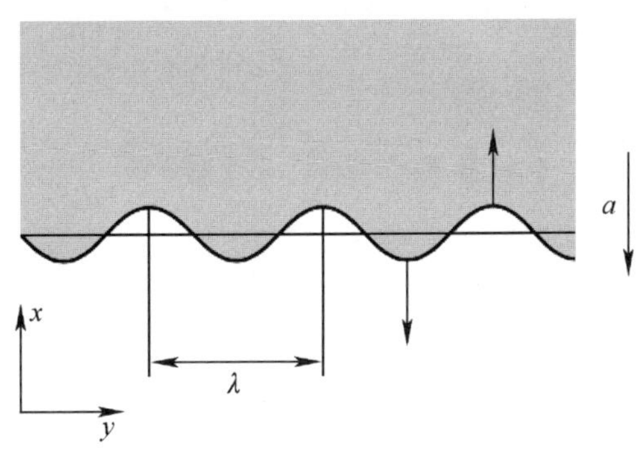

图 6.3 RT 不稳定性示意图

式中,f_0 为平衡解;f_1 为扰动;$k(2\pi/\lambda)$ 为不稳定性波数。由此得到平衡态方程(由下标 0 表示)

$$\frac{\partial P_0}{\partial x} = -\rho_0 a$$

式中，$v_0=0$，$v_1=(v_x, v_y)$，由于动量守恒，将两个空间分量分别写在分离方程中，我们得到

$$\gamma\rho + v_x \frac{\partial \rho_0}{\partial x} = 0$$

$$\rho_0 \gamma v_x = -\frac{\partial P_1}{\partial x} - \rho_1 a$$

$$\rho_0 \gamma v_y = -ikP_1$$

$$\gamma P_1 + v_x \frac{\partial P_0}{\partial x} = 0$$

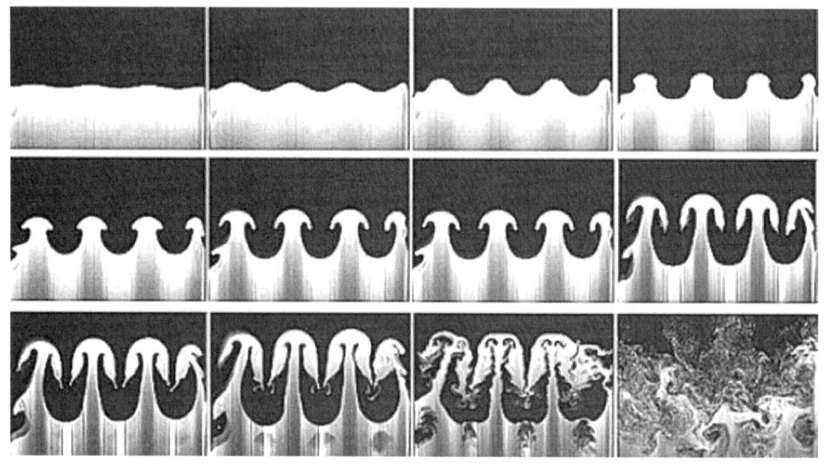

图 6.4　在一种双流体系统中的 RT 不稳定性，该图表示的是以一个大于地球重力加速度的速率向下加速一个包含两种流体的槽的实验结果

（J. T. Waddell，等，2001）

对于不可压缩性条件，我们得到

$$0 = \frac{\partial v_x}{\partial x} + ikv_y$$

$$v_y = \frac{i}{k}\frac{\partial v_x}{\partial x}$$

从动量方程消去 P_1 和 ρ_1，得到

$$\rho_0 \gamma v_x = \frac{1}{\gamma}\frac{\partial}{\partial x}\left(v_x \frac{\partial P_0}{\partial x}\right) + \frac{v_x}{\gamma}\frac{\partial \rho_0}{\partial x} a$$

$$\rho_0 \gamma v_y = \frac{ikv_x}{\gamma}\frac{\partial P_0}{\partial x} = -\frac{ikv_x}{\gamma}\rho_0 a$$

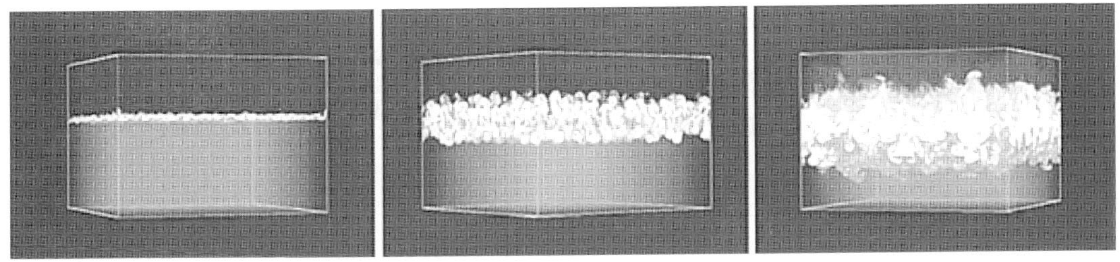

图 6.5　三维 RT 不稳定性(© LLNL)

将 v_y 的方程与不可压缩性条件合并，得到

$$\frac{\partial v_x}{\partial x} = -\frac{k^2}{\gamma^2} a v_x$$

将方程积分，我们得到

$$v_x(x) = w_0 \exp\left(-\frac{k^2}{\gamma^2}ax\right)$$

将动量方程中的 $\partial v_x/\partial x$ 替换，我们最后得到色散关系

$$\gamma^4 = k^2 a^2$$

或者

$$\gamma^2 = \pm ka$$

RT 生长率于是为

$$\gamma = \sqrt{ka} \tag{6.4}$$

表征 RT 不稳定性潜在危害压缩的一个重要参数是 e-folding 数 $n_{\max}$，定义为

$$n_{\max} = \int \gamma_{\max} \mathrm{d}t \tag{6.5}$$

假设加速度为常数，方程(6.4)和方程(6.1)合并得到

$$n_{\max} = \frac{1}{2}\sqrt{\frac{R}{\Delta R}} \tag{6.6}$$

该方程式直接将 RT 不稳定性和靶的纵横比连接起来。这就是为什么 RT 不稳定性直接影响靶设计的原因。在第 5 章中我们看到，一个大的内爆速度需要一个大的 $R/\Delta R$，而方程(6.6)表明 RT 不稳定性对纵横比设置了上限。目前的靶设计 $R/\Delta R \approx 30$，对应 e-foldings 数为 3，或者一个放大因子 5。

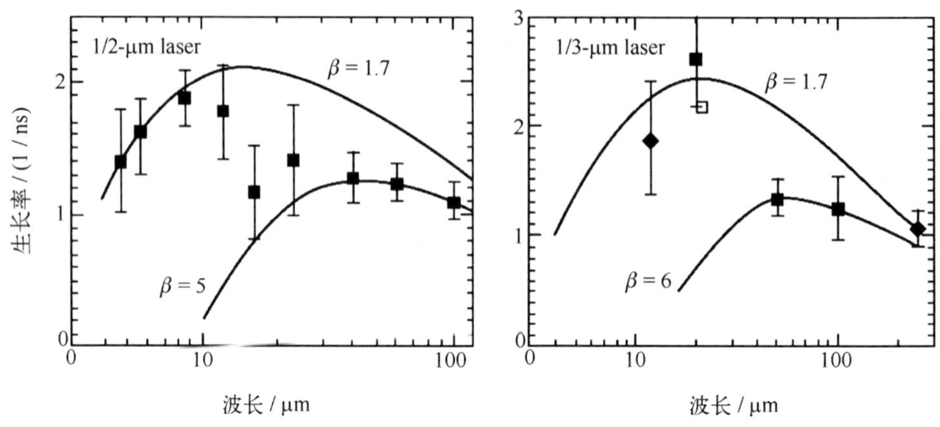

图 6.6　RT 不稳定性的实验和理论生长率(Azechi, et al. ,2003)

在 ICF 压缩中,两种"流体"之间的界面将不再如上面所假设的具有锐利的不连续性,但是具有连续的密度梯度(见图 6.4)。这个梯度在某些地方可以很陡,但是通常在与扰动长度可比的一个距离 K 上是连续变化的。通过执行与密度剖面形式相类似的计算

$$\rho_0(z) = \rho_0 + \frac{1}{2}\Delta\rho\exp[+Kz], \text{for } z < 0$$

$$= \rho_1 - \frac{1}{2}\Delta\rho\exp[-Kz], \text{for } z < 0$$

$\Delta\rho = \rho_1 - \rho_0$,Lelevier 等(1955)发现增长率被修正为

$$\gamma_{RT} = \sqrt{\frac{ka}{1+kL}} \tag{6.7}$$

式中,L 为密度梯度长度,定义为 $L=1/K$。一个连续的密度梯度替代不连续性的效果将使生长率降低。对陡的梯度 $L\to1$ 或者扰动长度远大于 L,我们重新得到 $\gamma=(ka)^{1/2}$。在相反情况如较浅的梯度限制条件下,如 $kL\gg1$,生长率不依赖波长,$\gamma\to a/L)^{1/2}$。

实际上在 ICF 过程中,有两个阶段 RT 不稳定性起作用:a)初始压缩阶段,烧蚀过程迫使燃料往中心移动;b)减速阶段,燃料达到最终的压缩。图 6.6 给出了 RT 不稳定性的实验和理论生产率。

6.2　烧蚀阶段的 RT

在烧蚀阶段,能量沉积在等离子体中一个较窄的低密度区域,在此直接生成

高压，向内加速邻近的高密度层。这与 6.1 节中讨论的情况类似，区别只在于横跨烧蚀表面从高密度到低密度等离子体区域有额外的材料流动。

较早前(Nuckolls,1972)对 RT 不稳定性增长率 γ 的估计包括烧蚀效应，有以下形式

$$\gamma^2 = ka - k^2 \frac{P_a}{\rho} = ka[1 - k\Delta R]$$

但很快就证明这种考虑高估了稳定效应，导致一个错误的结论，即使用最小的驱动能量 1 kJ 就足以达到聚变。然而，一个类似的方法，假设其中一个流体开始以一个有限速度移动(烧蚀速度 v_{abl}^*)就能够很好地描述在烧蚀阶段的 RT 不稳定性。

在 1974 年 Bodner 采用密度不连续性，针对烧蚀情况勾勒了一个简单的模型。结果表明在经典值$(ka)^{1/2}$以下通过质量烧蚀不稳定的生长率减小到

$$\gamma \sim \sqrt{ka} - kv_a$$

式中，v_{a}为越过烧蚀波前的流速。然而，为使问题闭合他需要引入一个特别的假设。

由于 RT 生长率在决定所需驱动器能量时是如此关键，多少年来人们试图获得其分析解。Gamaly(1993)得到下述表达式

$$\gamma_{\mathrm{RT}} = \sqrt{\frac{ka}{1+kL}} - kv_{\mathrm{abl}}^* \tag{6.8}$$

该表达式在计算中包含了烧蚀速度以及连续的密度梯度。然而，实验(Desselberger and Willi, 1993, Grun et al., 1987)以及数值模拟(Tabak et al., 1990, Gardner et al., 1991)结果表明一些效应能使稳定性更高，比如加速区域的宽度效应，以及在流动中的加热效应和能量交换效应。在包含了后两种效应后，Takabe 得到一个理论公式(Takabe et al., 1985)

$$\gamma = \alpha\sqrt{ka} - bkv_{\mathrm{abl}}^* \tag{6.9}$$

式中，a, b=3～4(拟合数值模拟得到)。Sanz(1994)发现与最近实验(Remington et al., 1993)符合得更好的是 b=2。我们也应该注意到这里的烧蚀速度 v_{abl}^*是烧蚀速度除以烧蚀表面处的密度，而方程(6.8)中的烧蚀速度表示的是最终的速度。

如今最广泛应用的生长率公式是方程(6.8)的修正

$$\gamma_{\mathrm{RT}} = \sqrt{\frac{ka}{1+kL}} - \beta_{\mathrm{RT}}kv_{\mathrm{ablation}} \tag{6.10}$$

该式仍然只是与数值计算的分析拟合结果，这里 β_{RT} 是介于 1 到 3 之间的常数。$\beta_{RT}\sim1$ 对应间接驱动方案而 $\beta_{RT}=3$ 对应直接驱动情况。$-\beta_{RT}Kv_{ablation}$ 项描述烧蚀的稳定效应，但是间接驱动的 β_{RT} 比直接驱动的小，看起来与我们先前所说的间接驱动不易受 RT 不稳定性影响的结论相矛盾。

为什么间接驱动仍对 RT 较不敏感的原因是因为间接驱动中的烧蚀速度远比直接驱动的要高。对于一个典型的激光强度如 $10^{15}\ W/cm^2$，间接驱动内爆的烧蚀速度要比直接驱动内爆中的烧蚀速度高 10 倍。这样看来，在间接驱动中烧蚀稳定与 RT 的关系要比直接驱动高 3 倍。

间接驱动内爆与直接驱动内爆的区别在于软 X 射线就像一个波长非常短的宽带激光，这样他们能够进一步穿透靶，将能量沉积在较大的壳层部分。

加速度 α 和波数 k 是时变的，因此初始扰动 R_0^{per} 被放大到

$$R_{per}=R_0^{per}\exp(\alpha\int\gamma dt),\tag{6.11}$$

这里 α 描述的事实是被扰动的表面被部分烧蚀因而能使不稳定性稳定。对 ICF 靶，在加速阶段其值约为 0.25～0.5(Emery et al.，1982)。

可以采用方程(6.5)和方程(6.10)计算两种驱动情况下最大的 e-foldings 数(Lindl，1995)。对直接驱动情况，激光频率为 $\lambda=1/3\ \mu m$ 时结果近似为

$$n_{max}^{direct}\sim 8.5\left(\frac{P}{P_f}\right)^{-2/5}\left(\frac{v}{3\times10^7}\right)^{1.4}I_{15}^{-1/15}\tag{6.12}$$

对间接驱动，最大的 e-foldings 数为

$$n_{max}^{direct}\sim\sqrt{\frac{kR}{1+0.2kR(\Delta R/R)}}-0.8kR\frac{\Delta R}{R}\tag{6.13}$$

式中，kR 为勒让得多项式模数。在这种情况下大部分的燃料壳层质量被烧蚀，因此 $1-m/m_0=0.8$。应当指出的是在方程(6.13)中，ΔR 不是初始壳层厚度而是平均壳层厚度，通常近似为当壳被加速到约为最大速度一半时的值，约为初始半径的 1/4。在方程(6.13)中，如果 e-foldings 数设置为 $n_{max}^{indirect}$ 约为 6，这意味着 $R/\Delta R$ 约为 30，这就是先前所提到的目前许多靶设计所引用的值。

方程(6.8)表明相比于长波长的生长，短波长的生长能够更加有效地减小。实际上也存在一个下限截止波长 λ_{RT}

$$\frac{1}{\lambda_{RT}}=\left(\frac{\alpha}{b}\right)^2\frac{a}{v_a^2}\tag{6.14}$$

在该波长上生长被完全禁止，之下其模式则是稳定的。这个事实以及通过烧

蚀生长率的减小对 ICF 中成功的压缩来说至关重要。

到目前为止，我们处理 RT 不稳定性是假设扰动的幅度比较小，允许线性分析。然而，指数增长意味着这些扰动最终会变大，使这个假设无效。当不稳定性离开线性区域发展时，我们说这处于饱和状态。在两层模型中，当与热燃料和冷燃料区域之间界面的位移 η_d 不再满足下述条件时就达到了饱和

$$\frac{\eta_d}{\lambda} \ll \frac{1}{\sqrt{3}}\frac{1}{2\pi} \approx \frac{1}{10} \tag{6.15}$$

这意味着一旦扰动的幅度超过波长的 10%，生长率将减小且并不再是按指数形式发展。在这个阶段，不稳定性不再保持其 sine 形状，而是保持 bubble-and-spike 的形貌，与我们在图(6.3)和图(6.5)中所看到的类似。这些结构不再如线性阶段时孤立生长，而是开始影响相互的生长。这种效应叫做模式耦合，可以在图(6.3)中最后一幅图上看到。

6.3 在减速阶段的 RT 不稳定性

RT 不稳定性起重要作用的另一阶段是减速阶段，即压缩的最后一步。激发 RT 不稳定性的扰动源自于高 Z 壳内部的扰动或者是源自于壳的外部。这里的危险在于高 Z 壳层材料与燃料的混合。因为靶是分层的，高 Z 材料在外部而较轻的燃料在内部，当材料减速时，有着较大惯性力的高 Z 材料会推向较轻的燃料。RT 不稳定性于是能够导致一种情况，即高 Z 材料的喷射延伸到燃料层。在最坏的情况，这将阻止点火。但是即使点火确实发生了，来自 RT 不稳定性效应的威胁并没有结束。燃料与高 Z 材料的混合将使燃烧效率降低，从而降低聚变过程的增益。如 Duderstadt and Moses(1982)指出，首要的问题是应该采用这样一种方法设计靶，即在高 Z 材料与燃料之间界面的自由下落线到达热斑半径之前发生点火。与烧蚀过程相比，不能够通过烧蚀来减小减速过程的 RT 不稳定性生长。减速的距离约等于压缩的半径 r_{comp}。稳定状态主要出现在电子传导在热材料和冷材料之间建立起一个密度梯度时。因此，由此得出在方程(6.10)中，常数 β 约为 1。这就是说

$$\gamma^{\text{decel}} = \sqrt{\frac{ka}{1+kL}} \tag{6.16}$$

在减速情况下的 e-foldings 数 $n_{\max}^{\text{decel}}$ 为

$$n_{\max}^{\text{decel}} = \int \gamma_{\max}^{\text{decel}} \mathrm{d}t = \int \sqrt{\frac{ka}{1+kL}} \mathrm{d}t \tag{6.17}$$

由于梯度的典型值为 0.1～0.2 r_{comp}，假定在半径 r 的范围内加速度为常数，a 约为常数，L 约为 0.2 r_{comp}，则

$$n_{\max}^{\text{decel}} \sim \sqrt{\frac{2l}{1+0.2l}} \tag{6.18}$$

如上面提到，有两个引起 RT 不稳定性的源：壳层内和壳层外的扰动。在内表面的 e-foldings 数与外部的 e-foldings 数相比是减小的。由于 RT 模为表面模，因此远离表面其按指数减小（如～$\exp(-k\Delta R)$）。因此，在馈通过程低阶模式占优，e-foldings 数将减小为

$$n_{\max}^{\text{outside}} = -k\Delta R \tag{6.19}$$

正如在加速阶段一样，在减速行进一段时间后采用线性化的方法处理减速阶段就会失效。我们所说的在加速阶段 RT 生长的后续的步骤如饱和与模式耦合，与在减速阶段后面的步骤相同。为估计 RT 不稳定性对整个 ICF 过程的威胁，所有类型的 RT 不稳定性必须合并考虑：加速、减速、馈通。这导致总的 e-foldings 数为

$$n_{\max}^{\text{total}} = n_{\max}^{\text{accel}} + n_{\max}^{\text{decel}} + n_{\max}^{\text{outside}} \tag{6.20}$$

根据方程(6.12)和方程(6.13)可知，对直接和间接驱动靶来说 $n_{\max}^{\text{accel}}$ 是不同的。

6.4 RT 不稳定性对靶设计的影响

在这节中我们将讨论哪种扰动对靶设计的影响是最危险的，以及对靶设计来说意味着什么。在加速阶段，生长率近似为 $\gamma=(aK)^{1/2}\sim(al/R_0)$，因此 RT 不稳定性按下式增加

$$R_{\text{per}} = R_{\text{per}}(t=0)\exp[\gamma t] \tag{6.21}$$

这意味着在短波长会有大的生长率。

然而，如我们在 6.2 节中看到，非常短的波长的扰动不能再用这种线性方法来处理。对这些短波长扰动其阻尼正比于 $\exp(-l/R)$，因此他们不再重要。最危险的扰动是当

$$\frac{1}{R_0}\Delta R_0 \sim 1$$

时。这很容易理解：如果壁太薄，RT 不稳定性在最坏情况下能够完全毁坏壳层；

如果太大，加速阶段将很长，会给 RT 不稳定性以较长的时间生长。

靶设计中的另一个参数是表面光洁度。表面光洁度的质量直接决定引发 RT 不稳定性扰动的波长。目前靶设计典型的表面光洁度在几百个埃。假定 e-foldings 数小于 6，方程(6.13)表明对这样一个靶，需要 $R/\Delta R \leqslant 25 \sim 35$，$\Delta R$ 为 70～100 μm。如果在将来可以生产更高质量的靶，有着高质量的表面光洁度，这可能允许我们制作更高纵横比的靶。由于 $R/\Delta R$ 直接与内爆速度相关，这将会增加整个内爆过程的效率。

6.5 理想化的 RT 不稳定性与实际的 ICF

在实际的 ICF 内爆实验中，RT 不稳定性的生长甚至比前几节所述的情况更加复杂。与上述理想化的 RT 不稳定性相比，实际实验主要差别在于：非正弦型扰动和三维情况。从非正弦型扰动开始，我们看到在高密度和低密度材料界面的初始扰动中有许多不同的来源，在加速和减速阶段也是如此。正弦型扰动的加速很显然是理想化的，现实中不同尺度和波长的扰动将同时发生。典型地，界面上有非常丰富的谱来激励所有的模式。如果存在这样模式的谱，我们可以期望特别是正在发展的结构间的相互作用，即饱和阶段也将受到影响。

为说明饱和效应，我们想象两个扰动模。这两个模有几乎相等的波长，平行的波矢量和相等的振幅。由于波长几乎相等，在一个较大的空间范围，模式几乎是同相的。在同相的区域叠加为同波长的扰动但振幅加倍。这个效应使得饱和阈值减小了 2 倍。Haan(1989)研究了多种模式并存的情况并定义了在这些情况下生长率的条件。这些情况远比方程(6.15)复杂。

但即便是包含了这些饱和效应并不能完全解释 ICF 中不稳定性的生长。在实际的模型中必须包括密度的连续梯度、速度、时变加速度以及能量传递。此外，我们用的不是平面靶而是球面靶，因此三维计算是必须的。包含所有这些效应只能采用数值计算方法(Dahlberg and Gardner，1990，Town and Bell，1991).

6.6 其他动态不稳定性

在内爆 ICF 靶中不只存在 RT 不稳定性，也存在其他流体力学不稳定性，如 RM(Richtmyer，1960)不稳定性，以及 KH 不稳定性(Kelvin，1910；Dimonte et al.，1993；Hammel，1994)。

RM 不稳定性最初是在流体动力学中研究的。当冲击波穿过一个近乎平面的、密度不等的流体界面时，就会发生该现象。图 6.7 表示的是一种重气体与一种轻气体之间 RM 不稳定性的发展。发展中的结构与那些 RT 不稳定性的结构相似。从某种意义上说这并不惊奇，RM 不稳定性可以看作是 RT 不稳定性的一个极限情况—重力在无限短的时间内作用在两个流体中，之后即使在重力场不存在的情况下不稳定性也会发展。

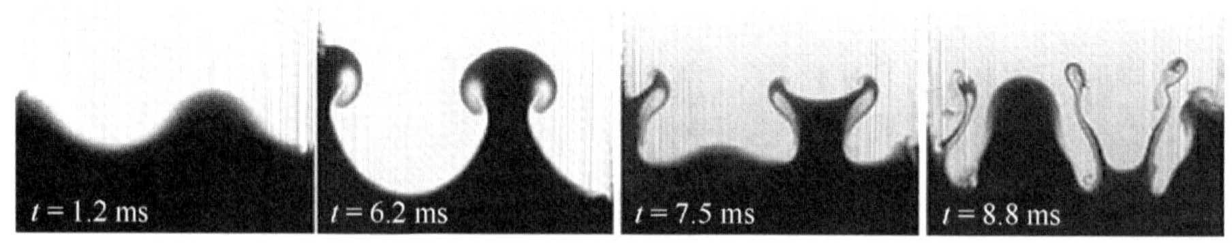

图 6.7　在一个流动系统中 RM 不稳定性的发展，一种轻的气体和一种重的气体从一个激励管的两端流动

如前所述，这种流体描述可以直接移植到 ICF 等离子情形。相比于 RT 不稳定性主要是在初始加速和最后减速的两个阶段生长的特点，RM 不稳定性主要在中间阶段起作用。

然而，在 ICF 中，人们的研究更多的是 RT 不稳定性而不是 RM 不稳定性。这是因为我们将激光脉冲整形以使冲击加热最小。这也就自动减小了在烧蚀表面的 RM 不稳定性，因此，RM 不稳定性被认为是比 RT 不稳定性小的问题。

在等离子中 RM 不稳定性的流体力学描述与 6.1 中对 RT 不稳定性的处理相似，可以在 Eliezer (2002)的文献中找到。

KH 不稳定性发生在当两种流体都在运动并遇到速度剪切时，在平行于两种流体之间的界面上速度分量会发生改变。两种流体情况的 KH 不稳定性示于图 6.8 中。在 ICF 中，当 RT 不稳定性已经发展后，KH 不稳定性可能出现。由于其运动诱发的 KH 不稳定性，移动的结构(上升的气泡和下降的刺钉)可以在界面上诱导一个剪切力。在这种情况下压缩的 RT 不稳定性也自动使 KH 不稳定性减小。

在 ICF 过程中，第二种引发 KH 不稳定性的来源是源于沿着界面法线以一定角度传播的冲击波。然而，对称内爆的目标与最小化切向力之间是一致的因此 KH 不稳定性变得无关紧要(Kilkenny et al.，1994)。更详细的 KH 不稳定性我们参考 Eliezer (2002)的文献。

图 6.8 KH 不稳定性

第 7 章

能量需求和增益

在前面的章节我们看到在 ICF 中几乎所有的过程都会有能量损失，这将极大降低总的效率。下面我们将考察这对所需的总能量输入以及增益来说意味着什么。

由于增益一词通常用在不同的场合，我们将通过提供一些定义来开始我们的叙述。最重要的一个参数，靶能量增益 M，由下式给出

$$M = \frac{E_{\text{fusion}}}{E_{\text{d-target}}} \tag{7.1}$$

式中，M 为聚变产物释放的能量 E_{fusion} 与由驱动器传递到靶的能量 $E_{\text{d-target}}$ 之比。科学意义上的得失等当为

$$M = 1 \tag{7.2}$$

达到得失等当是目前聚变研究计划的主要目标。

除此之外也有工程意义上的得失等当，包括运行激光器所需的电功率的效率。我们将在 9.2 节中 ICF 电站部分讨论工程意义上的得失等当。在本章中只考虑在靶中的过程的损耗而不考虑将能量传递到靶过程中的损耗。

驱动器耦合效率 η_D 反应的只是激光器传递到靶上的、能够实际上被转化为提供热斑区域能量的份额，定义为

$$\eta_D = \frac{E_{DT}}{E_{\text{d-target}}} \tag{7.3}$$

E_{DT} 为燃料能量。最后的燃料增益为

$$G_f = \frac{E_{fusion}}{E_{DT}} \tag{7.4}$$

式(7.4)表达的只有在高度压缩的靶的中心区域才有燃烧发生。

下面我们将考虑每个损耗过程，最开始考虑在热斑区域的损耗然后逐步扩展至其他的损耗。

7.1 功率平衡

这里我们依照 Lindl(1989，1998)得出的热斑功率平衡模型来进行描述。在较早前 Windner (1979)和 Kirkpatrick(1979)提出了这个功率平衡模型的简化版。

Lindl 模型描述点火之前在热斑区域发生点火燃烧的必要条件。在该模型中，如果下式满足则有能量增益

$$P_W + P_\alpha + P_n - P_T - P_R > 0 \tag{7.5}$$

这个平衡关系式表达的是：通过压缩获得的功率 P_W；α 粒子的功率 P_α；以及中子 P_n沉积来获得增益，但是辐射 P_R以及电子热传导过程 P_T将使能量损失。在压缩阶段，离子、电子和辐射温度(分别用 T_i，T_e和 T_R表示)在靶中的空隙相互靠近之前是一样的。在这个假设条件 $T_i = T_e = T$ 下，方程(7.5)中不同的项可以被进一步近似为：

压缩功 PdV 的功率系数 P_W描述的是单位体积推进层所做的功。采用活塞在均匀压力下作用于气体的简化模型，压缩功 PdV 的功率系数 P_W为

$$P_W = \frac{P}{V}\frac{dV}{dt} = \frac{PA_{hot}v_{imp}}{V_{hot}}$$

式中，P 为压力；v_{imp}为内爆速度。由于热斑的表面积 A_{hot}为 $A_{hot} = \pi r_{hot}^2$以及热斑体积为 $V_{hot} = 4\pi r_{hot}^3/3$，这里 r_{hot}为热斑半径，P_W进一步表示为

$$P_W = \frac{P(\pi r_{hot}^2)v_{imp}}{(4\pi r_{hot}^3/3)} = \frac{3Pv_{imp}}{r_{hot}}$$

重写这个方程的后面部分并假设燃料充当一个有着均匀压力的活塞(如 P 约为 ρR)，该表达式重新表述为与温度(以 keV 为单位)和密度 ρ(以 g/cm^{3}为单位)的关系

$$P_W = K_1\frac{\rho T v_{imp}}{r_{hot}} \quad (\text{W/cm}^3) \tag{7.6}$$

式中，$K_1 = 2.3 \times 10^{15}$，内爆速度的单位为 10^7 cm/s，r_{hot}的单位为 cm。

功率平衡方程(7.5)中的第 2 项，α 粒子沉积功率 P_α，由燃料燃烧处的燃烧率

给出(Frayley et al., 1974)

$$P_\alpha = \rho\epsilon_\alpha F_\alpha \mathrm{d}f_\mathrm{b}/\mathrm{d}t \qquad (\mathrm{W/cm^3})$$

式中,ϵ_α为每克 DT 的 α 粒子的能量

$$\varepsilon_\alpha = 0.67 \times 10^{11} \qquad (\mathrm{J/g})$$

式中,F_α为 α 粒子沉积的部分;$\mathrm{d}f_\mathrm{b}/\mathrm{d}t$ 是燃烧部分的变化率,根据方程(5.43),我们有

$$\mathrm{d}f_\mathrm{b}/\mathrm{d}t = (1 - f_\mathrm{b})\frac{n_0}{2}\langle\sigma v\rangle$$

如果用质量密度表示,上式变为

$$\mathrm{d}f_\mathrm{b}/\mathrm{d}t \sim 1.2 \times 10^{23}\rho\langle\sigma v\rangle$$

这里,n_0为总的粒子数密度;$\langle\sigma v\rangle$为 Maxwell 平均反应截面,由此得到

$$P_\alpha = K_2\langle\sigma\rangle\rho^2 F_\alpha \qquad (\mathrm{Wcm^{-3}}) \tag{7.7}$$

式中,$K_2=2.8\times10^{33}$。方程(7.5)中最后一个增益项,由中子 P_n沉积的能量,相对很小因此可以忽略。

正如前面提到,由于电子热传导和辐射,能量从热斑区域损失。传导损耗是由于从燃料传导的能量被推回推进层所引起的。P_T描述这个被传递的功率除以燃料质量。为近似得到 P_T,我们假设传导损耗可以通过 Spitzer 传导率来近似(见方程(4.42))。

确定传导功率一个至关重要的因素是对温度特征的了解。通过假定传导损耗与体加热之间的平衡来获得对温度特征的了解,即

$$\frac{4\pi r^3}{3}(P_\mathrm{W} + P_\alpha - P_\mathrm{R}) = 4\pi r^2 Q$$

由此得到 $Q=\mathrm{const}\cdot r$。采用 Spitzer-Haerm 电导率,我们得到

$$Q = -\kappa\nabla T = \frac{-9.4\cdot10^{12}S(Z)}{Z\ln\Lambda}T^{5/2}/\nabla T \qquad (\mathrm{Wcm^{-3}}) \tag{7.8}$$

将上式积分得到具有下述形式的温度特征曲线

$$T = T_0\left[1-\left(\frac{r}{r_\mathrm{hot}}\right)^2\right]^{2/7} \tag{7.9}$$

T_0为热斑区域中心的温度。这意味着

$$T^{5/2}\ \nabla T(r_\mathrm{hot}) = \frac{4}{7}\frac{T_0^{7/2}}{r_\mathrm{hot}}$$

由于 $P_T=QA/V$,$A/Q=3/r_\mathrm{hot}$,电子热传导功率为

$$P_T = 3Q/r_{\text{hot}}$$

采用方程(7.8),我们有

$$P_T = \frac{-9.4 \cdot 10^{12} S(Z)}{Z\ln\Lambda} T^{5/2} \nabla T \cdot \frac{3}{r_{\text{hot}}} \qquad (\text{Wcm}^{-3})$$

$$= \frac{2.82 \cdot 10^{13} S(Z)}{r_{\text{hot}} Z\ln\Lambda} T^{5/2} \nabla T \qquad (\text{Wcm}^{-3})$$

取库仑对数 $\ln\Lambda=2$,以及 $Z=1$,上式简化为

$$P_T = q\alpha T^{5/2} \nabla T \sim K_3 \frac{T_0^{7/2}}{r_{\text{hot}}^2}, \tag{7.10}$$

式中,$K_3=8\times10^{12}$。

到现在方程(7.5)中只剩下辐射功率 P_R 还没有确定。辐射损耗被假设为是通过韧制辐射过程离开热斑区域的辐射。在周围的壳层中这个辐射将被吸收,然后又将重新辐射。P_R 可以近似为

$$P_R = K_4 Z\rho^2 T^{1/2} \tag{7.11}$$

式中,$K_4=3\times10^{16}$。

我们在上面推导方程(7.5)中不同的功率分量时,使用了简化。比如,库仑对数被假定为常数,在热斑区域边缘的温度假定为0,温度特征远比方程(7.9)中的依赖关系 $T=T_0[1-(r/r_{\text{hot}})^2]^{2/7}$ 要复杂得多。要得到更符合实际的定量的描述需要数值计算。

然而,这个相对简单的描述允许我们做一些预测,其中心任务就是一个成功的聚变过程。对于一个为常数的温度,将方程(7.6),(7.7),(7.10),(7.11)带入功率平衡方程得到

$$\frac{1}{r^2}(K_1\langle\sigma v_{\text{imp}}\rangle\rho^2 F r^2 + K_2 \rho r T v_{\text{imp}}) = K_3 T^{7/2} + K_4 Z r^2 \rho^2 T^{1/2} \tag{7.12}$$

换句话说,在一个满足标准 $P_W+P_a+P_n-P_T-P_R>0$ 的区域中,在点火能够发生之前,我们必须有

$$\frac{1}{r^2}(K_1\langle\sigma v_{\text{imp}}\rangle\rho^2 F r^2 + K_2 \rho r T v_{\text{imp}}) - K_3 T^{7/2} - K_4 Z r^2 \rho^2 T^{1/2} > 0$$

该式描述的是首先通过压缩功所获得的能量必须足够大以获得点火,其次通过 α 粒子沉积的能量增益必须维持并传递燃烧。方程(7.12)是 $(\rho r, T)$ 的显式函数。边界 $P_W+P_a+P_n-P_T-P_R=0$ 可以重写为 ρr 的二次方程

$$[K_1\langle\sigma v_{\text{imp}}\rangle - K_4 Z T^{1/2}(\rho r)^2 + (K_2 T v_{\text{imp}})\rho r - K_3 T^{7/2} = 0 \tag{7.13}$$

解这个关于 ρr 的方程，存在两个解

$$(\rho r)_{1,2}=\frac{-K_2Tv_{\text{imp}}\pm\sqrt{(K_2Tv_{\text{imp}})^2-4K_3T^{7/2}[K_1\langle\sigma v_{\text{imp}}\rangle-K_4ZT^{1/2}]}}{4[K_1\langle\sigma v_{\text{imp}}\rangle-K_4ZT^{1/2}]}$$

可以在 T 和 ρr 参数空间中画出可能的聚变区域。以更实用的单位表达方程(7.13)为

$$\left[\langle\frac{\sigma v_{\text{imp}}}{10^{-17}}F_\alpha\rangle-\frac{T^{1/2}}{2.6}\right](\rho r^2)+\left(\frac{T(v_{\text{imp}}(10^7\,\text{cm/s})}{35}\right)\rho r-\frac{T^{7/2}}{10^4}=0$$

功率平衡方程解的一个主要的结果是：为了产生热斑点火，有必要使飞行燃料速度大于 2×10^7 cm/s。这说明图 7.1 和图 7.2 中，增益区域所示为两种内爆速度 $v_{\text{imp}}=1\times10^7$，以及 $v_{\text{imp}}=3\times10^7$ cm/s。在图 7.1 中，我们看到，对于较低的内爆速度，从低温到高温没有跃变，而从低 ρr 增益区到高 ρr 增益区存在跃变。相比之下，在内爆速度为 $v_{\text{imp}}=3\times10^7$ cm/s(见图 7.2)情况下，从低 ρr 增益区到高 ρr 增益区存在不间断的轨迹实际上是可能的。这就是为什么以这样的方式设计内爆过程，即获得 $v_{\text{imp}}=3\times10^7$ cm/s 或者更高的内爆速度。此外，图 7.2 说明并不是在增益区的所有空间都是同样想要的。通常以这种方式设计 ICF 靶丸即电子传导损耗要超过辐射损耗。在图 7.2 中这两个区域大体上由方程 $T=15.75(\rho r)^{2/3}$(keV)描述的线分隔开来。这里深灰的区域表示的是压缩时想要的增益区域。下面我们讨论为得到这样的内爆速度以及所需的聚变条件我们需要什么能量。

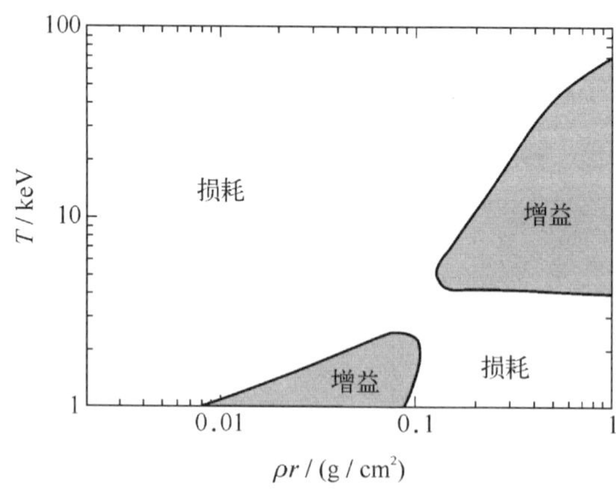

图 7.1　能量平衡模型热斑概念中的点火轨迹，内爆速率为 $v=1\times10^7$ cm/s。采用方程(7.13)得到了 α-粒子沉积与压缩功 PdV 之间的边界，传导与辐射损耗之间的边界由 $T=15.8(\rho r)^{2/3}$ 给出

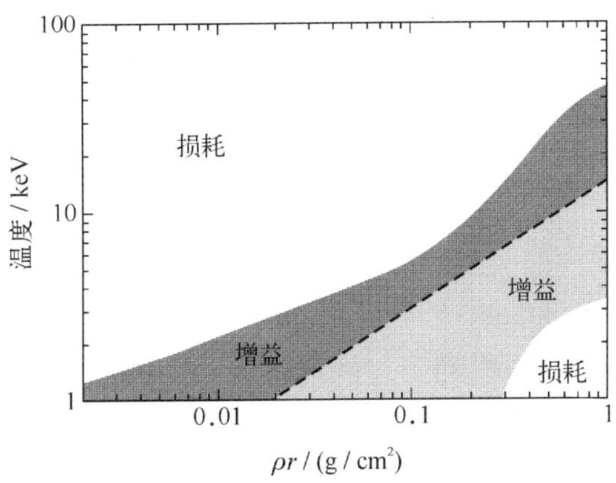

图 7.2　如图 7.1 所示的能量平衡模型热斑概念中的点火轨迹但针对的内爆速率为 $v=3\times10^7$ cm/s

7.2 能量需求

我们从包含在半径为 R 的热斑区域内的能量 E_{DT} 开始。假设密度为 ρ 的 DT 球，原子的数量为 $N=\rho V=\rho\times4\pi/3R^3=4\pi(pR)^3/\rho^2$。利用理想气体定律，$E_{DT}$ 为

$$E_{DT} = 1.07\times10^4\left(\frac{\rho_l}{\rho}\right)^2(\rho R)^3$$

式中，ρ_l 是液体 DT 的密度(约为 0.219 g/cm^3)；ρR 是面燃料密度(g/cm^2)。

由于在产生热斑的过程中存在系列损耗过程，很显然要求从激光器传递到靶上的能量是非常高的。我们需要的是找到如方程(7.3)定义的耦合到燃料中的能量。耦合 η_D 必须考虑吸收系数 η_a，流体力学系数 η_H，以及动能到热能的转化效率 η_t。因此在靶上所需的能量为

$$E_{target} = \eta_D\cdot E_{DT} = \eta_a\cdot\eta_H\cdot\eta_t\cdot E_{DT}$$

如我们在前面的章节看到，许多过程同时发生，因此不可能解析求解确定 η_a，η_H，以及 η_t。Rosen 和 Lindl(1983)提出了一个简单模型来预测所需的能量标度为 $v_{imp}^{-10}(P/P_f^3)$。

然而，详细的数值计算表明这种方法过于简单，改为对直接驱动方案的预测有以下依赖关系

$$E^*_{target}(\text{MJ}) = \frac{1}{2}\left(\frac{0.05}{\eta_H}\right)\left(\frac{P}{P_f}\right)^{3/2}\left(\frac{1}{v_{imp}}\right)^5 \qquad (7.14)$$

式中，v_{imp} 的单位是 3×10^{7} cm/s。式(7.14)也可以表达为温度的函数

$$E^{*}_{target}[MJ]=\frac{1}{2}\left(\frac{0.05}{\eta_{H}}\right)\left(\frac{P}{P_{f}}\right)^{3/2}\left(\frac{1}{T_{r}}\right)^{9/2} \tag{7.15}$$

该温度以 300 eV 为单位。

在这些模拟中，我们假定的只是一个理想的流体力学压缩模型，没有包含 RT 不稳定性效应，实际中显然这是永远不能达到的。但是通过不稳定性的混合将可能发生。把这些效应考虑进来，并假设典型的表面光洁度为 500～1 000 Å，约一半的能量通过不稳定性效应损耗了。换句话说，传递到靶上的能量必须为 2 或更高的因子以最终在热斑区域得到相同的能量

$$E_{target}\sim 2E^{*}_{target}=\left(\frac{0.05}{\eta_{H}}\right)\left(\frac{P}{P_{f}}\right)^{3/2}\left(\frac{1}{v_{imp}}\right)^{5}$$

对间接驱动，情况变得更加复杂。这里必须考虑黑腔和靶之间的耦合。尽管激光辐射转化为 X 射线的转换率为 70%～80%，实际上只有部分辐射能够到达靶丸，只有输入到黑腔的 10%～15%能量被有效地用在了靶丸上，这粗略导致

$$E^{hohl}_{d}=(7-10)\times E_{target} \tag{7.16}$$

根据靶丸中所需的能量输入，

$$P^{hohl}_{d}(MJ)\sim 350T_{r}^{2}(E^{hohl}_{d})^{2/3}(MJ)\left(\frac{0.1}{\eta_{hohlraum}}\right)^{1/3}$$

$$\sim 350T_{r}^{2}(7-10\times E_{target})^{2/3}(MJ)\left(\frac{0.1}{\eta_{hohlraum}}\right)^{1/3} \tag{7.17}$$

温度的单位仍为 300 eV。我们期望通过优化将来的间接驱动靶，使激光输入能量的 20%～25%最终能够转移为在靶中可用的能量。然而，上述假设仍然低估了能量需求。该假设忽略了一个事实即黑腔需要激光进入的孔，在这种情况下减小了实际的黑腔内表面积。孔的区域可以通过近似黑腔耦合效率来考虑进去

$$\eta_{conv}E_{laser}=E_{wa}+E^{ab}_{cap}+E_{hole} \tag{7.18}$$

η_{conv} 是激光到 X 射线的转换效率；E_{wa} 为黑腔壁吸收的能量；E^{ab}_{cap} 为靶丸吸收的能量；E_{hole} 为通过激光入口孔的损耗；E^{ab}_{cap} 和 E_{hole} 可以估计为

$$E_{hole}=10^{-2}T_{h}^{4}A_{holes}\tau$$

$$E_{cap}=10^{-2}T_{h}^{4}A_{cap,}\tau$$

T_{h} 为峰值黑腔温度；A_{holes} 为入口孔面积；A_{cap} 是靶丸表面积。这里我们假设靶丸吸收所有的入射通量。如果我们考虑部分能量被重新发射(尽管这通常只有一小部分)，靶丸能量和驱动器能量的比为

$$\frac{E_{\text{capsule}}}{E_{\text{driver}}} = \eta_{\text{conv}} \frac{E_{\text{cap}}}{E_{\text{cap}} + E_{\text{holes}} + E_{\text{wall}}}$$

$$= \frac{\eta_{\text{x-ray}}}{1 + A_{\text{holes}}/A_{\text{cap}} + A_{\text{wall}}/(2T_r\tau^{0.4}A_{\text{cap}})} \tag{7.19}$$

η 约为 70%～80%；T 的单位为 10^2 eV；面积 A 的单位为 mm；τ 的单位是 ns。由于吸收和发射的比例在 ICF 中通常很小，黑腔壁的面积可以比靶丸要大很多而不会损失多的耦合效率。因此黑腔面积与靶丸面积的相对尺寸主要由一个均匀的靶丸照射需求所决定。对点火实验用靶设计来说，黑腔面积通常是靶丸面积的 15～30 倍。只要靶丸再次发射部分入射光能量，吸收就要花更长的时间。由此得出通过孔损耗和黑腔壁吸收的能量要花更多时间。尽管方程(7.19)表明小的孔意味着黑腔中低的能量损失，实际上激光入口孔也不能太小。如果这个孔很小，在进入黑腔之前激光能量被折射并在孔边缘被吸收。在目前的点火靶设计中，孔面积与靶丸面积的比为 1～2。如果 X 射线转换效率近似为 70%，靶有 $A_{\text{holes}}/A_{\text{capsule}}=1\sim2$，$A_{\text{wall}}/A_{\text{capsule}}=15\sim30$，对这种靶设计，耦合效率 10%～20%是存在的。

7.3 增益

我们从一个简单的估计开始，如在这样一个聚变过程中，产额 Y 如何取决于靶上获得的驱动器能量。产额可以粗略近似为

$$Y \sim m_{\text{fuel}} E_{\text{DT}} f_{\text{b}}$$

式中，m_{fuel} 是燃料质量；E_{DT} 是每克 DT 聚变能(注：在前面 E_{DT} 定义为燃料能量)；f_{b} 是燃烧的部分。燃烧部分 f_{b} 可以由方程(5.47)近似得到。我们于是得到产额为

$$Y \sim m_{\text{fuel}} E_{\text{DT}} \frac{\rho R}{\rho R + 6(\text{g/cm}^2)}$$

在这个方程中燃料质量 m_{fuel} 近似为

$$m_{\text{fuel}} \sim \frac{\eta_{\text{H}} E_{\text{target}}}{1/2 v_{\text{imp}}^2}$$

于是有

$$Y \sim \frac{2\eta_{\text{H}} E_{\text{target}} E_{\text{DT}}}{v_{\text{imp}}^2} \frac{\rho R}{\rho R + 6(\text{g/cm}^2)} \tag{7.20}$$

简单起见流体力学效率 η_{H} 假设为常数。在方程(7.20)中内爆速度自身是靶

能量的函数，如下式所反应的

$$E_{\text{target}} = \frac{1}{2}\left(\frac{0.05}{\eta_{\text{H}}}\right)\left(\frac{P}{P_{\text{f}}}\right)^{3/2}\left(\frac{1}{v_{\text{imp}}^2}\right)^5$$

由靶能量，内爆速度为

$$v_{\text{imp}} = \left[\frac{1}{2E_{\text{target}}}\left(\frac{0.05}{\eta_{\text{H}}}\right)\left(\frac{P}{P_{\text{f}}}\right)^{3/2}\right]^{1/5}$$

记住内爆速度的单位是 $3\times10^7\,\text{cm/s}$。由此得出燃料质量与靶上的能量关联关系为

$$m_{\text{fuel}} \sim E_{\text{target}}^{7/5}$$

在方程(7.20)中仍需确定的关系是 E_{DT} 与靶上能量的关系。对一个 P/P_{f} 为常数的 DT 壳的绝热压缩，每克的比能为

$$E_{\text{DT}} = \frac{1}{2}v_{\text{imp}}^2 = 2\,\frac{P}{P_{\text{f}}}\rho_{\text{f}}^{2/3}$$

由此得到 $\rho_{\text{f}} \sim v_{\text{imp}}^3$。对于一个质量为 m_{fuel} 的球，满足

$$(\rho r)_{\text{f}} \sim (\rho_{\text{f}}^2 m_{\text{fuel}})^{1/3} \sim v_{\text{imp}}^3 \cdot E_{\text{target}}^{7/5} \sim E_{\text{target}}^{1/15}$$

将上述方程合并，得到产额为

$$Y \sim E_{\text{target}}^{7/5} E_{\text{target}}^{1/15} = E_{\text{target}}^{22/15}$$

在推导这个表达式的过程中我们使用几个非常粗糙的假设，更详细的数值计算表明对一个间接驱动靶，有如下依赖关系

$$Y[\text{MJ}] \sim 375E_{\text{target}}^{5/3} = 375\eta_{\text{hohl}}^{5/3}E_{\text{laser}}^{5/3}$$

由于产额与增益 G 通过 $G=E_{\text{laser}}\cdot Y$ 关联，由此得到

$$G \sim 375\eta_{\text{hohl}}^{5/3}E_{\text{laser}}^{2/3}$$

图 7.3，图 7.4 所示为针对直接和间接驱动靶，期望的增益与激光能量的函数关系。在一个间接驱动靶中，由于黑腔耦合效率期望值在 10%～15%的范围，相应的曲线表明所期望的增益区域。该图也可以从相反方向来解读，表示的是对一个给定的增益所需的激光能量的关系。

以灰色显示的沿着区域的这些线条代表在不同内爆速度下所期望的增益($v_{\text{imp}}=3\times10^7$ cm/s，以及 $v_{\text{imp}}=4\times10^7$ cm/s)。灰色区域代表与理想均匀内爆偏差所引入的不确定性。左边的曲线与理想均匀内爆相关，而右边的线条考虑当靶表面有 500～1 000 Å(埃)偏差时的效应。相应的增益曲线是在具有一个 15%的黑腔耦合效率的假设条件下得到的。

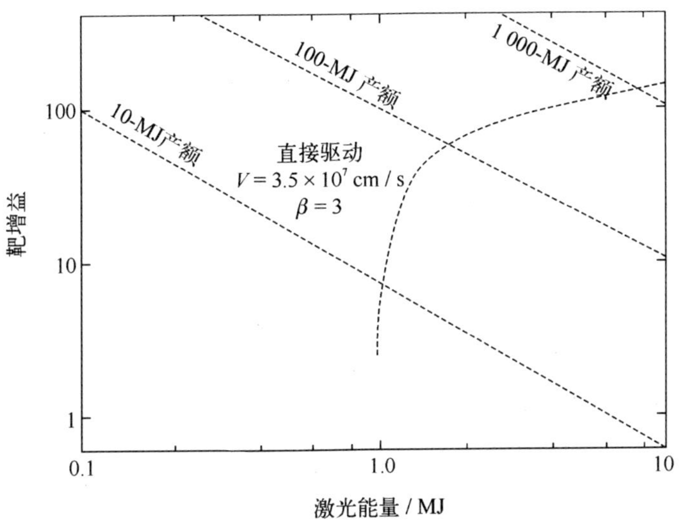

图 7.3　间接驱动靶的靶增益与激光能量的函数关系

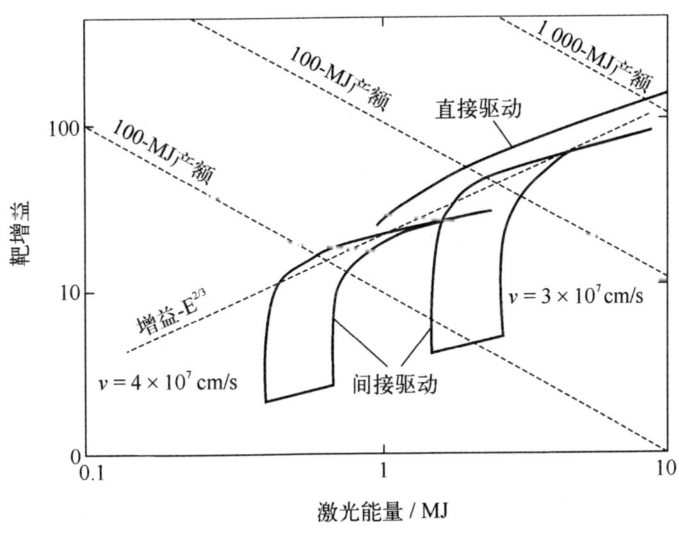

图 7.4　间接驱动靶激光能量与靶增益的函数关系。对给定的内爆速率（$v_{imp}=3\times10^7$ 以及 $v_{imp}=4\times10^7$），假设黑腔耦合效率分别为 10%和 15%，该图同时也给出了乐观和悲观情况下所期望的增益（Lindl，1995）

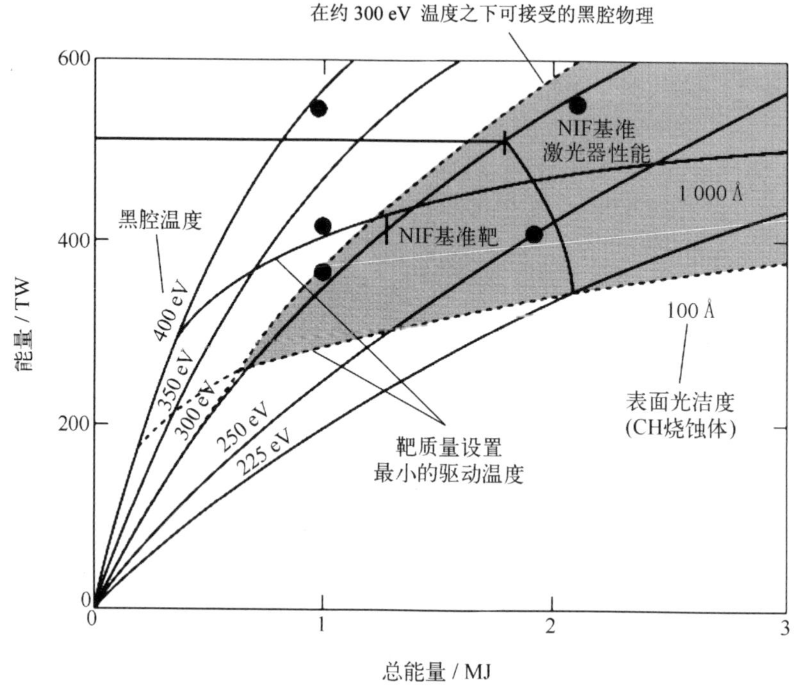

图 7.5　可达到的黑腔温度受限于等离子体物理问题。
另一方面流体力学不稳定性建立最小的所需的温度。
阴影区所示为间接驱动方案中所预期的可达到的功率和能量区域(Lindl,1995)

第 **8** 章

靶

必须意识到对惯性约束聚变研究来说没有单一的优化的靶设计。实际上有几种截然不同的靶设计,每种靶针对不同的目的:

(1) 带来关于物理方面的更深层次的认识;

(2) 达到聚变的目的——如国家点火装置(NIF)和激光兆焦耳装置(LMJ);

(3) 为将来聚变反应堆所设计的靶。

物理实验用靶倾向于使用一种完全不同的设计——他们也许不是球形的而是平面的。所设计的物理实验用靶主要用来强调特定的物理特性或者帮助实验诊断。比如说,平板靶通常被用来研究束和物质相互作用的细节:如吸收、热电子产生、传输、流体力学不稳定性等。在本章中,我们主要考虑用于达到聚变的靶以及 9.4 节所描述的聚变反应靶。物理实验用靶可以和聚变用靶有很大的不同,在这里我们将不进行讨论。

激光聚变最直接的目标是达到点火并用最小的输入激光能量传递燃烧。我们的目标就是设计这种优化靶。然而,优化靶的设计取决于许多因素,首先,取决于驱动类型。激光驱动聚变实验用靶不同于那些采用重离子或轻离子束驱动的靶。在本章中,只考虑激光驱动聚变靶。重离子驱动的靶设计将在 10.3 节讨论。

即便我们只考虑激光驱动,直接和间接驱动方法所需要的靶仍然不同。我们将在 8.2 节详细讨论他们的区别。此外,在这些方法中优化靶的设计也取决于所采用的激光的不同特性。这意味着必须按照这样的方式来构建靶:他们必须符合激光参数,如能够传递到靶上的激光能量,脉冲长度以及包络。然而,有一些特性是所有的ICF靶所共有的，我们将首先讨论。

8.1 靶设计的基本考虑

设计高增益聚变靶必须满足在第7章所提到的性能指标，我们将在下面讨论。回想一下靶设计必须符合驱动器要求：能量、时间和空间脉冲分布、数量以及束的位置以及焦斑尺寸加上驱动器类型的特定参数，这对激光器来说意味着波长、极化和能量扩散。

靶设计的主要工具就是计算机模拟，即对ICF过程中靶的动力学过程进行建模。对整个ICF过程进行模拟的流体力学代码以及分析与靶设计相关的特定方面的代码包括：

（1）Rayleigh-Taylor不稳定性；

（2）超热粒子的传输；

（3）驱动器能量的沉积或者说能量的传播。

为了优化靶设计，我们采用如LASNEX，HYDRA-3D，ORCHID-2D等内爆模拟代码。有兴趣的话可以参考附录B.5对这些代码的描述。总之，靶优化设计是一个很复杂的过程。然而，通过理解单个ICF过程，我们也已经取得了进步，一些首要的问题也已经弄清楚了：主要的靶设计参数为：(1)DT的量——也就是所谓的燃料负载；(2)ρR；(3)壳层结构。所需的燃料负载取决于燃烧效率，而燃烧效率本身又由ρR决定。ρR越大，所期望的燃料燃烧的份额就越高。这可以通过方程(5.45)(5.9节)来表示：

$$f_b = \frac{\rho R}{\rho R + \psi(T_i)}$$

图5.6表明燃烧效率要大于10%，需要$\rho R > 1\mathrm{g/cm^2}$，$\rho R$值为1%～3%对应于将燃料压缩到300～1 600倍的液体密度。

由于DT燃料完全燃烧的特定产额为340 MJ/mg，可以从一个给定的产额来计算燃料负载(NIF装置假设的是15MJ)，或者可以通过一个给定的产额对燃烧效率进行估算。对燃料负载来说其特征值为1到几个mg的DT。

聚变靶设计的首要目标就是用最小的能量输入将燃料压缩到高温高密度。换句话说，其目标就是有效地将DT壳以最有效的方式推至最高的速度。因此只要在一段长距离上可以加速壳那是最理想的。这就意味着可以把这个壳做得尽可能的大但壁很薄。然而，正如我们在第7章看到的，由此带来的问题是任何的不均匀性，或者初始的表面不完美度甚至在加速过程中都可能通过 RT 不稳定性被放大。很显然，加速过程越长，这些不稳定性增长的时间就多，在最极端的情况下壳可能被毁坏。这就给壳的尺寸以及靶的加工设置了限制。

不只内爆物理指出了靶设计的要求，而且同等重要的还有点火过程。在上述描述的热斑景象中，高密度 DT 层压缩位于中心的一小部分 DT 气体。在这里再重述一下，RT 不稳定性起着重要作用。在正在形成的热斑区域，低密度的 DT 气体流体反推包含固体 DT 冰层的高密度流体。两个区域之间开始混合，热斑被冷却。为了避免正被冷却的热斑低于点火所需的阈值温度，开始时要求 DT 壳要非常平滑和高度均匀。

与此同时，中空的、充满 DT 气体的薄球壳，可以满足上述需求，是最受欢迎的设计。DT 气体用液氦冷却，在壳的内壁 DT 凝聚为一层薄的 DT 冰。薄壳球设计示意图见图 8.1。目前在直接和间接靶的设计中，一层 DT 冰是必需的。这些冷冻靶操作在大约 18K 的温度，很重要的是这个温度要保持相对稳定。如果冷冻 DT 烧蚀体的外表面温度达到 19.79 K 的三相点温度，则靶可能遭受内爆不稳定性。如果温度更高，甚至有可能在内部形成气泡(Petzoldt et al.,2002)。冷冻靶的另外一种替带设计叫做双层靶(见图 8.8)，用来作为非冷却靶。然而，目前讨论到的双层靶的设计其性能很低。靶设计者的任务就是要找到一种配置结构可以达到在前面章节里得出的聚变条件。这些条件就是要符合在热斑区域所需的峰值温度和峰值密度、总的 ρR、内爆速度以及其他参数。

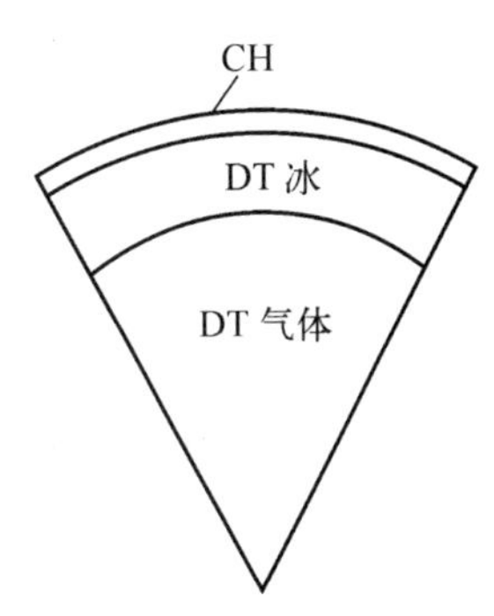

图 8.1 NIF 实验靶设计示意图

数值上靶设计优化以下方面：对于一个间接驱动靶，黑腔的尺寸参数、时间温度轮廓以及能量都是固定的。剩余的自由参数就是烧蚀层的厚度和燃料的厚度、烧蚀层材料，以及峰值温度剖面的具体形状。通过选择烧蚀材料和假定可以生成的优化的峰值温度剖面后，这就只剩下两个参数了：烧蚀层厚度和燃料厚度。靶设计者针对这个两维的参数空间构建了一张性能图(见图 8.2)来寻找优化的烧蚀壳层及燃料层的厚度。基本上，如果烧蚀层太薄，会被燃烧透；而太厚，能够达到的速度将会太低。

在这些计算中，靶的性能是从一维模型确定的。很显然，这过分地简化了内爆的许多因素。但是一维计算仍然能够确定高性能靶设计可能的参数空间，可以

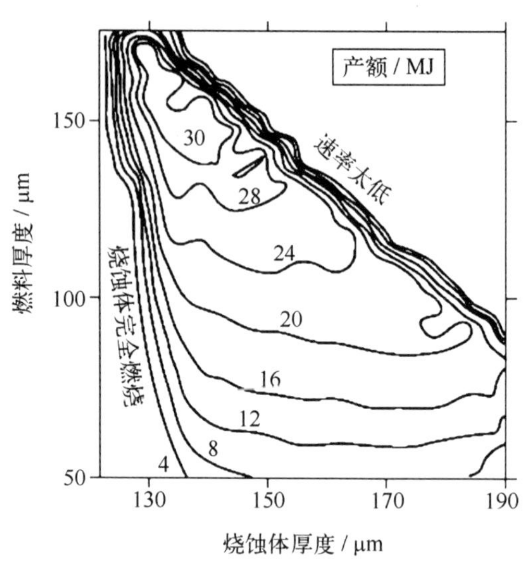

图 8.2 聚酰亚胺靶丸与壳层厚度(Haan,2003)

采用二维以及三维的代码对一维结果进行微调。

8.2 直接和间接驱动靶

正如在第 1 章中提到的,主要有两类 ICF 聚变实验靶:如图 1.7 和图 1.10 中所示的直接和间接驱动靶。在最近 20 年,针对间接驱动靶的研究要多于对直接驱动靶的研究。但对将来的 ICF 反应堆来说这并不意味着间接驱动靶是比较好的选择。记住美国的 NIF 装置以及法国的 LMJ 被叫做所谓的双用途激光装置。这说明这些研究设施最终的聚变目标是作为能源,但也作为军事研究用途。对这些军事应用来说,间接驱动方案是首选。

对作为能源的 ICF 反应堆来说哪种方案更适合仍然是一个有较大分歧的问题。我们在前面的章节中看到间接驱动和直接驱动靶都有各自的优点和缺点,而且根据 ICF 的民用能源应用来说哪种方案更好也仍然没有达成共识。在美国 LLNL 主要集中于间接点火方案,而针对 NIF 设计的直接驱动靶的很大一部分实验是在 LLE 上的 60 束,30 kJ OMEGA 升级激光装置上完成的。NIF 最初的设计只是针对间接驱动,但是后来做了更改以便同时也可以实现直接驱动。直接驱动点火的实验要到 2014 年,但是有将间接驱动装置进行适配以执行第一次直接驱动的实验计划,也叫做两极直接点火。很自然在这种配置下,增益很小,不过预测的增益值接近 10(Skupsky,2004)。在日本,目前确实没有做 ICF 的军事应用研究，但对两种方案日本的研究均达到了相当的程度（Nakai，1994）。近年来，由于快点火方案正成为主要的研究焦点，日本的 ILE 研究所正在做这个工作。

直接驱动靶

对直接驱动靶（见图 8.3）来说研究人员最关心的问题是非均匀性：直接驱动内爆要比间接驱动方法对与流体力学不稳定性相关的辐射不均匀性更加敏感。因此对靶设计来说主要的约束限制是使 RT 不稳定性最小。正如 6.1 节所示的那样，RT 不稳定性确定纵横比——靶半径 R 与壳层厚度 ΔR 的比值的上限具有非常薄的壳的靶或者说大尺度的靶易受到不稳定性的影响。见方程（6.8）。在这里我们将该表达式重写为纵横比的函数（Lindl et al.，1992）：

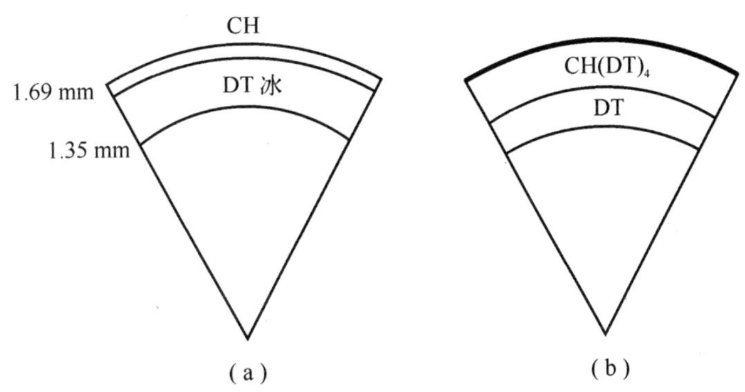

图 8.3　NIF 实验直接驱动靶设计示意图

(a)—全 DT 靶；(b)—泡沫靶

$$\gamma t = \left(\frac{l}{1 + l\Delta R/2R}\right)^{1/2} - \alpha l\left(\frac{\Delta R}{R}\right) \tag{8.1}$$

从式（8.1）可以看出，通过 RT 不稳定性在表面上扰动放大的程度直接由 $R/\Delta R$ 决定（Haan，1989）。通过最小化这些不稳定性的种子或者减少支配模式的生长速率可以达到控制 RT 不稳定性影响的目的。不稳定性的两个主要种子是不均匀辐射以及靶表面的粗糙度。前者需要在几百个皮秒的范围内辐射不均匀度为 1% rms 或者更小（Skupskey and Craxton，1999）。用于得到高辐射均匀性的技术是谱色散（spectral dispersion），随机位相板，双折射锲形极化平滑，以及多光束重叠（见 2.3 节）。第二种约束就是对靶表面的要求。用于 NIF 实验的 CH 靶丸可以容忍 800Å 的表面光洁度以及 9 μm 的混合穿透深度。表 8.1 总结了直接驱动靶的一些技术指标。

表 8.1 间接驱动靶典型的指标(规格)

指标	值
增益	45
产额	2.5×10^{19}
ρr	1.3 g/cm^2
$(T_i)_n$	30 keV
热斑 CR	29
峰值 IFAR	60

然而,正确选择 $R/\Delta R$ 并不是使内爆稳定的唯一选项;也有可能将不稳定性导引至一个密度梯度比不稳定波长要长的区域。如果可以达到这个要求的话,不稳定性对压缩过程的毁坏程度要低一些。实际上最严重的不稳定性发生在当波长与壳层厚度可比的情况下,这是首先要避免的(见 6.1 节)。

也可以通过所谓的绝热线整形来减小不稳定性的生长速率。这里在烧蚀表面壳层的绝热线是增加的,将导致一个高的内爆速度以及一个减小的不稳定性生长速率 γ。生长速率在壳内的部分保持较低的值这样可以保持靶的可压缩性以及最大化产额(Goncharov et al., 2003)。可以用两种方式达到绝热线整形:通过一个短的预脉冲(≈100 ps)在壳内生成一个无支持的冲击波,或者用一个弱的预脉冲松弛壳的密度,接着在主脉冲之前将该预脉冲关掉(Andre and Betti, 2004)。图 8.4 所示的绝热线整形可以减少 RT 不稳定性的发生。

由 LLE 设计的 NIF 直接点火靶是冷冻靶,球形 DT 冰层由一层薄塑料包覆。如图 8.3 所示,主要有两种设计:一种设计有泡沫基体;另外一种设计没有泡沫基体。从二维模拟结果看(McKenty et al.,2001)在 NIF 上这些靶的增益应该可以接近 30。图 8.3a 中所设计的靶是按照表 8.1 中的规格所设计的。该设计假设一束 1.5 MJ 的激光由两个部分组成:一个快脉冲(4.25 ns,功率 10 TW)在 DT 冰上提供一个 10 Mbar 的冲击压,将第二个脉冲(2.5 ns, 450 TW)进行定时使其产生的冲击波第一个脉冲所产生的冲击波同时到达 DT 冰内表面。

除避免 RT 不稳定性外,另外一个对靶设计最主要的约束就是要尽可能保持低的预热。对高增益来说,在内爆的初始阶段靶只有几个 eV 的温度是允许的。因此在许多靶设计中燃料层的厚度是由保持低预热的需求决定。

全 DT 靶(见图 8.3a)的缺点在于激光的吸收效率只有 60%。相比之下,DT 灌装泡沫靶(见图 8.3b)可以吸收高达 90%的激光。在这种靶中能量耦合增加的原因在于泡沫中的碳(高 Z 材料),使得等离子体有更多的碰撞。正如我们在 4.2 节中看到的那样,这将直接增加吸收。因为较高的吸收能量允许在相同的入射激光能量下驱动更多质量的靶,这些因素将使增益提高到约 80 的水平。直接驱动

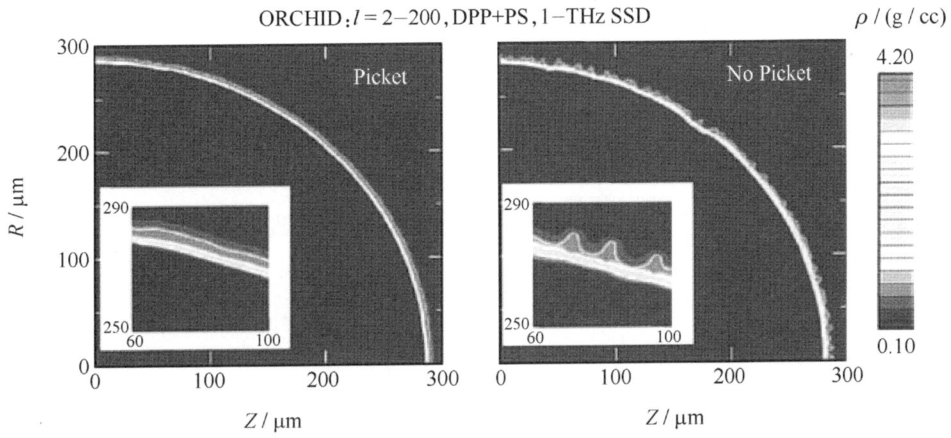

图 8.4 在绝热整形中 RT 不稳定性的发展(McCrorv,2003)

靶设计的这些最新进展使得直接驱动 ICF 有可能最终被用在 ICF 反应堆中。

间接驱动靶

NIF 实验一个间接驱动黑腔靶的基本设计见图 8.5。它由一个长约 10 mm,直径 5~6 mm,厚 30 μm 金壳的圆柱形黑腔所组成。如 4.5 节所示,黑腔尺寸并

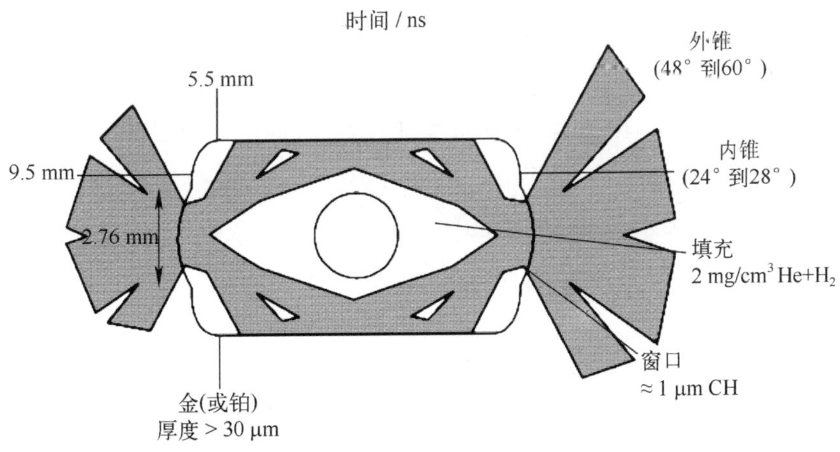

图 8.5 NIF 黑腔靶设计(Lindl,1995)

不是一个敏感值,因此也可以考虑其他形状和材料的黑腔。这里重要的参数是壁/孔表面积比,在目前的设计中约为 2∶1。黑腔内充满 He,或者是 H/He 气体,

并采用1 μm 厚的 CH 或聚酰亚胺对激光入口孔窗口进行封装。表 8.2 总结了 NIF CH 靶的设计指标。

表 8.2 根据 Lindl(1995)所设计的 NIF 实验用 CH 靶丸参数

指标	值
峰值温度	300 eV
峰值密度	1 200 g/cm^3
总的 ρR	1.5 g/cm^2
飞行纵横比	40
内爆速率	4.1×10^7 cm/s
收缩比	36
产额	15 MJ

实际的间接驱动靶丸由 CH 壳(见图 8.6a)组成,其基本设计和直接驱动靶很相似:烧蚀体是一层掺杂的 CH 材料以及一层 DT 冰,靶丸内充满 DT 气体。从 Nova 实验我们知道 CH 壳层含有约 5%的氧(其实是不想要的加工副产品)。CH 壳掺有 0.25%的溴(bromine),用来降低预热,提高烧蚀体和 DT 燃料界面的稳定性。可以通过改变冷冻 DT 的温度来改变靶丸中的气体密度。然而,改变气体的含量会影响收缩比。气体含量高产额会降低,这是因为降低了总的燃料 ρR(见图 8.7)。在密度约为 0.3 mg · cm^{-3}时在中心的 DT 气体将和 DT 冰处于热平衡状态。

图 8.6a 中所示的间接驱动靶工作在接近期望的最大的黑腔温度 300 eV。所需的激光能量为 1.35 MJ,低于 NIF 设计的 1.8 MJ。同样 LMJ 的设计指标也刚好高于期望的点火所需的能量。这样,耦合效率以及点火阈值的不确定性将不会危及用这些装置达到点火的目标。这些靶所期望的产额为 15 MJ,这意味着这些靶将有一个接近 600 的增益。注意到聚变反应堆所需要的能量要比现在高约 5～10 倍。目前也有工作在相对低温的间接驱动靶设计。在这里烧蚀体不是由 CH 材料组成,而是由 Be(铍,Beryllium,见图 8.6b 所示的操作在 250 eV 的 Be 靶设计)组成。模拟结果表明这些 Be 靶的优点是可以得到较高的烧蚀压。然而,Be 靶对流体力学不稳定性以及脉冲的偏差很敏感。CH 靶或者 Be 靶是否会在将来应用在很大程度上取决于 Be 靶所能够达到的加工质量。

近年来,对梯度掺铜 Be 靶的模拟给出了令人鼓舞的结果(Haan,2003)。靶烧蚀层内外边缘都没有铜,而是在烧蚀层中间逐步掺铜(见图 8.8a)。当 X 射线在靶丸中被吸收时,这种类型的铜掺杂能够改变靶中的密度分布从而减小总体的 RT 不稳定性。这也意味着较先前的设计这种靶可以具有较粗糙的表面。

我们必须记住为了在绝对最小的入射能量情况下达到点火以及燃烧所有的靶设计都经过了精心设计。在将来,商业用反应堆的靶设计目标将会是不同的,

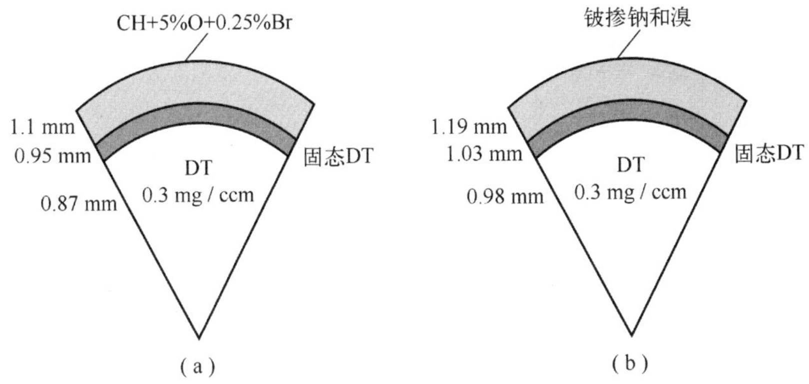

图 8.6　NIF 靶设计

(a)—300 eV CH 靶，吸收 1.35 MJ 能量；(b)—250 eV 铍靶设计

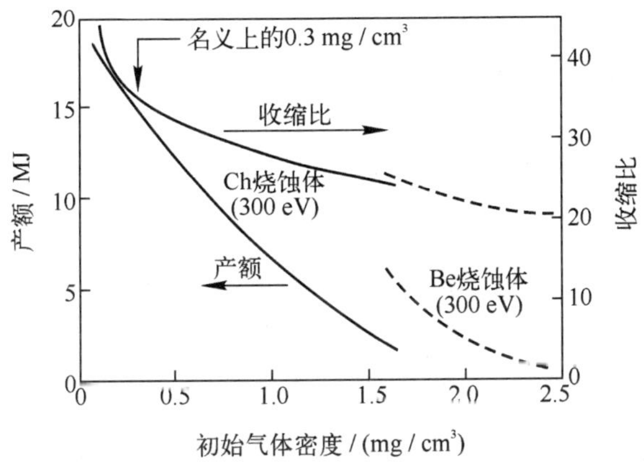

图 8.7　产额与 CH 及 Be 烧蚀靶丸填充气体的函数关系(Lindl,1995)

换句话说，是要达到尽可能高的增益。在这种情况下，其他的靶设计可能更合适。为了提高靶的增益，必须将激光能量有效地耦合到 X 射线能量吸收。黑腔靶的模拟表明可以通过下述方式提高耦合效率：

(1) 较小的激光入口孔；

(2) 减小的黑腔/靶丸参数比；

(3) 较小的由参量不稳定性导致的激光散射损失；

(4) 采用鸡尾酒黑腔。

最后一点是基于这个事实：将黑腔中腔壁材料里的原子种类(如金和钆)适当

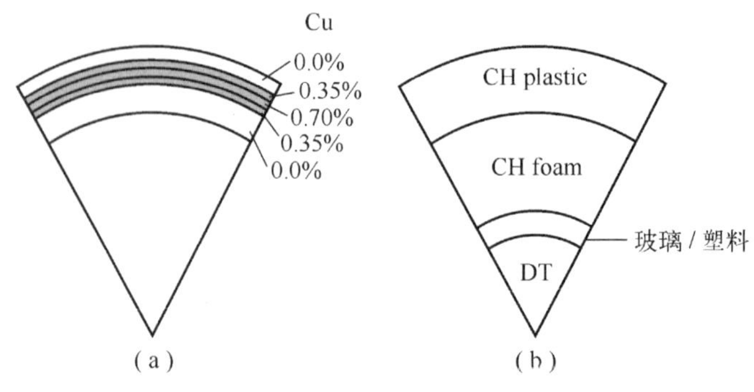

图 8.8 可选的靶设计

(a)—梯度铜掺杂铍靶;(b)—非低温双壳层靶

组合起来可以减少 X 射线谱的透射窗口,从而减小辐射损失。我们期望采用上述改进手段提高靶的设计从而可以将耦合效率从目前的 8.5%提高到将来的 20%。

8.3 靶加工

我们从前面一节看到尽管直接和间接驱动方案需要不同的靶设计,实际上在两种方案中靶丸的设计非常相似——一种低 Z 的烧蚀材料包覆着一层高密度的 DT 燃料层(50∶50 的 DT 聚变燃料混合物)。所有靶设计都共享相同的特征:燃料都是层状的,DT 燃料直接放置在靶丸壁内。

因此,需要采用几个步骤来制作这样一种靶——首先,必须制作一个靶壳,用作聚变实验的烧蚀体;第二,必须采用某种工艺将 DT 层放入靶壳中。对间接驱动来说;第三步是必需的:需要制作环绕靶丸的黑腔以及在一个特定位置固定靶丸。泡沫靶和掺杂层也需要额外的技术支撑。下面我们将简短描述主要的靶加工技术。有关靶加工的详细介绍可参看 Hammel(2004)等著的第 7 章。

烧蚀体靶丸

在前面一节我们注意到,最受欢迎的壳层材料主要是 CH 塑料(如聚合物)以及 Be。大多数的技术进步是在 Nova 实验上采用聚合物壳靶实现的。烧蚀体加工最重要的一点是达到所需要的圆度以及靶丸的表面平滑度,以及不同层特定的厚度。

表 8.3 所示的是 NIF 靶的设计指标。主要采用三种技术来制作这样的壳

层——塔滴法、微囊法以及芯轴降解技术。

表 8.3　靶加工的典型指标

指标	值
球形偏差	<0.1%
烧蚀体厚度	<1%
外层光洁度	<200Å
内层光洁度	<1 μm
靶丸置于黑腔中心	<25 μm
允许的层温度变化	0.5 K
打靶中的最大位错(直接驱动)	20 μm
打靶中的最大位错(间接驱动)	200 μm

在塔滴法中,溶解在溶液中的聚苯乙烯从加热塔中滴落。溶液沸腾时液滴在滴落过程中变硬,在塔底收集刚形成的微球(Crawley,1986,Burnam et al.,1987;Cook et al.,1994)。之后加入聚乙烯醇(PVA)气体渗入微球,壳层再涂上一层聚合体烧蚀层作为烧蚀体。Nova 实验中的大部分靶均采用这种加工技术。尽管目前已经可以达到非常好的表面光洁度和透明度,但是仍然存在达不到所需球形度和同心度的问题。由于加工过程中引入的缺陷会随着靶丸尺寸的增加而增加。这种技术不适合生产 NIF 用聚变靶。

另外建立起来的靶丸加工技术是密度匹配微囊法,主要由大阪大学的激光工程研究所研发(Norimatsu et al.,1994)。该技术采用油乳液掺水,水在聚苯乙烯溶液中形成球形小球。加入另外的水溶液(聚乙烯醇),加热整个系统把溶剂排出,剩下聚苯乙烯壳,聚苯乙烯壳在几个小时之后就会变硬(Kubo et al.,2001)。采用这种技术,有可能获得大尺寸、球形度和同心度较好的靶丸,但是不容易获得比较薄的壁。鉴于这些原因,芯轴降解技术(Nikroo et al.,2002)有可能成为 NIF 实验主要的靶丸制作技术。在这里,首先通过密度匹配微囊法制作一个内层的芯轴并涂覆一层聚合体层。当靶丸受热时,芯轴材料分解并渗透出去,只剩下壳层。该技术中最重要的一点是要用一个高质量的表面来制作芯轴,这是因为靶最后的表面光洁度取决于初始芯轴的对称性。在最后涂层时,长波长表面调制又重新被复制,而在涂层时那些短一点的波长通常沿宽度生长(McQuillan and Takagi,2002)。

如前面提到的,除基于塑料的靶丸之外,Be 和聚酰亚胺靶丸也在考虑之列。Be 靶的优点在于他们能容忍在外烧蚀体表面以及内 DT 冰燃料表面 2~3 倍因子的粗糙表面。然而,加工技术仍然不成熟,决定因素仍然是能够达到的 Be 壳的质量。

DT 层

最后，我们将把一层 DT 涂在烧蚀靶丸的内表面上。这里的问题是要保证这一层高度球形，包括厚度以及高的表面质量（见表 8.3）。目前已经研发了多种针对不同液体的涂层技术，但存在的问题是在一个相对短的时间尺度上发生 DT 下垂因此不能获得所需的球形形状。目前，冷却到低温的固体的 DT 层靶最受欢迎（Musinski et al.，1980）。这些靶被称为冷冻靶，其优点在于球形靶丸内充满用液氦冷却的 DT 气体。一层薄的 DT 冰将凝聚在靶丸的内表面上。

尽管冷冻靶丸的固体层在开始时高度不均匀，幸运的是所谓的 Beta-layering 可以在一个合理的时间内将这些非均匀因素平滑至一个很高的程度。在 Beta-layering 处理时，由 T 放射性分解所产生的热使 DT 冰从厚的区域蒸发并在薄的区域重新沉积。加工这些靶丸需要很高的精度（Woodworth and Meier，1997），主要是因为如果加热太多的话塑料壳会爆炸。

黑腔制作加工

对间接驱动 ICF 实验，黑腔的制作又是另外的问题。通过电镀金来制作黑腔（Foreman et al.，1994），涉及用金包覆一个先前制作的芯轴，然后再用化学方法移除芯轴。由于要求黑腔内壁的靶表面非常平滑（$<$100 nm rms），加工芯轴时候需要特别注意。黑腔靶也包含着靶丸，单独地制作靶丸然后再连接到黑腔里面。

第 9 章

惯性约束聚变电站

本章关注之前考虑的惯性约束聚变物理之外的一些方面，讨论将来 ICF 电站必须解决的议题。电站必须尽可能以最低的成本来发电。这意味着聚变研究的主要目标将从以最可能低的能量演示聚变的目标转移到获得最可能高的增益和发电效率的目标上来。

9.1 发电站设计

一个 ICF 发电站，有时候叫做惯性聚变能电站(IFE)，从空间位置上考虑可以把这种电站分解为制靶工厂，驱动器，靶室，以及用来发电的蒸汽轮机组。这样一个概念性的图像如图 9.1 所示。

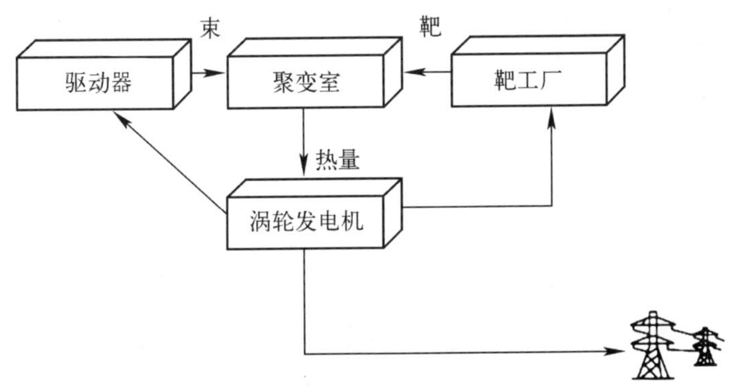

图 9.1　具备独立功能的靶工厂，驱动器，聚变靶室以及涡轮发电机的发电站概念图

ICF 电站不同的部分有如下功能：

- 制靶工厂将准备好靶并使靶充满 DT 燃料。靶准备好后将运送到反应堆并被注入靶室中；
- 驱动器——不论是激光器或者是粒子加速器，将电能转化为一个短的强脉冲，然后将其能量传递到燃料靶丸从而驱动聚变过程；
- 在靶室中，将对靶的位置和速率进行追踪，光束被相应的定向以使聚变过程能够发生。聚变产物在靶室再生区(blanket)被捕获，他们的动能被转换成热能。在靶室中，将以很高的频率重复这个过程。此外，在靶室中还将生成氚；
- 在涡轮发电机中，再生区的热能被转化成电能。部分被转化的电能又反馈回反应堆中来给驱动器提供能量，剩余的部分就被注入供电网中；
- 此外，氚和其他一些靶材料将从再生区流体中被萃取出来，在靶工厂中循环使用。

将发电站不同部分分开的优点在于制靶工厂和驱动器完全与聚变靶室分离，因为靶工厂和驱动器易受辐射和冲击损伤的影响。我们将在第 10 章中看到在重离子束驱动聚变中，这种分离的另外一个优点就是可以利用一个单一的驱动器来同时给几个聚变靶室提供能源。这样一个 IFE 发电站的例子——HYLIFE 概念，见图 9.2。

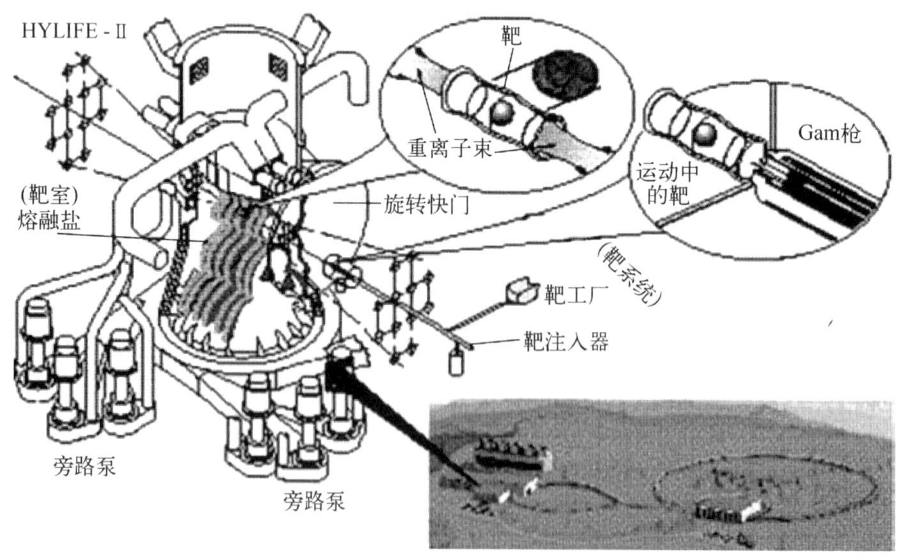

图 9.2 HYLIFE 概念图

除了达到聚变之外，一个发电站的建设将不得不满足下述严苛的要求：

- 高增益靶——例如，能量输出约高于驱动器能量输入 50～100 倍；
- 高重复频率（5～10 Hz）的高效驱动器（10%～30%）；
- 高产出率低成本靶；
- 长寿命（约 30 年）同时维持低辐射水平的聚变靶室。

换句话说，驱动器必须长时间高效每秒点燃几个廉价的聚变靶。最终目标是最后能够建设一个相对清洁不用担心耗尽资源的反应堆。

9.2 发电效率

在反应堆中将发生一系列能量转换进程（见表 9.1）。

表 9.1　ICF 发电站中的能量转换进程

能量转换进程		名称	符号	效率
电学的	→激光束	驱动器效率	η_{driver}	≈10
	→粒子束			30～40
驱动器	→热核	靶增益	Q	
热核	→热	增殖	M	1.05～1.25
热	→电学的	电力循环	η_p	25%

反应堆效率不只由聚变过程的效率决定（如流体力学效率，燃烧效率），而且由如何有效地将聚变能转化为电能决定。损耗以及相应的效率定义如下：

（1）驱动器效率由下式给出：

$$\eta_{driver}=\frac{\text{驱动器能量输入}}{\text{驱动电能输入}}$$

该式描述的是将输入电能转换为激光或者粒子束能量的效率。

（2）靶增益 Q 为通过聚变过程（见第 4 章和第 7 章）驱动器能量产生热核能量的效率；

（3）当热核能在靶室中的再生区被转换时，伴随着 T 增殖，中子反应将导致一个中度的能量增殖 M；

（4）通常聚变能变换为电能将通过热循环工作，通过电站总的热效率 η_{th} 来定义。

(5) 产生的部分电能必须重新用来运行驱动器。这部分可以通过电站循环效率 η_p 来量化。

在 7.1 节我们看到科学意义上的得失等当定义为当聚变能量产额等于驱动器能量输出时。工程上的得失等当甚至更难满足。如果聚变能量产额足够高能够补偿驱动器所需的能量，工程意义上的得失等当是可以达到的，对整个反应堆循环(见图 9.3)意味着

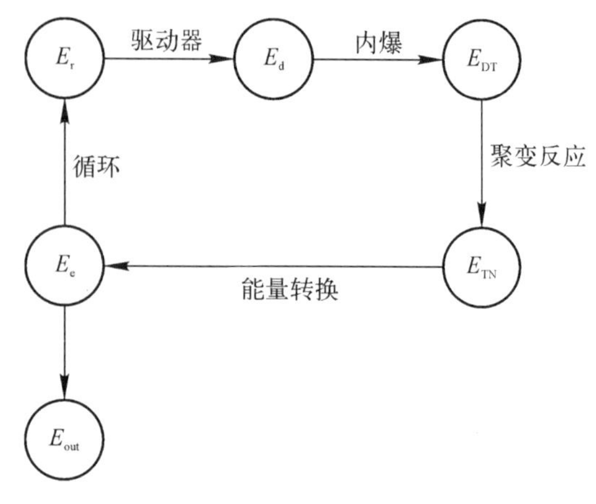

图 9.3 反应堆的增益循环示意图

$$\eta_{driver} Q M \eta_{th} \eta_p > 1 \quad (9.1)$$

但是什么样的 η_{driver}、Q、M、η_{th}、η_p 值在目前看来是现实的呢?

我们从最后一项 η_p 开始，很显然用于运行驱动器的再生能源的量不应该太高;否则燃料刚够燃烧来运行驱动器。出于节约原因，所产出的不高于 25% 的能量可以被用来驱动驱动器。典型的热循环有一个总的介于 30%～40% 电站热效率 η_{th}。所谓的核能增殖，由于中子反应的能量增加值典型地在 1.05～1.25 范围，因此只是轻微影响整个过程的效率。在方程(9.1)中使用 M，η_{th}，η_p 的这些估计，我们得到

$$\eta_{driver} Q > 10 \quad (9.2)$$

为在反应堆中产生巨大的功率，需要 $\eta_{driver} Q \sim 100$。

乘积 $\eta_{driver} Q$ 描述的是反应堆所需的最小增益，与所采用的驱动器类型无关。间接驱动方案的靶增益期望值为 Q 约为 30，而直接驱动为 Q 约为 100。

如我们在 2.2 节中看到的那样，对一个激光器来说，驱动器效率实际上为 10%。对 NIF 和 LMJ 来说 $\eta_{driver} Q$ 约为 3;很明显，对一个反应堆来说并不足够好。对反应堆来说，一个较高的靶增益和较高的驱动器效率将是强制性的。

如在第 2 章中讨论的，提高增益和效率的另外一个选项就是使用不同类型的激光器，或者采用重离子束作为驱动源。我们将在第 10 章中看到，重离子驱动的效率有望达到 30%～40%。这样的发电站能够提供更多更有效的反应堆。

在驱动器效率或者靶增益方面的任何改进都可能使反应堆工作在较小的驱动能量下。这将减少驱动器成本并只需较小部分的重复利用功率。减少的驱动

器成本以及提高的效率将减小能量产出成本，可能使其在不远的将来与其他产能方法具备竞争性。

除了以有效成本的方式达到聚变外，基于 DT 燃料的第一个聚变反应堆的能量将主要以快速的 14 MeV 中子的动能的形式被释放。为捕获这些中子，一个反应堆腔体必须包围聚变小球，而且这个反应堆靶室的壁必须吸收中子并将它们的能量转化为热能，然后用来发电。

9.3 靶室

在一个工作的反应堆中，靶室必须满足上述提到的几种功能，并必须

- 提供一个良好的真空环境；
- 提供一个内部环境使驱动器能够在空间和时间上高精度沉积其能量；
- 确保靶能够被精确定位；重新获得能量以及使氚增殖。

在一个相当不友好的环境中要达到所有这些条件就会使情况变得更加复杂。聚变靶丸将发射出中子、X 射线、带电粒子，并（对激光驱动器）反射激光。对靶室的设计一个重要的贡献就是可以对能谱以及中子产额，光子以及碎片做详细了解。最近的研究表明在直接和间接驱动方案中来自于离子碎片的能谱和 X 射线辐射量的差别可能很大（ARIES，2004）。

离开靶，通过碰撞沉积动能的高能中子将很快加热靠近靶的任何材料并将他们打碎。只有在较大距离上，热沉积要温和一些。由于并不是所有聚焦到靶上的能量能够被转移来推进内爆，部分能量将以 X 射线的方式终结。X 射线被靶室的内表面吸收，使靶表面外层蒸发因而生成材料碎片。此外，也有被点燃的靶的碎片。靶室必须能够经受住粒子的高速冲击并具备很强的机械应力。在发电站中，在点燃下一个靶之前这种碎片必须很快通过浓缩方式清理干净。由于碎片沉积的过程复杂，靶室壁是在计划一个 ICF 反应堆时必须考虑的一个关键问题。

另一个问题是安全问题，直接与靶室中使用的材料的选择有关。在多次碰撞之后，中子被某种原子吸收，因此改变其原子量。新形成的原子在某些情况下可能是具备放射性的同位素，因此在靶室中选择材料以及采用液体屏蔽方式以避免放射性同位素或至少使新形成的原子在短时间内衰减相当重要。

第三点要考虑的是靶室中靶的定位。在目前的实验中，我们能够预测注入靶

后的位置精度约为 0.1 mm，对 ICF 实验这个精度已足够(Petzoldt et al.，2002)。由于靶定位和束指向必须协同，组合值更是相关的，目前的精度是 0.4 mm(Moir，1994)。尽管在单次打靶中，定位看起来并不是问题，但如果每秒打靶几发就不是这样了。我们在 8.1 节中看到，在靶区域的温度必须保持相对固定，如果在保持温度相对固定的同时又需要较高的重复频率这将很难保证定位的精度。

目前已经有了不少相当详细的、概念性的、针对激光和重离子驱动聚变反应堆的靶室设计(见表 9.2)。图 9.6 所示为 Sombrero 靶室，是针对直接驱动激光靶的概念性设计。靶室由低活性的碳化合物制成。激光器可能是一个二极管泵浦固体激光器或者是一个 KrF 激光器。氙气将控制 X 射线和碎片对靶室内壁的破坏。

表 9.2　概念性的惯性聚变反应堆设计

概念	研究名称	驱动器类型	方案
干壁靶室	Sombrero	激光器	直接驱动
	KOKI		
湿壁靶室	Osiris	激光器	间接驱动
	Prometheus	激光器	直接驱动
	KOYO		
液态壁	HYLIFE	重离子	
	ZFE	*Z*-箍缩	
	SENRI		

在这些研究中激光驱动聚变与重离子驱动聚变在某种程度上有所不同。在激光驱动聚变中，最后的聚焦系统必须与靶室有足够的分离空间，并需要采用透明玻璃进行屏蔽以及采用一个大的靶室来降低 X 射线强度。相比之下，重离子驱动聚变电站可以让最后的聚焦磁铁靠近靶。这将允许建设一个较小的靶室，同时具有减小焦点尺寸的优点。如果焦点尺寸较小，驱动器也可以更小，而且建起来也较便宜。此外，小的靶室只需要较少的材料，这又降低了成本。HYLIFE-Ⅱ(Moir，1994)就是这样一个使用重离子驱动器的惯性聚变能电站设计(见图 9.2)。靶室使用一种由氟、锂、铍组成的熔盐(Flibe)液体喷雾来保护靶室以免被中子破坏。这就延长了器件的寿命，降低了维护成本以及环境影响。

靶室壁设计

相比磁约束器件，ICF靶室对靶室的真空要求不是那么迫切。这就在靶室壁设计上具有更多的灵活性。已经有不少关于ICF靶室壁的概念性设计。我们能够区分三种主要的类别：干壁靶室、用液态膜保护的固体壁靶室以及液态壁。表9.2所示为不同的IFE反应堆研究所偏好的靶壁设计。

从技术上讲，要考虑复杂的壁是因为当中子打到壁上时快速飞行的中子会将原子从原来的位置剔除。这对有着固定原子结构的固体材料来说，比对液体物质的损坏更大。在灌浇壁概念中，采用一种再生的液体可以屏蔽中子对结构组件的损害。采用纤维或者细管导引液体流动并控制液体的几何形状。所设计的这些纤维或细管结构也容易替换。薄液体膜或者薄片能够屏蔽流动导引结构被X射线烧蚀。这里流体力学问题替代了材料的问题，在这个概念中不需要替换再生区。

靶室有额外的将热能传递到热交换器的功能。通过加热冷却液来完成这个交换过程，之后被加热的冷却液将热能转移到热交换器，并通过涡轮发电机发电。在图9.4所示的例子中，聚变靶室容纳有围绕靶的熔融盐射流。这些射流从顶部至底部流动，吸收由靶产生的能量。熔融盐在靶室的底部被收集并被转移至蒸汽锅炉，驱动普通的涡轮发电机。冷却液于是通过循环再回到靶室。目前，熔融盐Li_2BeF_4(Flibe)是广泛应用的液体冷却剂。除了不燃烧和与不锈钢兼容的优点外，在用中子轰击的时候也表现良好。^{6}Li同位素吸收中子，同时生成He和氚原子。Be核被快速的聚变中子撞击时会失掉中子，因此这些中子又能够再被锂吸收。这样就比在聚变反应中产生的氚要多。由于氚的储量比D少，在聚变反应堆当中对氚增殖是必要的。在目前已知的概念性研究中，氚是从自然存在的Li的同位素^{6}Li(7.4%)和^{7}Li(92.6%)来进行增殖的。它们与在聚变过程中释放出的中子作用，能够以两种方式生成氚：

$$^7\text{Li}+\text{n}(2.5\ \text{MeV})\rightarrow {}^4\text{He}+{}^3\text{T}+\text{n}(\text{slow})$$

$$^6\text{Li}+\text{n}(\text{slow})\rightarrow {}^4\text{He}+{}^3\text{T}+4.8\ \text{MeV}$$

在设计中氚在壁中并没有增殖，因此需要一个额外的再生区系统来取代聚变反应中损失的氚。图9.5所示为在KOYO研究中的液态壁设计。

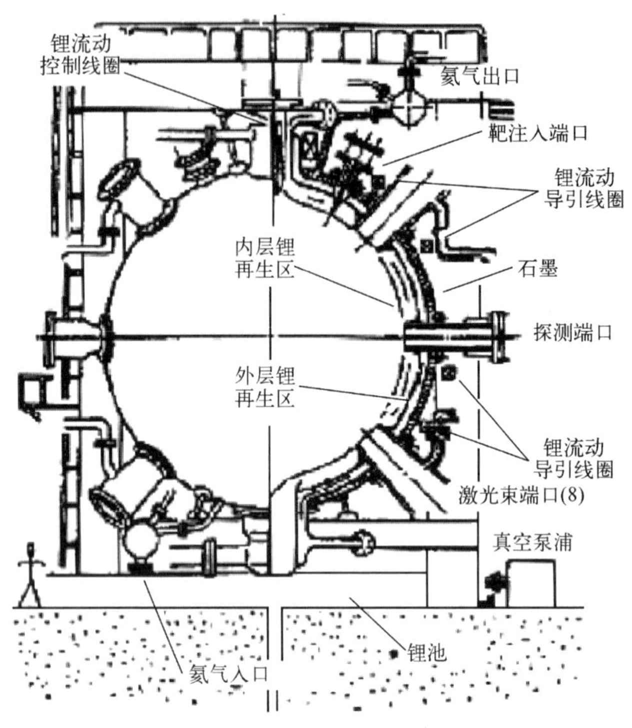

图 9.4　反应堆研究 SENRI 的靶室壁设计. 在该设计中，磁场导引锂沿壁面的曲面流动

(Nakai and Mima，2004)

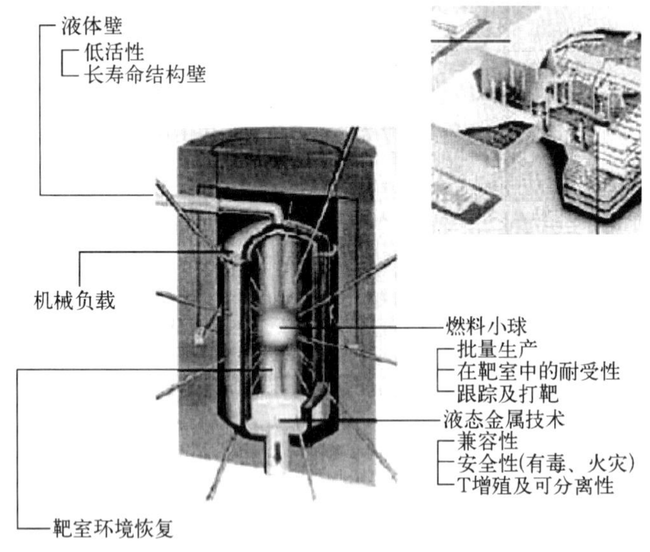

图 9.5　KOYO 研究中的液态壁设计

(Nakai and Mima，2004)

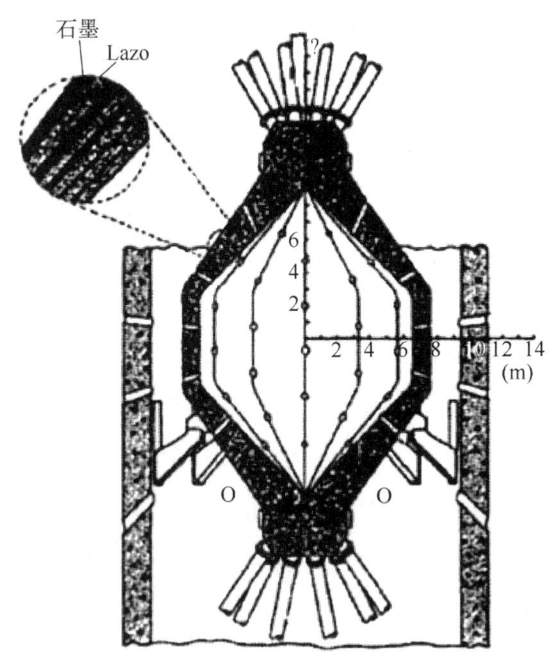

图 9.6　Sombrero 研究中的干壁靶室概念(Nakai and Mima, 2004)

9.4　电站用靶制作

下一步很关键的议题就是要经济地制作 ICF 用靶，尤其是间接驱动靶。目前，生产 ICF 实验用靶相对昂贵，每个靶约耗资 2 500 美元，用在反应堆里显然太贵。成本高的原因在于靶的设计时常改变，因此每种设计只被少量生产，同时研发成本高而且产品也是劳动密集型的。对于一个 ICF 发电站，必须大大削减这些成本，估计每个靶的成本约为 20～40 美分，这是最大可支付成本(Rickman and Goodin, 2003)。比较乐观的是，可以通过大规模生产靶，尽量少用不同的靶设计，不经常改变靶，以及通过自动加工的连续生产过程等等来削减成本。在快点火方案中，所需靶丸的均匀性将会有所放宽，因此靶加工成本甚至可能会进一步降低。对于重复频率为 5～10 Hz 的驱动源，一个电站每年所需的靶的数量约为 10^8。这将涉及几个后勤问题，因为，取决于靶加工的方法这涉及如几天的冷却时间等问题。由于期望在发电站中所用的靶将会是冷冻靶，这意味着在 ICF 过程进行之前和进行之中必须将靶保持低温(靶室的中心温度为 18 K，见 8.1 节)。温度变化 0.5 K是可以容忍的。由于靶丸也相对易碎，使得处理起来有难度。目前微囊法与流体托床结合的技术看起来是最有希望达到这个目标的加工技术。靶室自身的温度为500～1 500 ℃对靶也是不利的。残留在靶室中的热气加热将会使靶丸变形。由于黑腔对靶丸提供了某种保护，对间接驱动靶丸这个问题不大明显。对于直接驱动靶，反射金属罩也许能帮助克服这一点。

9.5 安全问题

对于一个反应堆来说，安全问题不可避免起主要作用。有几点需要考虑：事故隐患、废燃料、活性粉尘，以及在关闭这样一台机器或更换某些部件后所带来的放射性。发生重大事故的概率几乎是可以忽略的，和裂变反应堆相比，将ICF靶室熔化这样的事情是不可能发生的，因为如果一个地方出错，内爆就会不成功，简单地说，聚变反应就会被它们自身关闭。来自活性材料的热衰变是最坏的情况，但温度也只有几百摄氏度——太小而不可能将靶室熔化。

那由氚带来的隐患呢？与裂变相比，聚变概念的另外一个优势是放射材料的量很小，聚变产品的半衰期很短(见1.2节)氚的半衰期为12.5年。而且，万一发生氚的意外事故，通过人体它们的损耗时间量程更短。其生物学半衰期为10～15天。图9.7所示为在一个裂变反应堆和磁聚变反应堆中(来自一个ITER模型研究)在反应堆停堆之后放射性的短暂发展。可以看到，对一个钢结构的反应堆，即使是在20年之后其放射性也至少比裂变要低两个数量级。使用更高级的材料，有望进一步降低两个数量级。在一个惯性聚变反应堆中，放射性甚至更小，因为靶室比Tokamak装置要小很多。由于在靶室中材料里的许多长期的效应仍然未知，NIF和LMJ装置的主要任务将会是：获得关于放射性、核能供暖以及辐射屏蔽的数据；测试靶室壁的服务年限(耐久性)；测量材料中辐射损伤的剂量效应；研究氚存量以及氚燃烧率，确定氚的增殖率。

这些研究的结果将极大影响第一个演示反应堆的设计，在NIF和LMJ激光系统上进行试验之后，这将会是下一步的研究目标。除对诸如NIF和LMJ这样的激光器指标如：总能量(MJ/pulse)，波长(0.3～0.5 μm)；强度(10^{14}～10^{15} W/cm^2)；脉冲形状；辐射均匀性(＜1％)之外，用于反应堆的激光驱动器还应当满足如下要求：效率(＞10％)；重复频率(每秒数发)；低成本(操作和运行)以及可靠性和长寿命；我们在2.5节中已经给出了可能满足这些要求的激光器。正如在2.5节中指出的那样，闪光灯泵浦的玻璃激光器其弱势在于极低的重复频率。二极管泵浦激光器或者重离子束驱动器可能更有希望，我们将在下一节讨论。

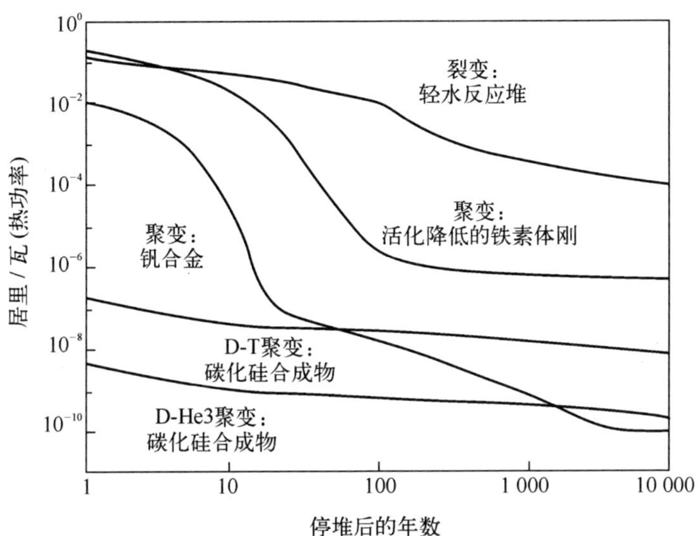

图 9.7 停堆之后裂变与(磁)聚变放射性的对比

第 10 章

重离子驱动聚变

当传统的激光装置(如 NIF 和 LMJ)成为获得聚变可能性的主要研究工具时，他们很适合作为一个实际的发电站的基础。我们将钕玻璃激光器作为目前反应堆驱动器所面临的问题总结如下：

- 他们的效率极低,典型地在 6%～10%。即便优化钕玻璃激光器技术也只是达到 15%。
- 需要每秒几发的重复频率,目前在 MJ 级的钕玻璃激光器上是不可能达到的。在 NIF 上最好的是每 8 小时一发。

在第 2 章中,我们讨论了高效率钕玻璃激光器的备选方案。然而,也有使用完全不同类型的驱动器,这里主要的候选者就是重离子束驱动器。重离子驱动器的重复频率高,因此其效率也高。比如,一个感应加速器的效率为 30%。在本章中,我们将仔细研究重离子束驱动器的概念。

在重离子束驱动聚变中,通过将高速离子在高 Z 材料(如铅)中制动来加热材料。在这种情况下,离子的动能沉积在材料中很小的一部分质量内。离子束优于激光的地方在于其高效率、可靠性以及高重复频率。离子束更深一层次的优点就是可以通过磁铁将离子束聚焦到靶上。离子束可以穿透物质,能量损失相对较小(和电磁辐射相比),因此,使用合适的靶室设计终端的聚焦磁铁能够很容易对聚变副产品进行防护。当然我们也将看到,重离子作为驱动器也有问题,但是让我们和往常一样开始对驱动器进行描述。

10.1 重离子驱动器

现在还没有特定的为重离子驱动惯性聚变研究所设计的加速器。相反，已建造的加速器多是为高能量物理实验服务的，如德国的 SIS 装置或者日本的 TIT/RIKEN/KEK 装置——用于执行与重离子驱动设计相关的实验或者研究离子束与等离子体之间的相互作用。对重离子驱动器尤其是为 ICF 设计的驱动器来说，主要的差别是要将大的瞬时束功率聚焦到一个小的焦斑（约 3 mm）。这对现有的传统加速器来说还远不够。尽管研究人员已经测试了驱动器方案中的单个部件且有建造一个集成重离子束实验装置的提议，但下面我们将要阐述的基本的驱动器方案也只是概念上的。目前大部分这种加速器的设计都通过专门的代码来完成。

基本上，有两类加速器能够用作重离子聚变：射频加速器和电子感应加速器。射频加速器主要在欧洲和日本，而感应加速器则主要在美国。在一个射频加速器中（见图 10.1a），通过将射频功率馈入到一个谐振腔，即生成一个快速振荡的电场。带电粒子定时横穿过空隙，当电场指向右方时（见图 10.1）加速粒子。射频加速器中的电流被限制在约 200 mA，远低于惯性约束聚变驱动器的要求。因此，聚变器件的设计通常包括存储环中的束堆以及压缩环中的束聚。一种典型的配置如图 10.2 所示。这里，电荷在一系列存储环中被慢慢积累。相比之下，在感应加速器中，由一个脉冲电压诱导的变化的磁场生成电场加速离子（见图 10.1b）。尽管感应加速器可以操作在更大的电流（至 10 kA），但所产生的电压远比射频加速

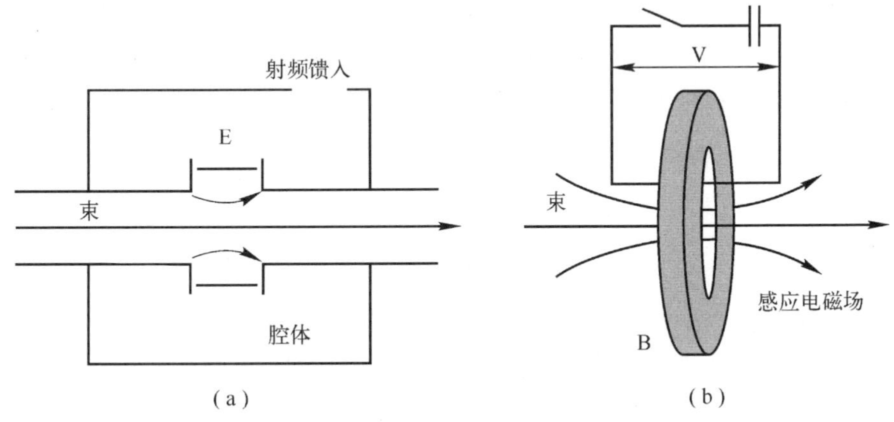

图 10.1 (a)射频及(b)感应电感离子加速原理

器中的电压要低。图 10.3 为一个感应加速器的示意图。这里,束以并行的方式被加速。

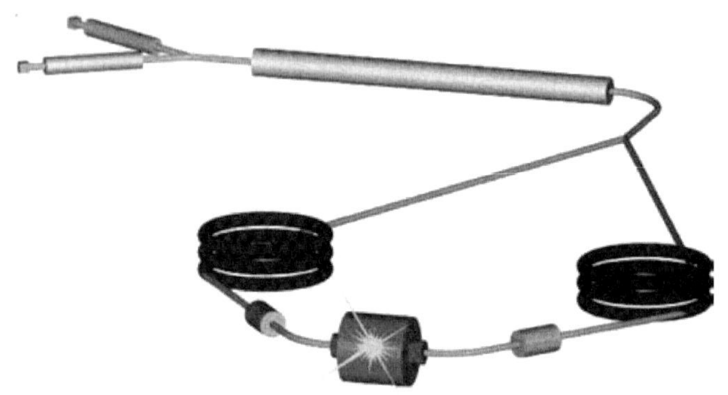

图 10.2　基于 HIDIF 研究的重离子聚变射频加速器原理

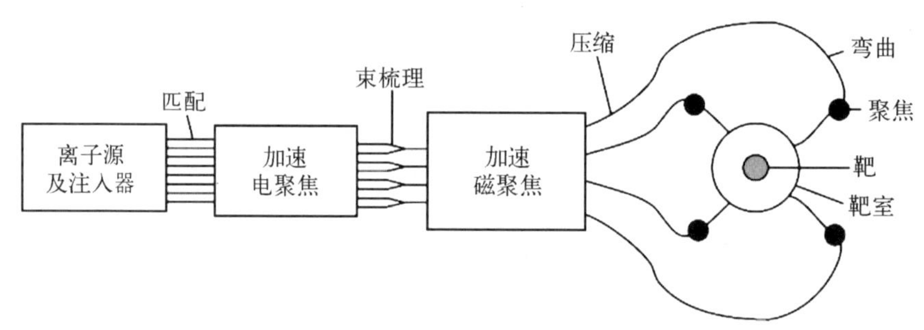

图 10.3　基于重离子点火装置的感应加速器示意图

离子束以下述方式产生:一个离子源产生初始为单或双的带正电的离子脉冲。目前,铋、铅和钾束在重离子聚变器件中很受欢迎。在这点上,离子具有几个 MeV 的能量,所有的粒子几乎具有同样的速度。通过注入器离开源之后,离子被电场加速到几百个 MeV。这不是通过单个束而是通过多束同时加速来完成。在初始加速阶段的最后,束被以组的方式组合,使少量的束被聚焦到靶区域。由于束的合并,电流增加。在下一阶段,束被压缩以便最后的脉冲在足够短的时间内传递能量。在这个阶段,约 100 ns 长的束必须被压缩到约 10 ns。在加速期间,离子云的长度相对保持固定。因此,当离子变得更快时脉冲持续时间缩短。紧接着的是磁聚焦加速。

为什么我们会从一个很长的脉冲开始呢?如较早以前我们知道的,重离子加速器与传统加速器的主要差别就是重离子加速器具有较高的束强度。当束中的离子都带正电时，他们相互排斥，离子越多，束就越密。其结果就是不想要的束扩展，某种意义上讲变为空间电荷占优。为避免在通过加速器传播的过程中束的扩散，要将圆柱状离子云的长度保持得相对长以使离子具有足够低的密度。这样，排斥和束扩散就可以控制了。然而，束必须被电场和磁场频繁地再压缩。

空间电荷问题也是为什么在大部分设计中采用大数量束的原因。如果有大数量的束，单束内的电流可以很小，这样减小束的扩展有助于当束沉积到靶上时在环中获得角对称性。当束最终打在靶上时，必须有一个足够快速的能量沉积和一个较高的总电流。这意味着在束达到靶之前束必须被纵向压缩约 10 倍，在压缩这步，脉冲长度应该约为 10 ns。最后压缩的问题仍然没有完全解决。基本上需要加速在束背后的离子以使他们赶上在前面的离子。

在束中离子的速度和方向并不刚好相同，将展现出一个随机的成分叫做发射度。发射度越大，被抹去的焦点就越多，因此发射度必须保持尽可能小。

正如在激光驱动聚变中，需要一个经过仔细整形的脉冲。图 10.4 显示的是运用不同持续时间的束、电流、能量以及到达时间上如何得到这样一个整形脉冲（Yu et al.，2005）。图 10.4 中的数字表示的是一种特定类型的束的数量。在这个所谓的“robust-point”设计中，约为 3 GeV 的基座脉冲由三种不同类型的束生成，而 4 GeV 的主脉冲由两种类型的束生成。由于在低温下离子的制动长度较短（见 10.2 节），基座脉冲比主脉冲小 15%。

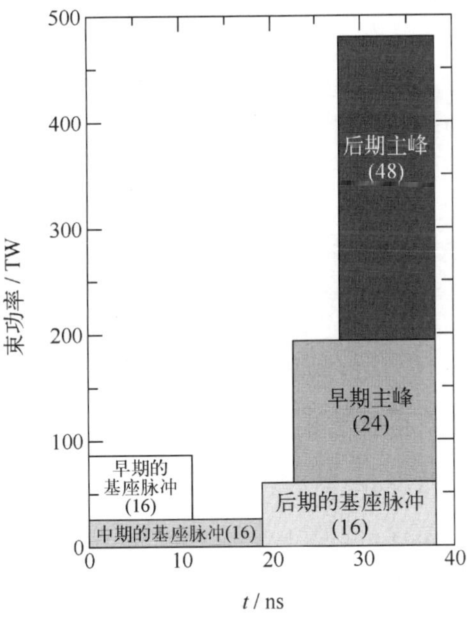

图 10.4 根据不同持续时间的固定电流束近似的功率轮廓示意图（Sharp et al.，2003）

Robust-point 设计倾向于使物理风险降到最小。在这个设计中，介于末端聚焦磁铁和靶室之间束线内的低密度等离子体通常被用来压制束电荷（Welch et al.，2001）。理论上等离子体能够使束中和增加超过 95%。目前，在离子源、高通量注入器、重复感应模块以及末端离子束束聚方面的技术进步相当快

(Yu et al., 2003)。因此在不远的将来我们能够期待这些方案进一步的技术进步。

10.2 离子束能量沉积

离子束与激光能量沉积的主要差别在于离子穿透靶并将能量沉积在靶内。与激光驱动聚变不同，离子束驱动没有临界等离子体密度；相反，离子在一个严格定义的距离上被制动。他们的大部分能量在接近离子射程的末端被释放出来而在之前释放的很少。这种现象叫做布拉格峰(Bragg peak)，如图 10.5 所示。

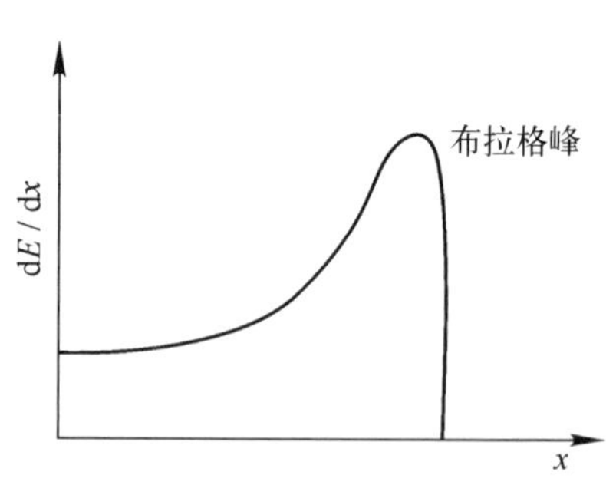

图 10.5 当一离子束穿透材料时的能量沉积

早期在物质中制动离子的工作主要集中于在冷物质中制动低密度束离子。然而，高温材料中高强度束制动的概念与此是十分相似的：原子中的电子通过与离子的库仑作用的激发和离化过程，离子被减速。在冷物质中，离子制动过程由 Bethe 方程描述

$$\left(\frac{\mathrm{d}E}{\mathrm{d}x}\right)_B = \frac{4\pi N_0 Z_{\mathrm{eff}}^2 \rho_{\mathrm{st}} e^4 Z_{\mathrm{st}}}{m_e c^2 \beta^2 A_{\mathrm{st}}}\left[\ln\frac{2m_e c^2\beta^2\gamma^2}{I_{\mathrm{av}}} - \beta^2 - \sum_i \frac{c_i}{Z_{\mathrm{st}}} - \frac{\delta}{2}\right] \quad (10.1)$$

式中，N_0 为阿伏伽德罗常数；$\beta = v/c$；$\gamma = (1-\beta^2)^{-1/2}$。制动材料通常由其密度 ρ_{st}，原子量 A_{st}，原子数 Z_{st}，以及由有效电荷 Z_{eff} 推进的离子来表征。I_{av} 表示平均离化势；$\sum_i c_i/Z_{\mathrm{st}}$ 表示壳层修正项效应的和。平均离化势 I_{av} 定义为

$$I_{\mathrm{av}} = \frac{1}{Z}\sum_n f_n E_n$$

式中，E_n 是可能的电子态；f_n 为相应制动材料的偶极子振子强度。在实践中，平均离化势的计算很复杂因而常使用实验值。

将方程(10.1)积分，得到在离子制动之前在材料中行进的距离 r_{st}，即所谓的离子射程，近似标定为

$$\gamma_{\mathrm{st}} = \frac{A}{Z^2}\left(\frac{E}{A}\right)^{1.8} \quad (10.2)$$

Bethe 公式只在 $I_{\mathrm{av}} < 2m_e c^2\beta^2\gamma^2$ 时有效；对于较高的离化度，Bethe 公式会发散，除非同时将原子壳层修正以及极化效应考虑进去。更精确的计算需要将推进

离子的中心散射的贡献项考虑进去，在这种情况下，冷材料中高能离子的制动功率更精确的表示为

$$\frac{\mathrm{d}E}{\mathrm{d}x}\Big|_{\mathrm{bound}} = \min\left(\frac{\mathrm{d}E}{\mathrm{d}x\,|_{\mathrm{Bethe}}} \cdot \frac{\mathrm{d}E}{\mathrm{d}x\,|_{\mathrm{LSS}}}\right) + \frac{\mathrm{d}E}{\mathrm{d}x\,|_{\mathrm{nuc}}}$$

这里

$$\frac{\mathrm{d}E}{\mathrm{d}x\,|_{\mathrm{LSS}}} = C_{\mathrm{LSS}} E^{1/2}$$

并采用下面的定义：

$$C_{\mathrm{LSS}} = \frac{0.0793(Z_{\mathrm{p}} Z_{\mathrm{st}})^{2/3}(1+a)^{3/2}}{(z_{\mathrm{p}}^{2/3} + z_{\mathrm{st}}^{2/3})^{3/4} A_{\mathrm{st}}^{1/2}} \left(\frac{E_{\mathrm{L}}}{1.602 \cdot 10^{-9}}\right)^{1/2} \frac{(\mathrm{keV}^{1/2}/\mu\mathrm{m})}{r_{\mathrm{L}} \cdot 10^{4}}$$

$$E_L = (1+A) Z_{\mathrm{p}} Z_{\mathrm{st}} e^2 / Aa$$

$$r_L = (1+A)^2 / 4\pi A N a^2$$

$$a = 0.468c(Z_{\mathrm{p}}^{2/3} + Z_{\mathrm{st}}^{2/3})^{-1/2} \cdot 10^{-8}(\mathrm{cm})$$

$$A = A_{\mathrm{st}} / A_{\mathrm{p}}$$

式中，N 为靶原子数密度。

$\mathrm{d}E/\mathrm{d}x|_{\mathrm{nuc}}$由下式给出

$$\frac{\mathrm{d}E}{\mathrm{d}(\rho x)\,|_{\mathrm{nuc}}} = C_{\mathrm{n1}} \frac{E}{A_{\mathrm{p}}}^{1/2} \exp\left[-45.2 \frac{C_{\mathrm{n2}} A_{\mathrm{p}}^{0.277}}{E}\right](\mathrm{MeV/g \cdot cm^2})$$

$$C_{n1} = 4.14 \cdot 10^{6} \left(\frac{A_{\mathrm{p}}}{A_{\mathrm{p}} + A_{\mathrm{st}}}\right)^{3/2} \left(\frac{Z_{\mathrm{p}} Z_{\mathrm{st}}}{A_{\mathrm{st}}}\right)(z_{p}^{2/3} + z_{\mathrm{st}}^{2/3})^{3/4}$$

$$C_{n2} = \frac{A_{\mathrm{p}} A_{\mathrm{st}}}{A_{\mathrm{p}} + A_{\mathrm{st}}} \frac{1}{Z_{\mathrm{p}} Z_{\mathrm{st}}} (z_{\mathrm{p}}^{2/3} + z_{\mathrm{st}}^{2/3})^{-1/2}$$

$$Z_{\mathrm{eff}} = Z_{\mathrm{ion}}[1 - 1.034\exp(-137.04\beta / Z_{\mathrm{ion}}^{0.69})]$$

使用 Bethe 公式一个附加的问题就是确定束中的有效电荷 Z_{eff}。对于比质子重的束离子，有效的 Z_{eff} 只是从实验结果知道，根据 Brown and Moak (1972)，近似为

$$Z_{\mathrm{eff}} = Z \cdot \gamma = Z\{1 - 1.034\exp[-(v/v_0) Z^{-0.688}]\} \tag{10.3}$$

式中，$v_0 = 2.19 \times 10^8$ cm/s；v 为离子速率，单位为 cm/s。根据方程(10.3)可知，Z_{eff} 实际上是冷等离子体中的推进速率。由离化和复合过程决定的 Z_{eff} 出现在比能量损耗短的一个时间尺度上。

在 ICF 中，制动主要发生在高温等离子体中。对于高度离化的靶，通常达不到这些平衡态的 Z_{eff} 值。束离子的能量会更有效地传递给自由等离子体电子而不

是冷材料中的束缚电子。由于电子复合降低，电荷态在被离化的制动材料中要比冷材料中高(Peter and ter Vehn, 1991)，这将导致库仑对数 lnΛ 增加。

离子射程被缩短，布拉格峰甚至比在冷物质中更明显。峰值制动功率比非平衡态效应增强了 2 倍甚至更多。如图 10.6 所示为铅中的离子射程与能量的关系。有些时候和直觉相反，较重的离子在一个给定的深度上能够比轻的离子沉积更多的能量。尽管束离子只是被单次或二次充电，一旦他们打到靶上，许多残留的电子就被去掉了。较重的离子损失更多的电子，因此以更高的正电荷告终。这些离子比更轻的离子能够很快制动并在一给定的距离上沉积更多的能量。因此，轻的离子如锂($A=3$)只能在 0.1 mm 的铅内沉积 50 MeV 的能量，而重离子($A=36\sim82$)能够沉积(1～10)GeV。这意味着对重离子束来说束强度可以比轻离子束小。

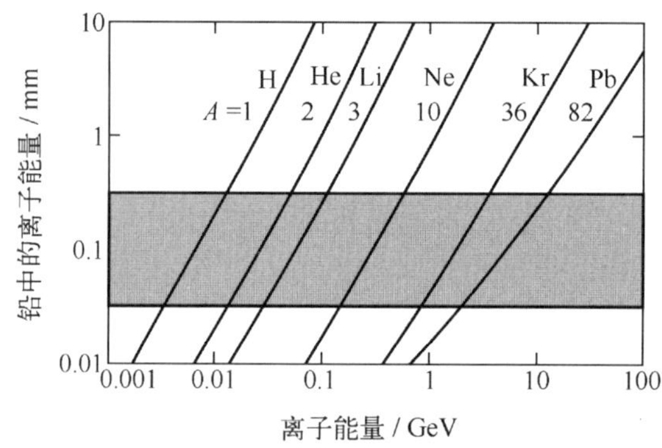

图 10.6 铅中制动距离与离子能量的函数关系

10.3 重离子驱动器的靶设计

在重离子聚变概念中，不止驱动器不同，而且先前描述的能量吸收机制也不同，因此需要一种变化的靶设计。采用重离子作为驱动器的直接驱动靶中经典的 RT 不稳定性仍然是一个大问题。目前很难用离子束达到所需的 1%的均匀性。虽然如此，直接驱动方案仍然没有被完全弃用，因为在激光聚变中新的靶设计提供了希望，这种要求能够放松一些。对于 2%～3%的辐射均匀性，由重离子驱动的直接驱动方式是可能的。然而，间接驱动方案看起来是最可能的选项。

对重离子驱动器来说，间接驱动概念与激光间接驱动不同，因为束不直接打在黑腔壁上而是将能量沉积在转换器中(见图 10.7)。为直接加热黑腔(正如在黑腔靶中)需要低能离子以及非常高的峰值功率。否则离子能量将在腔壁内沉积太深导致 X 射线产额不足。在这种情况下,在吸收和驱动阶段之间能量耦合和绝缘将会成问题(Piriz and Atzeni, 1994)。然而,如果我们使用转换器,束离子的能量就能够有效地转换为热 X 射线辐射。热辐射被限制在罩壳内最终驱动聚变靶丸的内爆。之后的一切如在激光驱动聚变中进行的那样:是典型的热斑情况。如前,靶丸由低 Z 材料的球壳和冷冻的内层 DT 燃料组成。

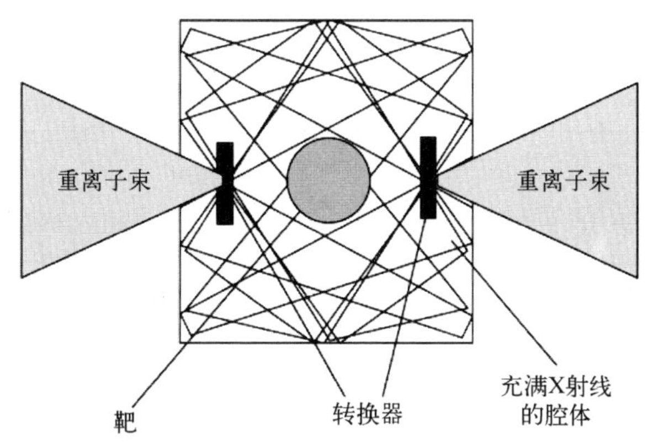

图 10.7　重离子驱动聚变靶示意图

在转换器(如转炉)开始将 X 射线有效地发射进黑腔前,由于必须将转换器加热到 100 eV,这个能量必须被传递到尽可能最小的体积内。这意味着穿透深度和靶上的束直径必须最小。靶设计研究表明加热转换器表面下 0.1 mm 范围内为首选。这里,使用足够能量的正确的离子束来得到这个穿透深度非常重要。

在重离子驱动的聚变中,如何将离子束聚焦到一个小的焦斑是最主要的问题之一。在通过一个最末端的聚焦器件之后,为将离子束聚焦到同一个点,离子必须严格具备同样的速度以及同样的方向。束越热(如随机运动的数量),最后的焦斑越大。这种运动的随机性叫做发射度。

正如激光驱动聚变一样,靶设计需满足特定的束指标。如表 10.1 所示为 HIDIF 研究中(1998)针对一个双转换器参考靶的束参数。在该研究中,点火驱动器的参数为焦斑半径 1.7 mm,脉冲长度为 6 ns。在该研究中,古老的望远镜思想得到了复苏——几束动量和电荷相同的不同离子束在末端的传输和聚焦过程中相互渗透。

表 10.1 HIDIF 双转换器参考靶设计参数

参数	设计值
离子能量	10 GeV
总驱动能量	3 MJ
线性加速电流	400 mA
存储环	12
最终脉冲长度	6 ns
峰值功率	750 TW
焦斑	1.7 mm
终端束数目	48

表 10.2 NIF 燃料靶丸主要设计参数,Lindl, 1995

参数	设计值
外半径	1.19 mm
烧蚀体厚度	0.16 mm
燃料层厚度	0.05 mm
燃料质量	0.143 mg
内爆速率	4×10^7 cm/s
峰值辐射温度	250 eV
名义上的点火能量	150 kJ

我们可以描述在一给定的输入能量下不同黑腔和加速器是如何约束效率的,以及确定对加速器束的能量需求来说这意味着什么。在黑腔靶中能量损耗有两个主要过程:1)在转换器中,束能量转化为 X 射线;2)将这个 X 射线辐射作为内爆的驱动能。传递效率 η_{tr}以及转换效率 η_x,加速器能量 E_b,以及驱动能量 E_{cap}通过下式连接起来

$$E_b = \frac{E_{cap}}{\eta_x \eta_{tr}} \tag{10.4}$$

为获得高的转换效率,转炉材料被加热的体积必须保持很小。被加热的转换器质量 m_c可以表达为

$$m_c \sim N_c \pi r_f^2 R_{ion} \tag{10.5}$$

式中,N_c是转换器元素的原子数;r_f是焦斑尺寸;R_{ion}是在转换器材料中的离子射

程。在大部分靶设计中，转炉的数量为 2，但也有 4 个和 8 个的设计(见图 10.8)。

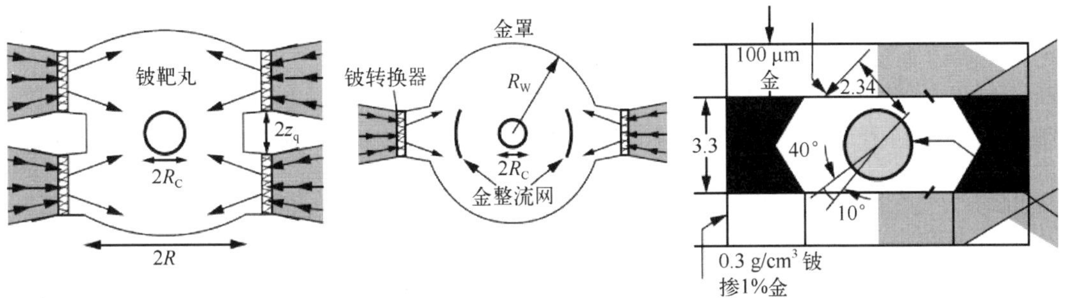

图 10.8 HIDIF 研究组研究的三种不同的靶示意图(Atzeni, et al., 1998).
所有靶均采用金罩壳以及 Be 转炉

10.4 重离子发电站

重离子聚变电站(见图 10.9)中最昂贵的部分是离子加速器本身。这是由于这样一个加速器的大尺寸以及用来建造加速器的大量的铁、铜和其他材料比较昂贵。然而，通过每秒生成 100 个或者更多数量的脉冲，单个的加速器也能够同时提供脉冲给大数量的靶室使用。通过减小容器/靶丸比，可以提高增益。为获得所需的较小尺寸的焦斑，这对亮度和聚焦提出了更高的要求。

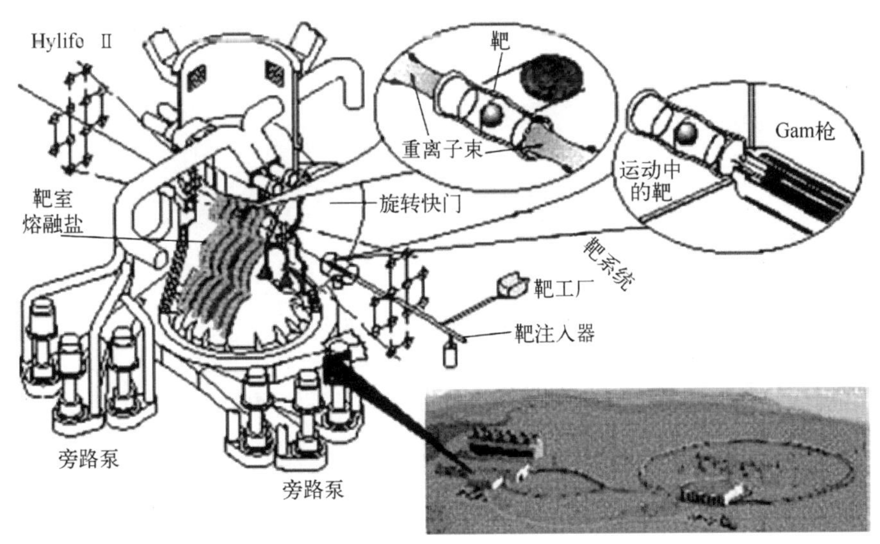

图 10.9 将来的重离子驱动聚变电站 HYLIFE 设计(© LLNL and LLBL)

10.5 轻离子驱动器

除重离子驱动概念外，也有采用轻离子驱动聚变的概念。轻离子加速器采用脉冲功率发生器以及磁绝缘二极管来产生高电流的轻离子(如锂)。威斯康新大学和圣地亚已经做了相关的概念性设计研究。轻离子驱动器的优点在于:所需的离子能量近似正比于原子质量。感应加速器的成本粗略地正比于束能量。因此从经济的角度考虑，低质量的离子将会是首选。然而，轻离子束作为聚变驱动源也有如下缺点:穿透深度取决于离子质量和能量以及吸收体材料。正如我们先前看到，在单位长度上较重的离子要比轻离子沉积更多的能量。换句话说，如果束离子由高 Z 材料组成，我们只需要少量的离子或者较低强度的束，同时将会使束聚焦得到简化。

第 11 章

快点火

Tabak，Muro，Lindl 等人在 1994 年首次提出快点火概念。在论文中，他们建议通过一束额外的高强度短脉冲激光来点燃中心的压缩燃料区。

在其最初的方案中，点火方案由以下三步组成(见图 11.1)：

(1) 通过一束常规的激光来产生高密度的核心；

(2) 用一束高强度 100 ps 脉冲对冕区的等离子体进行钻孔；

(3) 用第三束强度为 $I\lambda^2$ 的激光脉冲来点燃核心燃料区。

快点火概念的优点在于压缩和点火是分开的，因此能够保证在较低的驱动能量下得到较高的能量增益，也可能允许靶加工过程有较大的容差。

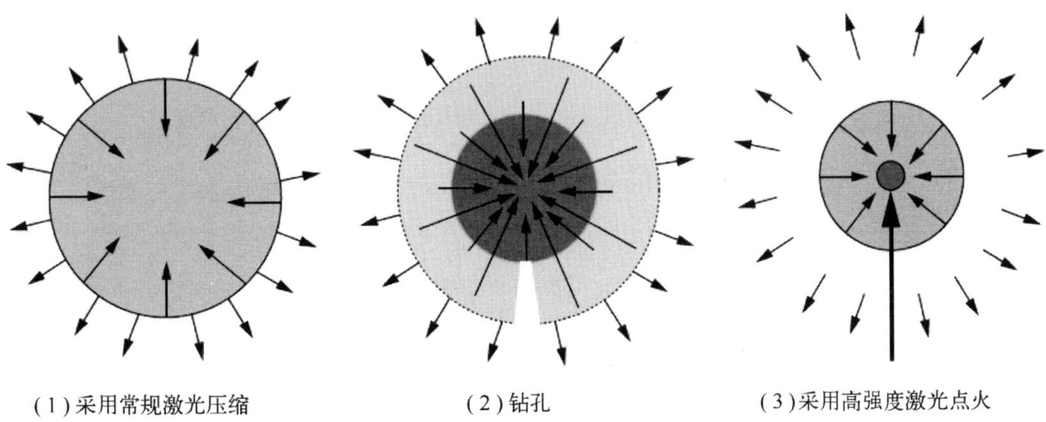

图 11.1　快点火概念中的三步：1)压缩；2)钻孔；3)点火

理论研究表明，尽管对间接点火靶所期望的增益 Q 接近 30，直接点火靶 Q 接近 100，但在快点火方案中，靶的增益 Q 可能有 200。在快点火中驱动的效率接近 5%，低于其他方案，但由于增益比较高，可以采用其他方式来补偿效率低的缺陷。近年来，已有许多实验和理论工作对该方案的可操作性进行验证，但现在还很难说快点火机制是否能够工作。

11.1 快点火 & 热斑概念

快点火方案的主要思想是首先通过常规的激光束将燃料内爆到较高的密度，然后将点火能量很快传递到中心靶区，因此系统并不处于压力平衡状态。这和等压热斑情形形成鲜明对比：在等压热斑情况下，热斑区和环绕热斑的主要燃料区在压缩时仍然处于压力平衡态(图 11.2a)。正如我们在 5.7 节看到的那样，这将意味着热斑密度必须比主燃料密度低 10 倍左右。

在快点火方案中(图 11.2b)并不需要这样一个低密度的热中心区，因此中心区域的 ρR 实际上比在热斑情况下要高。面密度为 $(\rho R)_h \approx 0.4\ g/cm^2$ 的点火区域半径(有时候叫做 hot spark)有可能比面密度为 $\rho R > 2\ g/cm^2$ 的高增益燃料半径要大 2 倍多。等容压缩的优点是可以将更多质量压缩到更低的密度(Tabak 等，1994)。因为实际上同样的增益实际燃烧的质量将会更大或者说需要的激光能量更小一些，这样就可以得到更大的增益(见图 11.3)。

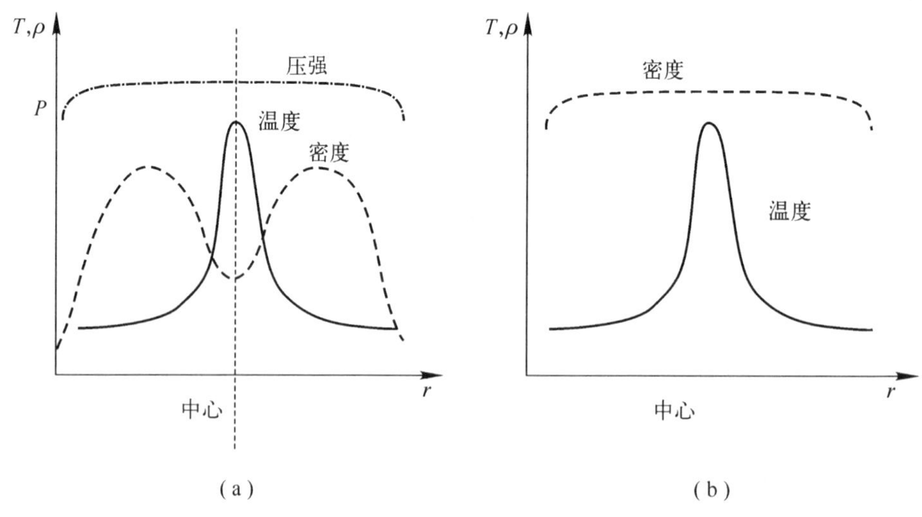

图 11.2 a)热斑概念以及 b)快点火概念中的半径与温度和密度的函数关系示意图

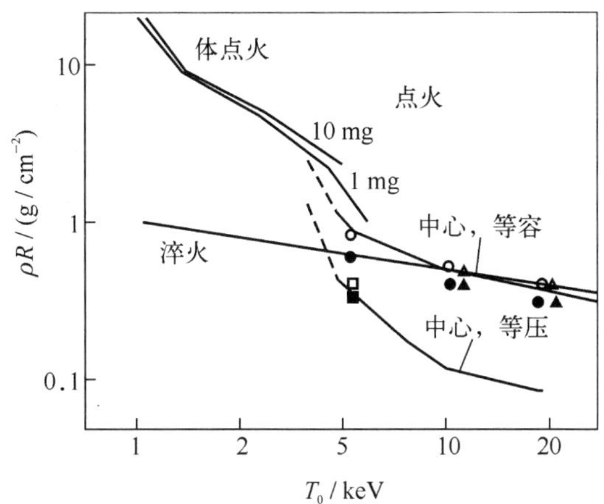

图 11.3 体点火，热斑点火以及快点火中的点火阈值比较(Nakai and Mima，2004)

快点火方案中一个至关重要的问题是：是否有可能将点火的能量传递到已预先内爆的等离子体。这里主要的难点是被压缩的等离子体被扩展的冕区包围。短脉冲在某种程度上必须穿透这个冕区然后将能量传递给中心的超致密区域。生成的等离子体冕区的临界密度离中心致密区域几个热斑直径远。在这个临界密度下将激光耦合到超热电子将导致一个非常低的效率。我们期望利用相对论效应和有质动力压力，能够找到一种方法使得强光束更接近压缩中心。如何达到这个目的目前主要有两种提议：钻孔或者激光锥导引(见 11.2 节)。

假设能量确实到达了靠近中心的超密区，在这个时候超热电子能量必须转化成热电子，从那里转换成离子并最终转换为燃料的动能。因此需要两种源来提供能量的输入：常规的激光系统以及高强度短脉冲的激光系统。现在我们考虑压缩的能量需求：

在(ρR, T)空间中对点火条件的模拟(Mahdy 等，1999)表明，由于主要的燃料层起反作用压缩中心等离子体区域的扩张，等容压缩比等压压缩需要较高的 ρR。这些模拟表明在等压情况下点火条件可以近似为：

$$(\rho R)^3 T = 1.0 \tag{11.1}$$

当点火温度近似为 10 keV 时，其热火花的能量为：

$$E_{\text{spark}} = 10.6(\rho R)^3 T\left(\frac{\rho}{\rho_s}\right)^2 \tag{11.2}$$

单位是：[(g/cm^2)^3 keVGJ]。所需的火花能量为：

$$E_{\text{spark}} \sim \frac{40\text{kJ}}{(\rho/100(\text{g/cm}^3))^2}$$

如果将两种模型进行比较，在压缩系统中的总能量(MJ)由下式给出：

$$E_{\text{hotspot}} = \frac{5.8 \times 10^6 T_{\text{hotspot}}^3}{\alpha^2 \rho_M^{10/3}} + 0.35 \alpha M \rho_M^{2/3}$$

$$E_{\text{fastignitor}} = \frac{0.031 T}{\rho^2} + 0.35 \alpha M \rho^{2/3}$$

图 11.4 比较了两种点火概念的增益、飞行时间纵横比以及收缩比。表 11.1 所示为两种方案优化量的比较(Tabak 1994)。图 11.5 比较了直接驱动、间接驱动以及快点火的靶增益。

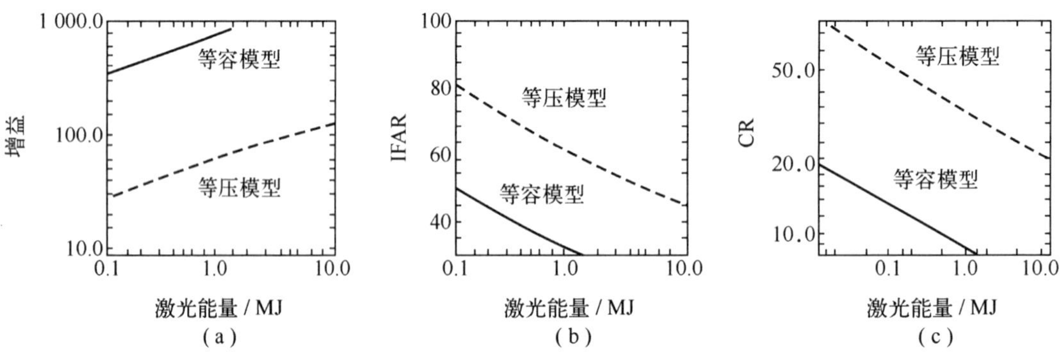

图 11.4 a)增益；b)飞行纵横比；c)收缩比在热斑及快点火概念中与激光能量的函数关系比较(Tabak et al.，1994)

表 11.1 初始系统内能 ηE(单位 MeV)与热斑概念以及快点火概念优化量函数关系的比较(Tabak et al.，1994)

特性	热斑模型	快点火模型
增益	$1.5\times10^3\eta(\eta E)^{0.3}$	$3\times10^4\eta(\eta E)^{0.4}$
$R_{\text{hotspot}}/\mu\text{m}$	$190(\eta E)^{0.5}$	$120(\eta E)^{0.5}$
$R_{\text{mainfuel}}/\mu\text{m}$	$280(\eta E)^{0.5}$	$1200(\eta E)^{0.6}$
$\rho_{\text{mainfuel}}/\text{g cm}^{-3}$	$358(\eta E)^{-0.3}$	$33(\eta E)^{-0.5}$

短脉冲能量输入取决于加热深度，受热区域的直径以及吸收效率。对点火激光脉冲持续时间的要求由点火区域的能量流动和点火区域的解体时间决定。峰值强度处的脉冲长度应该介于电子-离子耦合时间 τ_{ei} 和燃料解体时间 τ_{D} 之间。按照 Tabak(1994)文章里的说法，我们假定 DT 密度为 300 g/cm^3，5 keV 的温度，$\rho R=0.4$ g/cm^2，速度 1 μm/ps，则脉冲持续的条件由下式给出：

$$\tau_{ei}(\approx 1\ \text{ps}) \leqslant \tau_{\text{pulse}} \leqslant \tau_D(\approx 10\ \text{ps}) \tag{11.3}$$

假定最终的燃料温度是 10 keV，上述情况下燃料中所需能量为 3 kJ，强度为 8 $\times 10^{19}$ W/cm^2。在这个估计中，忽略了无效耦合，最严重的问题是怎样有效地将能量从点火激光耦合到燃料当中。

大家都觉得由表 11.1 和图 11.4 所描述的图像过于乐观。不过，对于一束能量接近 1 MJ 的激光，等容压缩增益是等压压缩增益的近 3 倍（Atzeni，1995）。

目前快点火的概念仍然处在最初的原理认证阶段。在大阪的激光工程研究所，卢瑟福实验室以及法国强激光仪器实验室，几百 TW 的激光器可以在 1 ps 时间内正常传递100 J的能量。这些激光器很快就会升级到 PW 级别，在 1 ps 可以传递 0.5～1 kJ 的能量，并将能够产生束流为 MAmps 的热电子（注：卢瑟福实验室的 VULCAN 激光器在 2004 年 10 月 5 日已达到 PW 功率）。

另外，在原始快点火概念的基础上又有许多新的改进，这包括结合重离子驱动压缩与快点火结合的方法（Caruso and Pais，1996；Atzeni et al.，1997），以及采用激光加速质子的点火方法（Roth et al.，2001）。

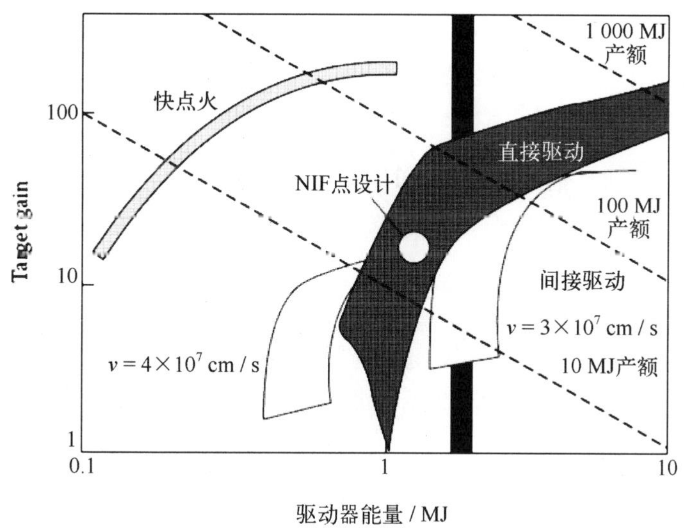

图 11.5　直接驱动，间接驱动以及快点火的靶增益比较

11.2　钻孔和激光锥导引

快点火计划中一个主要的问题是如何将能量传输到高密度的等离子体区域。

目前正在考虑的方法有两种:钻孔和锥导。

当钻孔激光打到靶上时,由于长尺度冕区等离子体的存在,耦合效率在很大程度上取决于加热激光的焦点位置(Tabak 2000)。Kitagawa 2002 年的实验表明当焦点位置接近临界密度区时,激光脉冲可以穿透超密区域。Kitagawa 得到的这个结果是中子产额增强的结果,但增强的中子产额又是由高能离子支配的,并不是热电子支配的,目前还并不清楚增强的中子产额是否是来自于靠近临界表面的聚变反应或者是来自于期望中的中心等离子体。然而,我们期望对 1 kJ 及以上能量的 PW 激光,激光脉冲也许可以穿透到高密度区域。原因在于强等离子体加热也许会使得非线性散射至饱和状态。在这种情况下,热中子也可能会增加,因而能够实现中心等离子体加热。

近年来,在快点火研究中导引锥靶设计(见图 11.6)已逐渐成为主流,由于结构简单的原因钻孔时间问题就被回避了。锥由高 Z 材料如 Au 制成,当等离子体形成发展时金锥壁仍然完好无损。内爆的燃料层在锥尖的附近产生压缩的中心等离子体。理论模拟预测一个反应堆用锥靶,可以获得 1 000 倍的固体密度,ρR 大于 2 g/cm^2。当达到这个高密度时,在最大压缩时刻将注入加热脉冲(Kodama et al., 2001)。

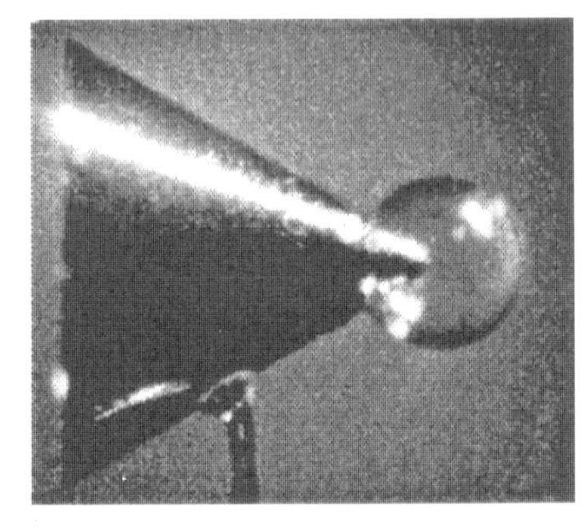

图 11.6　锥靶(Nakai and Mima, 2004)

11.3　偏心点火

在大部分模拟计算中,都假设点火恰好发生在高密度区域的中心。由于将能量更进一步传递到稠密等离子体看起来相当困难,人们又考虑了更为实际的情况(Piriz and Sanchez, 1998; Mahdy et al., 1999),叫做偏心点火。在偏心点火的情况下,点火不是正好发生在几何中心,但仍然处在高密度区域(见图 11.7)。正如图 11.2 所示的那样他们发现:至少在二维情况下的模拟表明,中心点火和偏心点火的点火条件(方程(11.1))几乎是一致的。

然而,这并不意味着所需要的火花能量是一样的,原因在于热火花是通过在燃料边缘的相对论电子加热所产生的。如 Deutsch 等人在 1996 年的文章中指出,

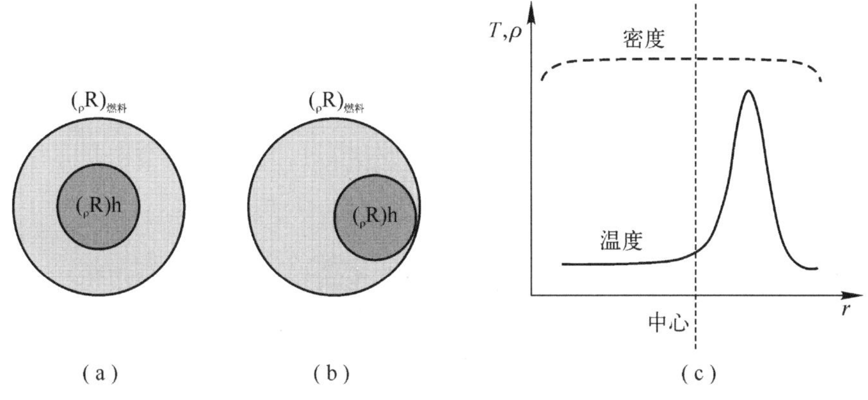

图 11.7　快点火方案的中心点(a)以及(b)偏心点火示意图；(c)偏心点火情况下的温度和密度分布

在这些条件下强电子束的制动距离将被缩短。由于制动距离的缩短以及这种加热几何布局的原因，所需的火花能量标度为(根据 Atzeni 1999 的文章)：

$$E_{\text{spark}} \sim \frac{40\text{kJ}}{(\rho/100(\text{g/cm}^3))^{1.85}} \tag{11.4}$$

因此，离心点火所需的能量要比中心点火所需能量高 3 倍。

11.4 状况和将来

从目前对加热过程的理解来看，采用 1 束脉冲能量小于 50 kJ 的 10 ps 脉冲以及在内爆等离子体 ρR 高于 1.0 g/cm^2 的情况下可以实现点火(Nakai and Mima, 2004)。

为详细研究快点火概念，大量的短脉冲激光器正在建设当中。这其中，在已有的 OMEGA 激光系统中将加入两束 2～3 PW，2.6 kJ 的短脉冲束(OMEGA EP)。聚焦强度期望可以达到 6×10^{20} W/cm^2。预计在 2008 年运行该升级装置。

第 12 章

ICF 常用术语速查

烧蚀体:烧蚀体是包围在燃料靶丸外的一层材料层。烧蚀体很快被驱动束加热,向外蒸发,由于动量守恒,朝着靶丸的中心加速燃料。

吸收:在临界表面处或者临界表面下,大部分激光被吸收。在激光驱动聚变中,主要的吸收过程是逆韧致辐射吸收,与等离子体中的电子和离子碰撞有关。

加速阶段:是 ICF 过程的一部分,在加速阶段当驱动器沉积其能量时燃料以不断增加的速度向内移动。

纵横比:靶丸半径与壳层厚度的比值。飞行纵横比是在压缩阶段的纵横比。

衰减因子:衰减因子描述有多少热电子到达燃料,衰减因子是烧蚀体厚度以及热电子平均射程的函数。

束整形:对激光和重离子驱动聚变,束必须具备一个时间和空间的形状来保证压缩尽可能靠近绝热压缩(见脉冲整形)。

布拉格峰:当离子穿透进材料时在接近离子射程的末端他们能量的大部分将被释放。这种现象叫做布拉格峰。

得失等当:科学意义上的得失等当定义为聚变能产出等于驱动器能量输出的那个点。

布里渊散射:一个电磁波共振衰减为另一个电磁波与一个离子声波。波被背向散射,激光吸收减小。

燃烧部分(份额):在任意给定的配置中,永远不可能使整个燃料燃烧。燃烧部分 f_b 给出了燃烧了的燃料与总的燃料的比值。

碰撞阻尼:在特定条件下,在高 Z 等离子体中的碰撞能够使激发波足够衰减因而使不稳定性(如拉曼)能够稳定。

压缩:在热斑概念中,目标是得到一种绝热压缩因为这种压缩能够得到最大的能量效率。相比之下,快点火概念采用等容压缩。

约束时间:燃料必须被约束足够长时间到足够高的密度,以便能够使足够数量的聚变反应发生。对惯性约束这个时间在 ps 范围,而对磁约束,聚变反应堆要几个小时的约束时间。

收缩比:初始靶丸半径与内爆后的最终靶丸半径之比。

库仑对数:在所有速度及角度上对电子-离子散射截面的积分包含一个反应积分限制的对数项-即德拜长度以及最近点的距离。

库仑排斥力:相同电荷相互排斥。在聚变过程中,为使两种核聚变必须克服库仑排斥力。

临界密度:等离子体阻碍激光束穿透密度高于临界密度的区域。在激光驱动 ICF 实验中,临界密度表面位于离固体靶表面一定距离处,因而激光能量在靶表面前方几个微米处沉积。

德拜长度:由于等离子体中的吸引和排斥力,一个离子将被电子围绕反之亦然,因此在一个大尺度上等离子体将是准中性的。德拜长度 λ_D 描述一个电荷被周围电荷的效应完全屏蔽的距离。

衰减不稳定性:参量不稳定性,电磁波衰减为一个离子波和一个电子波。

减速阶段:减速阶段是内爆过程的一部分,在这个阶段燃料接近中心,被减速,并达到其最后的压缩阶段。

简并参数:该参数描述量子力学效应在高密度以及低温下开始支配电子气的行为的程度,因此应用 Feimi-Dirac 而不是 Maxwell-Boltzmann 统计。

氘:氘是自然界里发现的氢的同位素。由一个质子和一个中子组成。由于氘和氚具备较大的反应截面,氘和氚是目前聚变设备燃料组合的首选。

稀释因子:描述可观数量的热电子不是直接打到靶心而是经过多次散射之后到达靶心的一个几何因子。

直接驱动:驱动器的功率直接沉积在燃料靶丸的表面并驱动内爆。

解体时间:靶需要飞散因而没有燃料燃烧的时间。

驱动器:产生所需激光或者离子束并将能量沉积到靶上的机器。

氘氚反应:氘和氚的聚变反应描述的是最容易产生聚变的方法,这是由于其相对较大的反应截面和非常高的质量亏损。当这两种核聚变时,由 2 个质子和 3 个中子组成的中间核将形成,该中间核立即分裂为一个 14.1 MeV 能量的中子以及一个 3.5 MeV 能量的 α 粒子。

电子传导:在燃烧阶段电子扩散进入周围较冷的等离子体中将降低热斑内的温度。

发射度:在束中的离子永远不可能具有正好相同的速度以及相同的方向。束中离子运动的随意性称为发射度。

快点火:在快点火概念中,靶丸通过一束传统激光内爆产生一个高密度核;在那里,采用一束短脉冲高强度激光来点燃核。

终端聚焦:驱动器束的最后的聚焦元件将所需的束直径焦斑尺寸聚焦到聚变靶上。

流量抑制参数:在等离子体冕区中实际测量到的热流量典型地比从理论模型得到的值小一个量级。一个构造的抑制参数被用来处理这种流体力学模型中的不一致现象。

聚变反应:氘氚反应是最容易达到聚变的反应。其他在太阳和恒星中自然发生的反应将需要一个更大的能量输入。

增益:在 ICF 中的能量增益定义为产生的聚变能与总的输入到驱动器束中的能量的比值。

黑腔:黑腔是一个围绕着用于间接驱动方法中的靶丸的一个围栏。这里驱动束不直接打在靶上而是打在黑腔的内壁上。

黑腔耦合效率:在间接驱动中,激光辐照黑腔壁激光被转换为 X 射线辐射。黑腔耦合效率是 X 射线辐射能量与激光能量的比值。

钻孔:在快点火概念中,一束高功率激光必须至少穿过等离子体钻孔至靶的临界密度。

热斑:燃料的内层部分被压缩至比燃料的外层部分高的一个温度绝热线。两部分都被压缩至高密度,但是较热的内层部分的密度略低于外层部分。

流体力学效率:流体力学效率考虑被吸收的进入烧蚀的激光能量以及用于靶加速的激光能量。因此只有总能量 PdV 的一部分应用到内爆中用于压缩。

ICF(惯性约束聚变):受控的热核聚变方法。在该方法中采用激光或者离子束辐照小的氘氚靶丸。蒸发的靶丸外层的惯性将燃料约束足够长时间使能量盈余成为可能。

IFE(惯性聚变能):目标是建造一个产生能源的反应堆的计划。

内爆速度:对一个有效的 ICF 过程来说,一个高的内爆速度是必不可少的。

间接驱动:驱动器不沉积能量到燃料靶丸上,但驱动器能量首先在一个围绕着靶丸被称为"黑腔"的盒子中被转换为 X 射线。

感应加速器:使用快速变化的磁场加速粒子的线性加速器。

飞行纵横比:在所有压缩阶段的壳半径与壳厚度的比值叫做飞行纵横比。

喷射(束):离子源和一个粒子加速器的第一阶段。

注入(靶):在一个反应堆中将执行每秒多次发射。这里在一次发射之后有必要将一个新靶注入到靶室中。

不稳定性:一个小的扰动指数生长(初始情况)的任意过程。也参见参量不稳定性以及 RT 不稳定性。

逆轫致辐射:如果一个在激光场中振荡的电子在离子场中被散射,电子将吸收大量的光子。

离子射程:当穿过一个吸收体时,离子束几乎将他们所有的能量沉积在一个明确定义的深度-离子射程。

KH 不稳定性:KH 不稳定性发生在当两种流体在运动中并遭受一个速度剪切时。

激光入口孔(激光入射孔):在间接驱动中,黑腔需要入射孔以便激光进入。实际的黑腔内表面是减小的而且耦合效率也不高。

激光原理:能量被泵浦入激光媒质,媒质中的原子被激发。当他们衰减时发射出光子,有可能打到另外一个被激发的原子。这个原子于是发射出一个光子刚好与第一个光子同相。如此重复这个过程导致光的放大,所有光子沿着相同方向同相传播。

劳森判据:如果 $3nk_BT<\frac{n^2}{4}v\delta\tau Q$,聚变反应将释放出比用于产生如此高温和高密度的等离子体所需的能量多的能量。这个关系叫做劳森判据。

液体屏蔽:高能中子离开靶并通过碰撞沉积他们的动能。靶室壁的液体屏蔽将减小对壁的结构的损伤。

LMJ(激光兆焦耳):采用强大的 Nd 玻璃激光器来点燃一个聚变靶的原理性实验(位于法国)。

磁聚变:受控的热核聚变方法,采用磁场约束等离子体。

模式耦合:在 RT 不稳定性生长的后面阶段,“bubble-and-spike”结构不再孤立生长,而是开始影响相互的生长。这个效应叫做模式耦合。

中子沉积:通过中子的能量沉积相对较小,通常在能量考量中可以忽略。然而,其对靶室壁造成损伤。

NIF(国家点火装置):采用强大的 Nd 激光器点燃一个聚变靶丸的原理性实验(位于美国 LLNL 实验室)。

参量不稳定性：一个入射波共振衰减为两个新波的过程叫做参量不稳定性。

电站效率：对于一个能量反应堆，其效率由聚变能转换成电能的方式决定。通常这种转换将通过一个热循环来实现。特定量的产生的电必须再用来运行驱动器。这可以考虑为净电站效率。

等离子体：化学上游离的，被离化的粒子的系综。

等离子体频率：如果等离子体的电中性被破坏，为恢复电中性电子会响应，这能够导致电子以一个频率振荡，该频率取决于等离子体密度的平方根，即所谓的等离子体频率。

功率平衡：热斑的功率平衡关系表达的是热斑通过压缩功率，α 粒子，中子沉积获得能量，但是由于辐射和电子热传导损耗能量。该关系可以用来在$(\rho r, T)$平面内确定增益区域。

预脉冲：在一系列增加强度的脉冲之前一个低功率脉冲被用来几乎等熵地加速燃料。

预热：预热时由快速电子或热电子对燃料的过早的加热。预热使得压缩更加困难。

脉冲整形：为达到一个有效的压缩，激光脉冲必须以一个特定的时间关系曲线将能量传递到靶上。此外还有谱和空间整形。

辐射均匀性：靶丸能够沿着表面被均匀照射的程度。辐射均匀性的程度决定压缩阶段是否成功。非均匀照射发生在微观和宏观尺度。宏观不均匀性可以是由太少数量束的照射引起的，也可以是由于束之间存在的功率不平衡造成的。微观不均匀性来自于单个束内的空间波动。

拉曼散射：如果激光频率大于两倍的等离子体频率，一个叫做受激拉曼散射的散射过程能够发生。这和电磁波衰减为另外一个电磁波和一个电子等离子体波有关。

RT 不稳定性:当一种高密度材料推向一种低密度材料上时会发生这些不稳定性。如果这个亚稳态被扰动,两个区域之间能够开始混合。在 ICF 中 RT 不稳定性能够发生在加速和减速阶段,是对成功压缩最大的一个威胁。

重复频率:将靶注入靶室执行 ICF 内爆的速度。

共振吸收:在靠近等离子体临界表面重要的激光吸收过程(但在 ICF 中该过程是不受欢迎的)。由于在临界表面处有较陡的密度梯度,电磁波被共振激发将能量从激光转移到等离子体波。由于这些波的衰减,这个能量最终主要被转换为快速电子。

RM 不稳定性:RM 不稳定性发生在当一个冲击波穿过一个近乎平面的由密度不相等流体分隔成的界面上时。

火箭模型:在火箭中,稳定的燃料喷出使火箭加速。类似地,在 ICF 过程中,传导入烧蚀波前的热使压力增大驱动靶丸外层材料的烧蚀。这又会导致反方向燃料的加速,朝着靶丸的中心——驱动靶的内爆。

饱和:在 RT 不稳定性后来的阶段,扰动不再指数生长而是线性生长,这种状态叫做饱和。

自加热:如果在热斑区域的燃料密度足够,聚变产物将被制动,沉积他们的能量,温度升高。这个过程叫做自加热,能够允许更多的聚变反应发生。

壳层结构:包含氘氚的靶丸通常由几层不同的材料组成。这种结构叫做壳层结构。

冲击波:在等离子体中的高密度区域扰动传播的速度比在低密度区域快。当快速传播的扰动穿越低密度区域时，扰动剖面将变得陡峭最终发展成一个锐利的波前：一个冲击波。

空间电荷占优束：离子束中离子的有效电荷排斥力比与束内部温度与相关的压力要强。

制动功率：当离子束被用于驱动 ICF 靶时，通过将高 Z 材料中的高速离子制动加热材料。在这种情况下，动能沉积在一个非常小的材料质量内。单位距离沉积的能量称为制动功率。

靶：ICF 聚变靶包含被压缩的燃料并最终燃料燃烧。通常靶由一个球形小囊组成，包含有 DT，外层具有一层高 Z 材料作为烧蚀体。间接驱动靶还悬挂在一个围栏即所谓的黑腔内。

靶室：靶室将 ICF 复杂的最后阶段包住，即最后的聚焦系统以及围绕靶的实际的区域。靶室具有几个功能：将靶罩住并创造一个围绕靶的真空环境；保护周边不会受到产生的中子、光子以及碎片的损伤；提取得到的聚变能。

热传导：在临界表面被吸收的能量通过辐射或者电子热传导传递到固体靶。热传导过程受控于更轻和更快的电子。

托卡马克：大型的环形聚变设备，由用于产生磁场的线圈包围用于约束聚变等离子体。

氚：氢的同位素，由一个质子和两个中子组成。由于氘氚反应具有较大的聚变反应截面，与氘一起形成目前聚变设备的燃料组合。

体点火：在聚变研究的早期，认为在最后的压缩阶段必须将整个燃料压缩到聚变条件。这个概念叫做体点火。

波：等离子体包含不同的波——声波、电子等离子体波，理解所有这些类型的波的相互影响对 ICF 研究至关重要。

X 射线转换:在间接驱动方案中,驱动束不直接打在靶丸上,但是将其能量沉积在黑腔壁中,在这里驱动能量被转换为 X 射线辐射,然后用于驱动 ICF 过程。

附录 A ⁘⁘⁘

预测的能源消耗及资源

由于全球能源问题变得日益突出，聚变研究引起了公众的关注。这有两个主要原因：地球人口继续增长以及人均能源消耗仍在增加。如图 A.1 所示，按平均人口计算工业化国家的能源消耗是发展中国家的数倍。

美国能源部(DOE)在其“2004 国际能源展望(IEO)”中写道：“IEO2004 规划表明世界能源用量持续增长，包括亚洲发展中国家经济体大幅度的增长……将发展中国家作为整体来看，在 2001 年至 2025 年，主要的能源消耗估计按年均 2.7%的速度增长……在工业化国家，能源消耗增长率预期为每年 1.2%……(见图 A.2a和 A.2b)石油仍然是主要的能量燃料。”

石油作为主要燃料的问题是二氧化碳排放。世界的二氧化碳排放量预计将从 2001 年的 23 899 百万 t 增加到 2025 年的 37 124 百万 t(见图 A.3)(美国能源部报告 2004)。

目前我们只知道有限数量的不会由于资源有限而有问题的产生能源的方式。这些方式有裂变增殖反应堆、太阳能、风能和生物能等。即使是最乐观地假设技术进步，很明显再生能源自身将不能够产生足够的能源来供应整个能源需求。

氘相对富裕，海水中含有相当于 10^{15} t 的氘。目前的二氧化碳排放量是每年 2×10^{9} t，而且还在快速增长，将来当全球变暖成为地球的一个主要问题时，一种无二氧化碳排放的能源将会是非常有利的。如果选择了正确的材料，聚变发电站存在的辐射危害将会比裂变电站小数千倍。

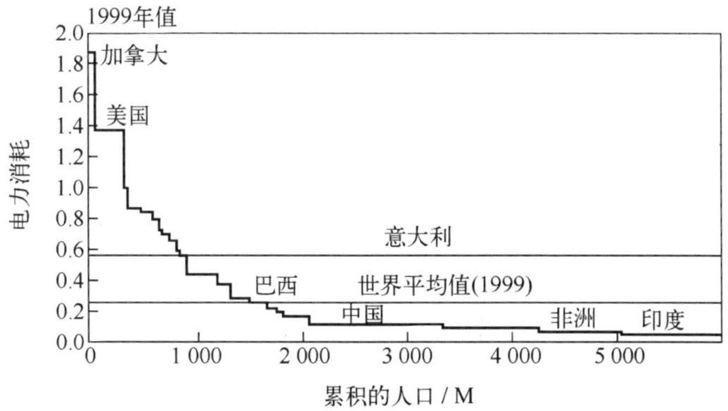

图 A.1　人平均电力消耗，电力消耗的单位为 kWh/h/capita

（来源：美国能源部.能源信息管理办公室.2001）

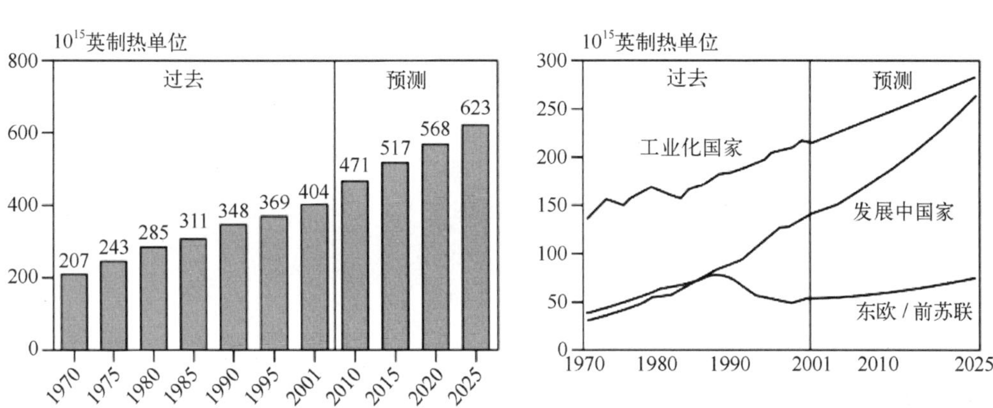

图 A.2　1970—2025 年世界能源消耗

（来源：美国能源部.能源信息管理办公室，2004）

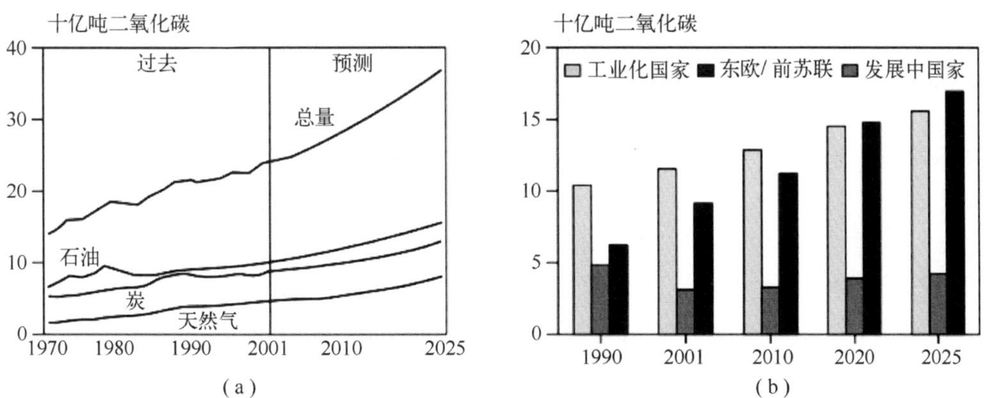

图 A.3　a）根据燃料类型划分的与能源相关的世界二氧化碳排放；b）区域碳排放

（来源：美国能源部，能源信息管理办公室）

附录 B

B.1 常数

名称	符号	值(SI)	值(cgs)
玻耳兹曼常数	k_B	1.38×10^{-23} J K^{-1}	1.38×10^{-16} erg K^{-1}
电子电荷	e	1.6×10^{-19} C	4.8×10^{-10} statcoul
电子质量	m_e	9.1×10^{-31} kg	9.1×10^{-28} g
质子质量	m_p	1.67×10^{-27} kg	1.67×10^{-24} g
普朗克常数	h	6.63×10^{-34} J s	6.63×10^{-27} erg s
光速	c	3×10^{8} ms^{-1}	3×10^{10} cm/s
电介常数	ε_0	8.85×10^{-12} F m^{-1}	—
磁导率	μ_0	$4\pi\times10^{-7}$	—
质量比	m_p/m_e	1 837	1 837
温度=1 eV	e/k_B	11 604	11 604
阿伏伽德罗数	N_A	6.02×10^{23} mol^{-1}	6.02×10^{23} mol^{-1}
大气压	1 atm	1.013×10^{5} Pa	1.013×10^{6} dyne/cm^2

B.2 公式

名称	符号	公式(SI)	公式(cgs)
德拜长度	λ_D	$\left(\frac{\varepsilon_0 k_B T_e}{e^2 n_e}\right)^{\frac{1}{2}}$	$\left(\frac{k_B T_e}{4\pi e^2 n_e}\right)^{\frac{1}{2}}$
德拜球中的粒子数	N_D	$\frac{4\pi}{3}\lambda_D^3 n_e$	$\frac{4\pi}{3}\lambda_D^3 n_e$
电子等离子体频率	ω_p	$\left(\frac{e^2 n_e}{\varepsilon_0 m_e}\right)^{\frac{1}{2}}$	$\left(\frac{4\pi e^2 n_e}{m_e}\right)^{\frac{1}{2}}$
离子等离子体频率	ω_{pi}	$\left(\frac{Z^2 e^2 n_i}{\varepsilon_0 m_i}\right)^{\frac{1}{2}}$	$\left(\frac{4\pi Z^2 e^2 n_i}{m_i}\right)^{\frac{1}{2}}$
热速度	$v_{te}=\omega_p \lambda_D$	$\left(\frac{k_B T_e}{m_e}\right)^{\frac{1}{2}}$	$\left(\frac{k_B T_e}{m_e}\right)^{\frac{1}{2}}$
电子-离子碰撞率	v_{ei}	$\frac{\pi^{\frac{3}{2}} n_e Z e^4 \ln A}{\sqrt{2}(4\pi\varepsilon_0)^2 m_e^2 v_{te}^3}$	$\frac{4(2\pi)^{\frac{1}{2}} n_e Z e^4 \ln A}{3 m_e^2 v_{te}^3}$
库仑对数	$\ln\Lambda$	$\ln\frac{9N_D}{Z}$	$\ln\frac{9N_D}{Z}$

B.3 缩写

缩写	名称
DPSSL	Diode pumped solid state laser（二极管泵浦固体激光器）
EOS	Equation of state（状态方程）
ICF	Inertial confinement fusion（惯性约束聚变）
ILE	Institute of Laser Engineering，Osaka University（大阪大学激光工程研究所）
FWHM	Full width half maximum（全宽半极大）
FOA	Final optics assemblies（终端光学组件）
KDP	Potassium dihydrogen phosphate（磷酸二氢钾晶体）
LULI	Laboratoire d'Utilisation de Laser Intense，France（法国强激光仪器实验室）
LMJ	Laser Megajoule（激光兆焦耳）
LLE	University of Rochester，Laboratory of Laser Energetics（罗彻斯特大学激光能量学实验室）
LLNL	Lawrence Livermore National Laboratory（劳伦斯·利弗莫尔国家实验室）
NIF	National Ignition Facility（国家点火装置）
PAM	Preamplified modules（预放大器模块）
RRP	Random phase plates（随机相位片）
RAL	Rutherford Appleton Laboratory（卢瑟福-阿普尔顿实验室）
RT	Rayleigh-Taylor (instability)（瑞利-泰勒(不稳定性)）
SRS	Stimulated Raman Scattering（受激拉曼散射）

B.4 半经典质量公式常数

1935 年 Carl-Friedrich von Weizsaecker 基于核的液滴模型首先用公式阐述了该半经典方法。在 1936 年 Hans Bethe 以及 R. Bacher 将 von Weizsaecker 公式做了简化。在 1937 年 E. Wigner 将公式进行了拓展。该方法解释了核子质量与组成核的质子和中子质量的差别，以及与核子之间相互作用有关的结合能。

核的半经典质量公式由下式给出：

$$M = Nm_n + Zm_p - a_v + a_s A^{2/3} + a_c \frac{Z(Z-1)}{A^{1/3}} + a_a \frac{(N-Z)^2}{A} + \frac{a_p \delta}{A^{3/4}}$$

式中，m_n和 m_p分别为中子和质子质量；a_v，a_s，a_c，a_a，a_p为通过拟合实验得到的结合能值所发现的常数。

最佳的拟合值为：

$$a_v = 15.282\ \text{MeV}$$

$$a_s = 16.060\ \text{MeV}$$

$$a_c = 0.687\,6\ \text{MeV}$$

$$a_a = 22.409\ \text{MeV}$$

$$a_p = 16.738\ \text{MeV}$$

方程中的项描述如下：

- 体积项 a_v源于核子间通过很强作用力的相互作用。作用数为 $A(A-1)/2$，因此这种体积项的形式假设是饱和的。
- 表面项 $a_s A^{2/3}$ 为体积项的修正项，即将在核表面的核子与核里层的核子不具有相同量级的相互作用考虑进去时需要进行的修正。该项正比于核的表面积（核的表面积正比于 $A^{2/3}$）。
- 库仑项 $a_c \dfrac{Z(Z-1)}{A^{1/3}}$表示的是由于正电荷的作用核中并入的能量。该能量正比于电荷的平方，反比于核的半径（如～$A^{-1/3}$）。
- 非对称项 $a_a \dfrac{(N-Z)^2}{A}$反映的是质子数和中子数近似相等的核的稳定性。
- 奇偶项$\dfrac{a_p \delta}{A^{3/4}}$，当一个核的质子和中子数为奇偶组合时 δ 为零。当核子数目为奇-奇组合时 δ 为＋1，而核子数目为偶-偶组合时 δ 为－1。

B.5 用于数值建模的代码列表

代码名	研究机构	方案	辐射	状态方程
LASNEX	Livermore，USA Los Alamos，USA Sandia，USA	Lagrangian Eulerian	Multigroup diffusion or transport	"Real"
HISHO	Osaka Univ.，Japan	Lagrangian	Multigroup Diffusion	SESAME
TRITON	Moscow，Russia	Lagrangian	Multigroup Diffusion	"Real"
ARWEN	DENIM，Spain	Eulerian or ALE	Multigroup Diffusion	QEOS
SARA	DENIM，Spain	Eulerian or ALE		SESAME
MULTI	MPQ，Germany	ALE	Multigroup diffusion	SESAME
FCI	Limeil，France	Lagrangian	Multigroup Diffusion	SESAME
DUED	ENEA，Italy	Lagrangian	Multigroup Diffusion	
COBI	ENEA，Italy	Lagrangian	Multigroup Diffusion	SESAME
CASTOR	UKAEA，UK	Eulerianian	One group diffusion	Ideal gas

注：该列表所示为一些最常用的用于ICF建模的两维集成代码，摘自 Velarde et al.（2005）。同时也有许多其他的代码关注ICF过程中特定的方面。

参考文献

[1] Andre, K. , and Betti, R. (2004). Phys. Plasmas, 11, 5.

[2] Andre, M. , Babonneau, D. , Bayer, C. , Bernard, M. , Bocher, J. L. , Bruneau, J. , Coudeville, A. , Coutant, J. , Dautray, R. , Decoster, A. , Decroisette, M. , D. Desenne, J. M. Dufour, Garconnet, P. , Holstein, P. A. , Jadaud, J. P. , Jolas, A. , Juraszek, D. , Lachkar, J. , Lascaux, P. , Lebreton, J. P. , Louisjacquet, M. , Meyer, B. , Mucchielli, F. , Rousseaux, C. , Schirmann, D. , Schurtz, G. , Vernon, D. , and Watteau, J. P. (1994). Laser Part. Beams, 12, 329.

[3] Andre, M. , Cavailler, C. , and Jequier, F. (2003). Le Vide, 307, 13.

[4] ARIES (2004). Fusion Science & Technology, 46.

[5] Atzeni, S. (1995). Jpn. J. Appl. Phys. , 34, 1980.

[6] Atzeni, S. (1999). Phys. Plasmas, 7, 3316.

[7] Atzeni, S. , Champi, M. L. , Piri, A. R. , Temporal, M. , ter Vehn, J. Meyer, Basko, M. M. , Pukhov, A. , Rickert, A. , Maruhn, J. , Kang, K. H. , Lutz, K. J. , Ramis, R. , Ramirez, R. , Sanz, J. , and Ibanez, L. F. 1997. Page 7 of: Fusion Energy 1996: Proceedings of the Sixteenth International Conference Montreal.

[8] Atzeni, S. , Temporal, M. , Piriz, A. R. , Basko, M. M. , Maruhn, J. , Lutz, K.-J. , Ramis, R. , Ramirez, R. , Honrubia, J. , and ter Vehn, J. Meyer. 1998. Page 161 of: HIDIF study.

[9] Azechi, H. , Tamari, Y. , and Shiraga, H. 2003. Page 131 of: Hammel, B. A. (ed), Inertial Fusion Sciences and Applications.

[10] Bahcall, J. N. , and Waxman, E. (2003). Physics Letters B, 556, 1.

[11] Beynon, G. D. , and Constantine, G. (1977). J. Phys. , G3, 81.

[12] Bodner, S. (1974). Phys. Rev. Lett., 33, 761.

[13] Bornath, T., Schlanges, M., P. Hilse, P., and Kremp, D. (2001). Phys. Rev. E, 64, 026414.

[14] Braams, C. M., and Stott, P. E. (2002). Nuclear Fusion: Half a Century of Magnetic Confinement Fusion Research (Plasma Physics Series). IOP Pub, Bristol.

[15] Braginskii, S. I. (1965). Plasma Phys., 1, 205.

[16] Brown, M. D., and Moak, C. D. (1972). Phys. Rev. B, 6, 90.

[17] Brueckner, K. A., and Jorna, S. (1974). Rev. Mod. Phys., 46, 325.

[18] Burnam, A. K., Grens, J., and Lilly, E. M. (1987). J. Vac. Sci. Technol. A, 5, 3417.

[19] Bychenkov, V. Y., Rozmus, W., Tikhonchuk, V. T., and Brantov, A. V. (1995). Phys. Rev. Lett., 75, 4405.

[20] Cable, M. D. (1995). Page 191 of: Hooper, M. B. (ed), Laser Plasma Interactions: Inertial Confinement Fusion. IOP, Bristol.

[21] Caruso, A., and Pais, V. A. (1996). Nucl. Fusion, 36, 745.

[22] Caruso, A., Pais, V. A., and Parodi, A. (1992). Laser Part. Beams, 10, 447.

[23] Chabrier, G., Ashcroft, N. W., and Dewitt, H. E. (1992). Nature, 360, 48.

[24] Chaouacha, H. Ben, N. Ben Nessib, N., and S. Sahal-Bréchot, S. (2004). A&A, 419, 771.

[25] Chen, F. F. (1984). Introduction to Plasma Physics and Controlled Fusion. Kluwer Academic Pub, Dordrecht.

[26] Cichitelli, L., Eliezer, S., P. Goldsworthy, M., Grenn, F., Hora, H., Ray, P. S., Stening, R. J., and Szichman, H. (1988). Laser Part. Beams, 6, 163.

[27] Cook, R., Overturf, G. E., Buckley, S. R., and McEachern, R. (1994). J. Vac. Sci. Technol. A, 9, 340.

[28] Crawley, R. J. (1986). J. Vac. Sci. Technol. A, 3, 1138.

[29] Dahlberg, J. P., and Gardner, J. H. (1990). Phys. Rev. A, 41, 5695.

[30] Davis, C. C. (1996). Lasers and Electro-optics Fundamentals and Engineering. Cambridge University Press, Cambridge.

[31] Dawson, J. M. (1968). In: Simon, A., and Thompson, W. (eds), Advances in plasma physics, vol. 1. Interscience, New York.

[32] Dendy, R. (1994). Plasma Physics: An Introductionary Course. Cambridge University Press, Cambridge.

[33] Desselberger, M., and Willi, O. (1993). Phys. Fluids B, 5, 896.

[34] Deutsch, C., Furukawa, H., Mima, K., Murakami, M., and Nishihara, K. (1996). Phys. Rev. Lett., 77, 2483.

[35] Dimonte, G., Remington, B. A., and Frerking, E. (1993). Bull. Am. Phys. Soc., 38, 1961.

[36] Drake, R. P. (1988). Laser Part. Beams, 6, 235.

[37] Duderstadt, J. J., and Moses, G. A. (1982). Inertial Confinement Fusion. John Wiley & Sons, New York.

[38] Einstein, A. (1917). Phys. Z., 18, 121.

[39] Eliezer, S. (2002). The Interaction of High-Power Lasers with Plasmas. Institute of Physics, London.

[40] Eliezer, S., Ghatak, A., and Ghatak, A. (2002). Fundamentals of Equations of State. World Scientific Press, Singapore.

[41] Emery, M. H., Gardner, J. H., and Boris, J. P. (1982). Phys. Rev. Lett., 48, 677.

[42] Foreman, L. R., Gobby, P., Brooks, P. M., Bush, H., Gomez, V., Elliott, N., Moore, J., Rivera, G., and Salzer, M. (1994). Fusion Technology.

[43] Frayley, G. S., Linnebur, E. J., Mason, R. J., and Morse, R. L. (1974). Phys. Fluids, 17, 474.

[44] Gamaly, E. G. (1993). in Nuclear Fusion by Inertail confinement ed. G. Velarde, Y. Ronen, J. M. Martinez-Val, CRC Press, Boca Raton, 312.

[45] Gardner, J. H., Bodner, S. E., and Dahlburg, J. P. (1991). Phys. Fluids B, 3, 1070.

[46] Garnier, J. (1999). Phys. Plasmas, 6, 1601.

[47] Gauthier, J. C. (1989). In: Hooper, M. B. (ed), Laser—Plasma Interactions 4, Proceedings of 35th Scottish Universities Summer School in Physics 1988. Scottish Universities Summer School in Physics Publications, Edinburgh.

[48] Ginzburg, V. L. (1961). Propagation of Electromagnetic Waves in Plasmas. Gordon and Breach, New York.

[49] Goldston, R. J., and Rutherford, G. A. (1996). Introduction to Plasma Physics. IOP, Bristol.

[50] Goncharov, V. N., Knauer, J. P., McKenty, P. W., Radha, P. B., Sangster, T. C., Skupsky, S., Betti, R., McCrory, R. L., and Meyerhofer, D. D. (2003). Phys. Plasmas, 10, 1906.

[51] Gregori, G., Glenzer, S. H., Knight, J., Niemann, C., Price, D., Froula, D. H., Edwards, M. J., Town, R. P., Brantov, A., Rozmus, W., and Bychenkov, V. Y. (1942). Phys. Rev. Lett., 19, 302.

[52] Gross, R. A., and Chu, C. K. (1969). Plasma Shock waves. Adv. Plasma Phys., 2, 139.

[53] Grun, J., Emery, M. H., Manka, C. K., Lee, T. N., McLean, E. A., Mostovych, A., Stamper, J., Bodner, S., Obenschain, S. P., and Ripin, B. H. (1987). Phys. Rev. Lett., 58, 2672.

[54] Haan, S. (1989). Phys. Rev A, 39, 5812.

[55] Haan, S. W. 2003. Page 55 of: Hammel, B. A. (ed), Inertial Fusion Sciences and Applications.

[56] Hammel, B. A. (1994). Phys. Plasmas, 1, 1662.

[57] Hammel, B. A., Meyerhofer, D. D., Meyer-ter-Vehn, J., and Azechi, H. (eds) (2004). Inertial Fusion Sciences and Applications 2003. American Nuclear Society, Illinois.

[58] Hansen, P., McDonald, I. R., and Vieillefosse, P. (1979). Phys. Rev. A, 20, 2590.

[59] Hatchett, S. P., and Rosen, M. D. 1993. UCRL-Report JC108348. Lawrence Livermore.

[60] Hazeltine, R. D., and Meiss, J. D. (2003). Plasma Confinement. Dover

Pub. , Dover.

[61] Henderson, D. B. (1974). Phys. Rev. Lett. , 33.

[62] Hiverly, L. M. (1977). Nucl. Fusion, 17, 873.

[63] Hodgson, P. E. , Gadioli, E. , and Erba, E. Gadioli (1997). Oxford University Press, Oxford.

[64] Hoffer, J. K. (1992). In: Proc. 14th Int. Conf. on Plasma Physics and Controlled Nuclear Fusion,Wuerzburg, Germany. World Scientific, Singapore.

[65] Ichimaru, S. (1982). Rev. Mod. Phys. , 54, 1017.

[66] Kane, J. , Arnett, D. , Remington, B. A. , Glendinning, S. G. , Bazan, G. , Drake, R. P. , and Fryxell, B. A. (2000). Astrophys. J. Suppl. , 127, 365.

[67] Kauffman, R. (1991). In: Handbook of Plasma Physics Vol 3. North Holland, Amsterdam.

[68] Kelvin, Lord (1910). Mathematical and Physical Papers iv, Hydrodynamics and General Dynamics. Cambridge University Press, Cambridge, England.

[69] Kidder, R. E. (1974). Nucl. Fusion, 14, 953.

[70] Kilkenny, J. K. , Glendinning, S. G. , Haan, S. W. , Hammel, B. A. , Lindl, J. D. , Munro, D. , Remington, B. A. , Weber, S. V. , Knauer, J. P. , and Verdon, C. P. (1994). Phys. Plasmas, 1, 1379.

[71] Kirkpatrick, R. C. (1979). Nucl. Fusion, 19, 69.

[72] Kitagawa, Y. (2002). Phys. Plasmas, 9, 2202.

[73] Kodama, R. , Norreys, P. A. , Mima, K. , Dangor, A. E. , Evans, R. G. , Fujita, H. , Kitagawa, Y. , Krushelnick, K. , Miyakoshi, T. , Miyanaga, N. , Norimatsu, T. , Rose, S. J. , Shozaki, T. , Shigemori, K. , Sunahara, A. , Tampo, M. , Tanaka, K. A. , Toyama, Y. , Yamanaka, T. , and Zepf, M. (2001). Nature, 418, 993.

[74] Kruer, W. L. (1988). The Physics of Laser Plasma Interactions. Addison Wesley, Redwood City.

[75] Kubo, M. , Harada, Y. , Kawakatsu, T. , and Yonemoto, T. (2001). J.

Chem. Engeneering Japan, 34, 1506.

[76] Lawson, J. D. (1957). Proc. Phys. Soc. London, Sect. B, 70, 6.

[77] Lehmberg, R. H. (1987). J. Appl. Phys. , 62, 2680.

[78] Lelevier, R. , Lasher, G. , and Bjorkland, F. 1955. Lawrence Livermore Laboratory Report UCRL-4459.

[79] Lifshitz, E. M. , and Pitaevskii, L. P. (1981). Physical Kinetics. Pergamon Press, Oxford.

[80] Lindl, J. D. (1995). Phys. Plasmas, 2, 3933.

[81] Lindl, J. D. , and McCrory, R. L. (1993). Il Nouvo Cimento A, 106, 1467.

[82] Lindl, J. D. , McCrory, R. L. , and Campbell, E. M. (1992). Physics Today, 32.

[83] Liu, C. S. , and Tripathi, V. K. (1995). Interaction of Electromagnetic Waves with Electron Beams and Plasmas. World Scientific, Singapore.

[84] Mahdy, A. I. , Takabe, H. , and Mima, K. (1999). Nucl. Fusion, 39, 467.

[85] Martinez-Val, J. M. , Velarde, G. , and Ronen, Y. (1993). An introduction to nuclear fusion by inertial confinement. Pages 1-42 of: Velarde, G. , Ronen, Y. , and Martinez-Val, J. M. (eds), Nuclear Fusion by Inertial Confinement. CRC Press, Boca Raton.

[86] Mason, R. J. , and Morse, R. L. (1975). Phys. Fluids, 18, 814.

[87] Matsui, H. , Eguchi, T. , Kanabe, T. , Yamanaka, M. , Nakatsuka, M. , Izawa, Y. , and Nakai, S. (2000). Rev. Laser Eng. , 28, 176.

[88] Max, C. E. , McKee, C. F. , and Mead, W. C. (1980). Phys. Fluids, 23, 1620.

[89] McCrory, R. (2003). in Inertial Fusion Sciences and Applications ed. B. A. Hammel et al. , 3.

[90] McCrory, R. L. , Bahr, R. E. , Betti, R. , Boehly, T. R. , Collins, T. J. B. , Craxton, R. S. , Delettrez, J. A. , Donaldson, W. R. , Epstein, R. , Frenje, J. , Glebev, V. Y. , Goncharov, V. N. , Gotchev, O. G. , Gram, R. Q. , Harding, D. R. , Hicks, D. G. , Jaanimagi, P. A. , Keck, R.

L. , kelly, J. H. , Knauer, J. P. , Li, C. K. , Loucks, S. J. , Lund, L. D. , Marshall, F. J. , Kenty, P. W. Mc, Meyerhofer, D. D. , Morse, S. F. B. , Petrasso, R. D. , Radha, P. B. , Regan, S. P. , Roberts, S. , Seguin, F. , Seka, W. , Skupsky, S. , Smalyuk, V. A. , Sorce, C. , Doures, J. M. , Stoeckl, C. , Town, R. P. J. , Wittmann, M. D. , Yaakobi, B. , and Zuegel, J. D. (2001). Nucl. Fusion, 41, 1391.

[91] McKenty, P. W. , Goncharov, V. N. , P. Town, R. J. , Skupsky, S. , Betti, R. , and McCrory, R. L. (2001). Phys. Plasmas, 8, 2315.

[92] McQuillan, B. W. , and Takagi, M. (2002). Fusion Sci. Techn. , 41, 209.

[93] Meyer-ter-Vehn, J. (1982). Nucl. Fusion, 22, 561.

[94] Moir, R. W. (1994). Fusion Technology, 25, 5.

[95] More, R. M. , Zinamon, Z. , Warren, K. H. , Falcone, R. , and Murnane, M. (1988). J. de Physique, 49, C7.

[96] Musinski, D. L. , Henderson, T. M. , Simms, R. J. , Pattinson, T. R. , and Jacobs, R. B. (1980). J. Appl. Phys. , 51, 1394.

[97] Nakai, S. 1994. In: Proc. of 15th Int. Conf. Plasma Physics and Controlled Nuclear Fusion Research.

[98] Nakai, S. , and Mima, K. (2004). Rep. Prog. Phys. , 67, 321.

[99] Nikroo, A. , Pontelandolfo, J. M. , and Castillo, E. R. (2002). Fusion Sci. Tech. , 41, 220.

[100] Nishikawa, K. (1968). J. Phys. Soc. Jap. , 24, 1153.

[101] Norimatsu, T. , Chen, C. M. , Nakajima, K. , Takagi, M. , Izawa, Y. , Yamanaka, T. , and Nakai, S. (1994). J. Vac. Sci. Technol. A, 12, 1293.

[102] Nuckolls, J. , Wood, L. , Thiessen, A. , and Zimmerman, G. (1972). Nature, 239, 139.

[103] Nuckolls, J. H. (1994). Plenum Press, New York.

[104] Obenschein, S. P. (1986). Phys. Rev. Lett. , 56, 2807.

[105] Olson, R. E. , Leeper, R. J. , Nobile, A. , and Oertel, J. A. (2003). Phys. Rev. Lett. , 91, 235002.

[106] Perry, M. D., and Mourou, G. (1994). Science, 246, 917.
[107] Peter, T., and ter Vehn, J. Meyer (1991). Phys. Rev. A, 43, 2015.
[108] Petzoldt, R. W., Goodin, D. T., Nikroo, A., Stephens, E., Sigel, N., Alexander, N. B., Raffray, A. R., Mau, T. K., Tillack, M., Najmabadi, F., Krasheninnikov, S. I., and Gallix, R. (2002). Nucl. Fusion, 42, 1351.
[109] Pfalzner, S., and Gibbon, P. (1996). Many-Body Tree Methods Physics. Cambridge University Press, Cambridge.
[110] Pfalzner, S., and Gibbon, P. (1998). Phys. Rev. E, 57, 4698.
[111] Piriz, A. R., and Atzeni, S. (1994). Plasma Phys. Controll. Fusion, 36, 451.
[112] Piriz, A. R., and Sanchez, M. M. (1998). Phys. Plasmas, 5, 2721.
[113] Post, R. F. (1990). Rev. Mod. Phys., 28, 338.
[114] Regan, S. P. (2000). J. Opt. Soc. Am. B, 17, 1483.
[115] Regan, S. P., Marozas, J. A., Craxton, R. S., Kelly, J. H., Donaldson, W. R., Jaanimagi, P. A., Jacobs-Perkins, D., Keck, R. L., Kessler, T. J., Meyerhofer, D. D., Sangster, T. C., Seka, W., Smalyuk, V. A., Skupsky, S., and Zuegel, J. D. (2005). J. Opt. Soc. Am B, 22.
[116] Remington, B. A., Weber, S. V., Haan, S. W., Kilkenny, J. D., Glendinning, Wallace, R. J., Goldstein, W. H., Wilson, B. G., and Nash, J. K. (1993). Phys. Fluids B, 5, 2589.
[117] Richtmyer, R. D. (1960). Commun. Pure Appl. Math., 13, 297.
[118] Rickman, W. S., and Goodin, D. T. (2003). Fusion Sci. Techn., 43, 353. Rose, H. A., and Dubois, F. D. (1994). Phys. Rev. Lett, 72, 2883 - 2886. Rose, S. (1988). SUSSP Publications, Edinburgh.
[119] Rosen, M. D., and Lindl, J. D. 1983. Laser Program Annual Report 83 UCRL-50021-83.
[120] Roth, M., Cowan, T. E., Key, M. H., Hatchett, S. P., Brown, C., Fountain, W., Johnson, J., Pennington, D. M., Snavely, R. A., Wilks, S. C., Yasuike, K., Ruhl, H., Pegoraro, F., Bulanov, S. V.,

Campbell, E. M., Perry, M. D., Powell, H., Rosen, M. D., and Lindl, J. D. (2001). Phys. Rev. Lett., 86, 436.

[121] Rothenberg, J. E. (1997). J. Opt. Soc. Am. B, 14, 1664.

[122] Sanz, J. (1994). Phys. Rev. Lett, 73, 27007.

[123] Sethian, J. D., Friedman, M., Giuliani, J. L., Lehmberg, R. H., Obenschain, S. P., Kepple, P., Wolford, M., Hegeler, F., Swanekamp, S. B., Weidenheimer, D., Welch, D., Rose, D. V., and Searles, S. (2003). Phys. Plasmas, 10, 2142.

[124] Sid, A. (2003). Phys. Plasmas, 10, 214.

[125] Singh, S. (1987). Handbook of Laser Science and Technology, Vol. 3. CRC Press, Boca Raton, FL.

[126] Skupsky, S. (2004). Phys. Plasmas, 11, 2763.

[127] Skupsky, S., and Craxton, R. S. (1999). Phys. Plasmas, 6, 2157.

[128] Soures, J. M., McCrory, R. L., Verdon, C. P., Babushkin, A., Bahr, R. E., Boehly, T. R., Boni, R., Bradley, D. K., Brown, D. L., Craxton, R. S., Delettrez, J. A., Donaldson, W. R., Jaanimagi, R. Epsteinand P. A., and Jacobs, S. (1996). Phys. Plasmas, 3, 2108.

[129] Spitzer, L., and Harm, R. (1953). Phys. Rev., 89, 977.

[130] Stevenson, D. J. (1982). Planetary and Space Science, 30, 755.

[131] Stix, T. H. (1992). Waves in Plasmas. American Institut of Physics, New York.

[132] Sullivan, J. A. (1993). Laser Part. Beams, 11, 359.

[133] Tabak, M., Munro, D. H., and Lindl, J. D. (1990). Phys. Fluids B, 2, 1007.

[134] Tabak, M., Hammer, J., Glinsky, M. E., Kruer, W. L., Wilks, S. C., Woodworth, J., Campbell, E. M., Perry, M. D., and Mason, R. J. (1994). Phys. Plasmas, 1, 1626.

[135] Takabe, H., Mimo, K., Montierth, L., and Morse, R. L. (1985). Phys. Fluids, 28, 3676.

[136] Tanaka, K. A., Kodama, R., Fujita, H., Heya, M., Izumi, N., Kato, Y., Kitagawa, Y., Mima, K., Miyanaga, N., Norimatsu, T.,

Pukhov, A., Sunahara, A., Takahashi, K., Allen, M., and al, H. Habaraet (2000). Phys. Plasmas, 7, 2014.

[137] Taylor, G. (1950). Proc. Roy. Soc. A, 201, 192.

[138] Town, R. P. J., and Bell, A. R. (1991). Phys. Rev. Lett., 67, 1863.

[139] Tsubakimoto, K., Jitsuno, T., Miyanaga, N., Nakatsuda, M., Kanabe, T., and Nakai, S. (1993). Opt. Commun., 103, 185.

[140] Velarde, G., Martinez-Val, J. M., and Eliezer, S. 2005. Prospects on the use of inertial nuclear fusion.

[141] Watt, R. G., Cobble, J., and Dubois, D. F. (1996). Phys. Plasmas, 3, 1091.

[142] Welch, D. R., Rose, D. V., Oliver, B. V., and Clark, R. E. (2001). Nucl. Inst. Meth. Phys. Res. A, 242, 134.

[143] Widner, M. M. 1979. Sandia-Report SAND79-2454.

[144] Woodworth, J. G., and Meier, W. R. (1997). Fusion Techn., 31, 280.

[145] Y. Lin, T.J. Kessler, G.N. Lawrence (1996). Opt. Lett, 21, 1703.

[146] Yabe, T. (1993). Pages 269 - 292 of: Velarde, G., Ronen, Y., and Martinez-Val, J.M. (eds), Nuclear Fusion by Inertial Confinement. CRC Press, Boca Raton.

[147] Yamanaka, C. (1989a). in Proc. 5th Int. Conf. Emerging Nuclear Energy Systems, ed. by U. V. Mollendorf and B. Goeld, World Scientific, Singapore, 125.

[148] Yamanaka, C. (1989b). Page 3 of: et al., G. Velarde (ed), Laser Interaction with Matter. World Scientific, Singapore.

[149] Yamanaka, T. (1989c). Page 105 of: et al., G. Velarde (ed), Laser Interaction with Matter. World Scientific, Singapore.

[150] Yu, S., Anders, A., Bieniosek, F. M., Eylon, S., Henestroza, E., Roy, P., Shuman, D., Waldron, W. L., Houck, T., Sharp, W., Rose, D., Dale, W., Efthimion, P., Gilson, E., and Sefkow, A. (2003). APS Meeting Abstracts, 1027.

[151] Yu, S. S., Abbott, R. P., Bangerter, R. O., Barnard, J. J., Briggs,

R. J. , M. , D. Callahan C. , Celata, Davidson, R. , Debonnel, C. S. , Eylon, S. , Faltens, A. , Friedman, A. , Grote, D. P. , Heitzenroeder, P. , Henestroza, E. , Kaganovich, I. , Kwan, J. W. , Latkowski, J. F. , Lee, E. P. , Logan, B. G. , Peterson, P. F. , Rose, D. , Roy, P. K. , Sabbi, G. L. , Seidl, P. A. , Sharp, W. M. , and Welch, D. R. (2005). Nucl. Instr. Meth. , 544, 294.

后 记

对刚涉足惯性约束聚变研究领域的年轻科研工作者来说，要对该研究领域整体上有一个把握，较为困难的事情是身边一时找不到合适的学习资料。偶然想起苏姗娜·普法勒(Susanne Pfalzner)教授写的书《惯性约束聚变导论》(*An introduction to inertial confinement fusion*)，可能能够帮助初学者和有志于从事惯性约束聚变研究的年轻科研工作者解除这种困惑。在如获至宝之时，我更期待与更多读者分享我的喜悦，于是决定将这本书引入国内，翻译成中文出版。希望更多未来的青年科研工作者，在有机会从事这个领域的研究时能够很快进入角色。

本书深入浅出地从激光驱动器讲起，详细描述了等离子体物理、激光的吸收、内爆、流体力学压缩和燃烧、能量增益等重要的惯性约束聚变过程，给出了完备的解析理论推导和数值模拟结果，同时适时地回顾和评述了在这些研究方向上的最新进展，提出了目前面临的困难和问题，并对解决这些问题的方法作了较为深入的探讨。在本书中作者还对制靶、重离子驱动聚变电站和快点火方案作了总结性描述，是一本非常适合初学者以及专业科研人员阅读的参考书。

在本书翻译出版过程中，特别感谢中物院人教部刘瑞根部长从报送选题到翻译出版过程中给予的大力支持、帮助与关怀。感谢中科院院士、原国家 863 计划惯性约束聚变项目首席科学家贺贤土院士为本书的中译本作序；感谢中物院副院长、惯性约束聚变总指挥张维岩研究员在百忙之中的指导；感谢激光聚变研究中心所长陈晓东研究员、科技委主任唐永建研究员认真审阅了全书书稿。最后，对中物院信息中心刘敬华老师、李代斌老师的帮助，以及中国原子能出版传媒有限公司(原子能出版社)付真编辑的辛勤工作表示感谢。

由于译者水平有限，书中存在不妥之处，恳请读者批评指正。

崔旭东

于中物院激光聚变研究中心